21 世纪应用型财经管理系列规划教材

电子商务概论

薛万欣 牟 静 主 编

陈 光 盛晓娟·副主编

化学工业出版社

·北京·

本书全面、系统地介绍了电子商务领域各方面的基本理论、基本知识和基本技能。内容包括电子商务概述、电子商务交易模式与网上支付、电子商务技术基础、电子商务安全技术、电子商务与物流、网络营销、电子商务法和电子商务系统分析与设计等。通过每章的学习目标和引导案例，重点介绍概念和方法，尽量做到理论联系实际；每章后有小结，并附思考题和上机实践题，以帮助学生提高分析和上机操作能力。全书内容编排既适合教师教，又方便学生学。

　　本书可作为高等院校本科经济类、管理类、信息类及计算机类专业电子商务概论课程的教材，同时，本书对企事业单位从事电子商务研究与应用的管理及技术人员也有重要的参考价值。

图书在版编目（CIP）数据

电子商务概论/薛万欣，牟静主编. —北京：化学工业出版社，
2010.12

21世纪应用型财经管理系列规划教材

ISBN 978-7-122-09824-5

Ⅰ. 电… Ⅱ. ①薛…②牟… Ⅲ. 电子商务-教材 Ⅳ. F713.36

中国版本图书馆 CIP 数据核字（2010）第 212064 号

责任编辑：宋湘玲　姚晓敏　　　　　　　　文字编辑：王　洋
责任校对：陶燕华　　　　　　　　　　　　装帧设计：尹琳琳

出版发行：化学工业出版社（北京市东城区青年湖南街 13 号　邮政编码 100011）
印　　装：北京云浩印刷有限责任公司
787mm×1092mm　1/16　印张 14½　字数 358 千字　2010 年 12 月北京第 1 版第 1 次印刷

购书咨询：010-64518888（传真：010-64519686）　售后服务：010-64518899
网　　址：http://www.cip.com.cn
凡购买本书，如有缺损质量问题，本社销售中心负责调换。

定　　价：28.00 元

前　言

现在本科教育已逐渐走向大众教育，社会对教育的要求已越来越向着应用的方向发展。电子商务源于实践，其教材也应以实践为主，电子商务教育也要尊重实践，只有这样才能培养出电子商务的应用型人才。

本书向读者介绍了电子商务的基本框架，包括电子商务的概念、电子商务的机理和运作模式及电子商务的支撑环境，使读者掌握电子商务的基本理论、基本知识、基本技术、基本法规等内容。

书中每章都有引导案例，这些案例中有的描述了网民利用电子商务所带来的便利，有的描述了中小企业利用电子商务成长的过程，有的描述了企业网络营销的成功经验，有的描述了企业搭建电子商务系统的过程等。在每章的最后有小结，方便读者对理论知识的掌握，另外每章的结尾都有思考题和上机实践题，这对提高读者分析能力和实际操作能力都有较大帮助。

本书力求达到以下目标：体系完整，理论与实践结合，国内与国外资料兼顾，内容详略得当，难易把握适中，循序渐进，深入浅出。本书配有电子课件，可免费提供选用本书作为教材的老师，如需要请联系 1172741428@qq.com 或 sxl_2004@126.com.

本书由薛万欣和牟静主编，陈光、盛晓娟副主编，具体分工如下：第 1 章由牟静执笔，第 2 章由盛晓娟执笔，第 3 章由陈光执笔，第 4 章由裴一蕾执笔，第 5 章由王磊执笔，第 6 章由田玲执笔，第 7 章由邵彦铭执笔，第 8 章由薛万欣执笔。薛万欣提出了全书的框架结构，薛万欣、牟静共同统稿。

本书适合高等院校本科经济类、管理类、信息类及计算机类专业学生使用，同时也适用于企事业单位从事电子商务研究与应用的管理及技术人员。

由于电子商务的理论与实践都处在快速的发展时期，加之编者能力有限，致使书中遗漏和不当之处难以避免，故恳请读者不吝批评指正，我们表示由衷感谢。

编者
2010 年 8 月

目　录

第1章　电子商务概述

【学习目标】

➢ 了解电子商务的定义、功能和分类。

➢ 理解电子商务应用的典型案例及电子商务带来的新职业和新的创业机会。

➢ 掌握电子商务组成要素的概念及其关系。

【引导案例】

案例一：母亲节快到了，小明想要为妈妈买一束康乃馨，可是这段时间，他天天加班，每天一直工作到深夜，等他下班回家时，花店早已打烊。他很郁闷，经朋友推荐，他在某家网上鲜花店为妈妈订了束鲜花。妈妈和他都很开心。（资料来源：莎啦啦鲜花网）

案例二：某女士新购了一套住房，房间有几处格局不合理，需要请家装设计公司的专业人士重新设计，出设计方案。一打听只此一项服务需要花费 5000 元，太贵了，怎么办？这时，她想到可借助威客网发布任务，出悬赏金 500 元悬赏最佳设计方案，七天后，她共收到十个应征方案，从中她选了一个她最为满意的家装设计方案。我们可以简单算算，她所花的家装设计费用仅仅是传统家装设计费用的 1/10。既经济又快捷。（资料来源：中央电视台财经频道 CCTV2 消费主张节目）

启示：电子商务强调了新业务机会的产生和利用，即"创造商业价值"或"用更少的钱办更多的事"。

问题：我们身边的电子商务都有哪些？电子商务给我们工作、学习和生活带来哪些新的变化？

1.1　电子商务的基本概念

1.1.1　电子商务是人类交换活动的最新发展

商务是人类社会活动之一，自从有了商品和商品交换，就有了商务活动。商务活动是为了生产优良的商品，扩大市场和获得更好的利益回报而进行的社会交际活动。

英国伟大的思想家亚当·斯密在他的《国富论》中指出"分工"是创造财富的根本来源，"分工"把商品生产过程与商品交换过程分开。"分工"是工业经济与农业经济最大的区别点。然而分工并非终极目的，只是提高劳动效率的手段，生产的目的在于将商品销售出去，获取利润。

电子技术仅是 20 世纪发展起来的新兴科学技术，它与计算机的结合较晚。电子计算机应用在当今已经极为普遍，应用范围也极为广泛。

电子计算机与传统商务的结合已有30年的历史，从企业的电子记账到企业信息管理系统；从生产制造过程自动化到企业资源系统的实施；从信息自动传递到无纸办公的实现；从电子数据处理系统到辅助决策系统等。信息化已经与传统产业进行彻底的结合，为传统产业带来巨大的投资回报。

1.1.2 对电子商务的多角度理解

在了解电子商务的发展历程之前，必须知道什么是电子商务。对于很多人来说，电子商务就是互联网上的购物，但电子商务的业务领域并不局限于网上购物，它包括很多商业活动。下面从不同的角度探讨它的概念。

① 从通信的角度看，电子商务通过电话线、计算机网络或其他方式实现的信息、产品、服务或结算款项的传送。

② 从业务流程的角度看，电子商务是实现业务和工作流自动化的技术应用。

③ 从服务的角度看，电子商务要满足企业、消费者和管理者的愿望，如降低服务成本，同时改进商品的质量并提高服务实现的速度。

④ 从在线的角度看，电子商务提供在互联网和其他联机服务上购买和销售产品的能力。

总之，电子商务强调了新业务机会的产生和利用，即创造商业价值或用更少的钱办更多的事。

1.1.3 电子商务概念的外延

电子商务是20世纪90年代在美国、欧洲等发达国家开始兴起的一个新概念。目前，人们对电子商务还没有一个统一的、规范的认识，对电子商务概念存在不同的理解。于是，国际议会或组织、各国政府、IT企业、国内外学者等不同行业的人们都根据自己所处的地位和对电子商务的参与程度，给出了电子商务许多不同的定义。比较这些定义，有助于更全面了解电子商务的本质。

(1) 国际议会或组织给出的定义

① 1997年11月6日至7日在法国首都巴黎，国际商会举行了世界电子商务会议。全世界商业、信息技术、法律等领域的专家和政府部门的代表共同探讨了电子商务的概念问题，这是迄今为止对电子商务做出的最权威的概念阐述。

电子商务（electronic commerce）是指对整个贸易活动实现电子化。从涵盖范围方面可以定义为：交易各方以电子交易方式而不是通过当面交换或直接面谈方式进行的任何形式的商业交易。从技术方面可以定义为：电子商务是一种多技术的集合体，包括交换数据（如电子数据交换、电子邮件）、获得数据（共享数据库、电子公告牌）以及自动捕获数据（条形码）等。

电子商务涵盖的业务包括：信息交换、电子合同签订、电子支付、物流配送、售后服务等。

② 经济合作组织在有关电子商务的报告中给出的定义

电子商务通过数字通信（包括 E-mail、文件传输、传真、电视会议、远程计算机联网）进行商品和服务的买卖以及资金的转账。

并在此次会议上通过了全球电子商务行动计划和 OECD（经济合作与发展组织）国家电子商务行动计划。

(2) 政府部门的定义

欧洲议会给出的定义：电子商务是通过电子方式进行的商务活动。它通过电子方式处理和传输数据，包括文本、声音和图像。它涉及许多方面的活动，包括货物电子贸易和服务；在线数据传递；电子资金划拨；电子证券交易；商业拍卖；电子货运单证；合作设计和工程、在线资料、公共产品获得。

美国政府在其《全球电子商务纲要》中给出电子商务的定义：通过 Internet 进行的各项商务活动，包括广告、交易、支付、服务等。全球电子商务将涉及世界各国。

（3）IT 行业的定义

① HP 公司（惠普研发有限合伙公司）。电子商务以现代扩展企业为信息技术基础结构，电子商务是跨时域、跨地域的电子化世界（e-world）。

电子商务指在从售前服务到售后支持的各个环节实现电子化、自动化；电子商务是电子化世界的重要组成部分，它使人们可以电子交易手段完成物品和服务等价值交换；电子商务通过商家及其合作伙伴和用户建立的系统和数据库，使用客户授权和信息流授权方式，应用电子交易支付手段和机制，保证整个电子商务交易的安全性。

② Sun Micosystem 公司（SUN 公司）。电子商务指利用 Internet 进行的商务交易，在技术上可以给出如下定义。

在现有的 Web 信息发布的基础上加上 JAVA 网上应用软件，以完成网上交易；在 Intranet 的基础上，开发 JAVA 的网上应用，进而扩展 Extranet，使外部用户可以使用该企业的应用软件进行交易；电子商务客户将通过包括 PC、STB（Set Top Box）、电话、手机、PDA 等的 JAVA 设备进行交易。

以上三点统一为：JAVA 电子商务的企业和跨企业应用。

③ COMPAQ 公司（康柏公司）。电子商务是一个以 Internet 或 Intranet 为构架，以交易双方为主体，以银行支付和结算为手段，以客户数据库为依托的全新商业模式。

④ IBM 公司（国际商业机器公司）。IBM 公司提出的电子商务的定义公式为：电子商务＝Web＋IT。它所强调的是在网络计算机环境下的商业化应用，是把买方、卖方、厂商及其合作伙伴在 Intranet 和 Extranet 上结合起来的应用。它更强调电子商务是利用互联网技术变革企业核心业务流程；同时提出电子商务的三要素理念：基础设施（infrastructure）、创新（innovation）、整和（integration）。

电子商务不只是建立一个".com"，它是指把企业内部所有重要的环节（dot）都连接起来。

（4）专家学者的定义

美国学者瑞维·卡拉科塔等在专著《电子商务的前沿》中给出的定义：电子商务是一种现代商业方法，这种方法通过改善产品和服务质量、提高服务传递速度，满足政府组织、厂商和消费者降低成本的需求，这种方法也用于通过计算机网络寻找信息，以支持决策。

国内学者李琪认为：广义上讲，电子商务是指人们应用各种的电子手段来从事商务活动的方式；是电子商务化-电子工具［从电报、电话到 NⅡ（国家资讯通信基本建设）、GⅡ（全球信息基础建设）和 Internet］在商业上的应用。狭义上讲，电子商务系统即在技术、经济高度发达的现代社会里，掌握信息技术和商务规则的人，系统化运用电子工具，高效率、低成本地从事以商品交换为中心的各种活动的总称。

前面的各种观点是从不同角度对电子商务的理解，相同点主要表现在以下方面。

① 都采用（或源于）同一个术语——电子商务。

② 都强调电子工具，强调在现代信息社会利用多种多样的电子信息工具。

③ 工具作用的基本对象都为商业活动。

不同点主要如下。

① 技术的涵盖面不同。

② 商务的涵盖面不同。

从宏观和微观的角度看电子商务：宏观上，电子商务是计算机网络的又一次革命，旨在通过电子手段建立一种新的经济秩序，它不仅涉及电子技术本身，而且涉及诸如金融、税务、教育等社会其他层面；微观上，电子商务是指各种具有商业活动能力的实体（生产企业、商贸企业、金融机构、政府机构、个人消费者等）利用网络和先进的数字化传媒技术进行的各项商业贸易活动。

从广义和狭义的角度看电子商务：广义（e-business）上，电子商务指利用 IT 技术对整个商务活动实现电子化，包括利用 Internet、Intranet、Extranet、局域网、广域网等不同形式的计算机网络以及信息技术进行的商务活动；狭义 e-commerce 仅指利用 Internet 开展的交易或与交易有关的活动。

两者形成了电子商务的概念体系。

1.2 电子商务的功能和特点

1.2.1 电子商务的功能

电子商务的功能非常强大，内容也十分丰富，其功能与电子商务系统划分的层次有关，不同层次的功能是不一样的。按一般的分类法，可以分为商贸功能、应用功能和系统功能三大类功能。商贸功能：电子商务可以提供网上交易、支付和管理等商贸服务的全过程，内容十分丰富，具体来说可以分为网上广告宣传、咨询洽谈、服务传递、网上定购、电子账户、意见征询和交易管理等。应用功能主要包括售前服务、售中服务和售后服务三种（见表1-1）。电子商务功能按目标的不同，可分为交易服务（commerce）功能、协同处理（collaboration）功能与内容管理（content management）功能三个层次，也被称为3C功能。

表 1-1　电子商务典型功能

阶段	主要内容	典型服务功能
交易前	卖方发布产品的有关信息，买方寻找适合商品的交易机会；买卖双方通过网络交换信息，比较价格和交易条件，并了解对方国家、地区的有关贸易政策	网上广告宣传服务、网上咨询服务
交易中	主要指签订合同、进行交易的过程，该过程涉及面很广，如与金融机构、运输部门、税务机关、海关等方面进行电子单证的交换和实现电子支付等	网上交易洽谈服务、网上产品订购服务、网上货币支付服务、交易活动管理服务
交易后	当交易双方完成各种交易手续之后，商品交付运递部门投送，或直接通过电子化方式传送信息产品或提供服务，并向用户提供方便、实时、优质的售后服务等	网上信息商品传递及查询服务、用户意见征询服务、商品操作指导及管理服务

（1）电子商务应用功能

电子商务可提供网上营销、服务、交易和管理等全过程的服务，因此它具有业务组织与运作、信息发布、网上订购、网上支付、网上金融服务等各项功能。

（2）交易管理

电子商务是一种基于信息的商业进程。在这一过程中，企业内外的大量业务被重组而得以有效运作。它从根本上改变了企业传统的封闭式生产经营模式，使产品的开发和生产可根据客户需求而动态变化。

（3）信息发布

在电子商务中，信息发布的实时性和方便性是传统媒体无法匹敌的。

（4）网上购物

对个人而言，电子商务最为直观和方便的功能就是网上购物，还可借助网上的邮件交互传送，实现网上的订购。

（5）网上支付

电子商务要成为一个完整的过程，网上支付是重要环节。

（6）网上售后服务

电子商务的发展为企业客户提供了新的服务领域和服务方式。

1.2.2 电子商务的特点

电子商务是商务交易的一种形式，服务于企业和社会的经济运行。电子商务的主要任务是在网络空间更好地利用现有资源。互联网（Internet）和内联网（Intranet）为电子商务系统的支撑环境。合作（collaboration）是电子商务区别于一般商务交易的本质特征，这种合作的结果是：人们更加便捷、有效地在一起工作和生存，进而实现社会经济全球化。

总之，电子商务是未来信息商业社会运作的核心。把电子商务仅仅理解为网上销售是片面的。通过网络把企业、合作者、消费者、政府等参与商务活动的各方连接为一个整体，进行包括电子交易在内的全部商业活动，才是电子商务的完整含义。

电子商务是未来信息商业社会运作的核心。电子商务顺应了网络时代的发展要求，它的出现，必将对未来的商业贸易往来的发展及繁荣起到不可替代的作用。

与传统商务活动相比，电子商务具有下列优越性。

（1）降低交易成本

首先，尽管建立和维护公司的网站需要一定的投资，但是，与其他销售渠道相比，使用国际互联网的成本已经大大降低了，据统计，它的成本是传统广告的 1/10。

其次，电子商务可以降低采购成本。借助 Internet，企业可以在全球市场寻求最优惠价格的供应商，而且通过与供应商的信息共享，减少中间环节由于信息不准带来的损失。同时，企业可以加强与主要供应商之间的协作关系，将原材料的采购与产品的制造过程有机配合起来，形成一体化的信息传递和信息处理系统。

（2）减少库存

企业为应付变化莫测的市场需求，不得不保持一定库存产品，而且由于企业对原料市场把握不准，因此也常常维持一定的原材料库存。产生库存的一个主要原因是信息不畅，以信息技术为基础的电子商务则可以改变企业决策中信息不确切和不及时问题。通过 Internet 可以将市场需求信息传递给企业进行决策生产，同时企业的生产信息可以马上传递给供应商，以及时适时补充供给，从而实现零库存管理。

库存量的减少意味着企业在原材料供应、仓储和行政开支上将实现大幅度的节省。

（3）缩短生产周期

一个产品的生产是许多企业相互协作的成果，因此，产品的设计开发和生产销售可能涉及许多关联的企业，国际互联网络的发展加强了企业联系的广度和深度。现在，分布在不同地区的人员可以通过互联网协同工作，共同完成一个研究和开发项目。通过电子商务可以将过去的信息封闭的分阶段合作方式改变为信息共享的协同工作，从而最大限度减少因信息封闭而出现的等待时间。

每一项产品的生产成本都涉及固定成本的支出，固定成本的支出与生产周期有关。如果生产某一批产品的生产周期缩短了，那么产品的单位固定成本也相对减少。电子商务的出现使生产周期缩短，使产品成本降低。

（4）增加商机

① 24h 在线服务可以为企业增加无限商机。世界各地存在的时差，造成了国际商务谈判的不便。然而，国际互联网的网页可以实现 24h 的在线服务，任何人都可以在任何时候在网上企业查找信息，寻求问题的答案。若没有理想的答案，还可以发出电子邮件进行询问。如果 24h 的网上交易能与企业原材料的采购、产品制造过程的电脑网络连接起来，无需人工干涉，那么网上交易的交易成本会大大降低。在线式商店能够 24h、365 天经营，这是传统市场实际店铺很难做到的。

② 24h 全球运作为企业增加无限商机。由于电子商务是 24h 全球运作的，网上的业务可以开展到传统销售和广告促销方式所达不到的市场范围。因此，使用国际互联网进行销售活动可以赢得新客户。

（5）减轻物资的依赖

国际互联网为那些新兴的虚拟运作企业提供了发展机会。新兴企业可以不必像传统企业那样必须创建相应的基础设施来支持正常经营运作，新兴企业可以尽量少持有库存，或根本不必持有库存，也可能不必具备实物运作空间。

（6）电子商务的交互式特征提高了服务质量

交互功能是电子商务的最大优势所在，在线商家可以在网上提供公司和产品的详细介绍，订单查询和 FAQ（常见问题与解答）等，使客户能够自己了解各种信息，从而大大提高了服务质量。通过在线追踪、在线调查或提供在线咨询服务，商家可以及时了解市场的反馈信息，以便改进工作。

电子商务源于 20 世纪 80 年代的专用增值网络和 EDI 的应用，在商用 Internet 的推动下，电子商务得到迅速发展，而且表现出一些与 Internet 相关的特点。

① 信息化。电子商务的实施和发展与信息技术发展密切相关，也正是信息技术的发展推动了电子商务的发展。

② 虚拟化。由于信息交换不受时空限制，因此可以跨越时空形成虚拟市场，完成过去在实物市场中无法完成的交易。

③ 全球化。作为电子商务的主要媒体，Internet 是全球开放的，电子商务开展是不受地理位置限制的，它面对的是全球性统一的电子虚拟市场。

④ 社会化。电子商务的发展和应用是一项社会性的系统工程，因为电子商务活动涉及企业、政府组织、消费者，以及适应电子虚拟市场的法律法规和竞争规则等。缺少任何一个环节，势必制约甚至妨碍电子商务的发展，如电子商务交易纳税等敏感问题。

1.3　电子商务的分类

电子商务从大而全的门户网站到细而专的垂直网站，从 B2C 到 B2B，其发展的过程中出现了各种各样的电子商务模式。可以说，一种业务和一个盈利点都可以形成一种电子商务模式。纵观电子商务的发展，可以发现电子商务模式在不断深化，横观各种电子商务模式的特点，不难发现它们存在的一些共性，通过这些共性的研究，可以对各种电子商务模式进行一些分类。下面是从不同角度对电子商务模式进行的分类。

（1）按服务对象的不同分类

分为 B2C、B2B、C2C、B2G、B2B2C。

B2C（Business To Consumer）。企业对消费者的电子商务，如网上商店、网上超市。B2C 网上商店或网上超市根据所出售商品的种类不同，又分为网上食品店、网上药店、网上花店等。

B2B（Business To Business）。企业对企业的电子商务，B2B 电子商务模式以包括筹措、生产和售后服务等内容的商务综合管理系统和信息资料互换为基础，组建并运用商业数据库和信息交换系统，以推动供应商、代理商、经销商和厂商的业务往来，有效削减交易费用，降低成本，实现企业业务的合理化。阿里巴巴是这一模式的典型代表。

C2C（Consumer To Consumer）。消费者与消费者之间电子商务模式。它是消费者与消费者之间的货物交易或各种服务活动在网络上的具体实现，其涵盖的范围主要包括艺术品交易、网上拍卖、旧货交易、网上人才市场、换房服务、邮票交易等。易趣网（ebay）、淘宝网（taobao）、拍拍网等均属于此模式。

B2G（Business To Government）。企业对政府的电子商务。

B2B2C（Business To Business to Consumer）。企业对企业对消费者的电子商务。

（2）按服务内容的不同分类

分为 ISP、ICP、ASP、ESP。

ISP（Internet Service Provider），网络服务提供商。一般指提供网络接入服务的提供商，如东方网景。

ICP（Internet Content Provider），网络内容提供商。主要指咨询类的网站。新浪网是国内一个主要的 ICP 网站。

ASP（Application Service Provider），应用服务提供商。主要指通过网络提供软件租赁的服务商。

ESP（E-business Solution Provider），电子商务解决方案提供商。主要指为不同企业提供不同电子商务解决方案的服务商。如易买卖是国内一电子商务解决方案提供商。

（3）按照开展电子交易的信息网络范围分类

① 本地电子商务。本地电子商务通常利用本城市内或本地区内的信息网络实现电子商务活动，电子交易的地域范围较小。

② 远程国内电子商务。远程国内电子商务是指在本国范围内进行的网上电子交易活动，其交易的地域范围较大。

③ 全球电子商务。全球电子商务是指在全世界范围内进行的电子交易活动，参加电子交易各方通过网络进行贸易，涉及有关交易各方的相关系统。

（4）按照交易对象分类

① 信息服务型电子商务。这种类型的电子商务在网上直接对无形的数字化产品和服务的交易活动，它包括数字化产品（如计算机软件）、各种信息服务（如专利信息、股票信息等）、娱乐内容的联机订购（如视频信号的点播）、付款和支付等一系列的交易与服务，以及全球规模的信息服务。

② 实物交易型电子商务。这种类型的电子商务是指在网上直接对有形货物的电子订货以及交易过程中的一系列服务活动，它仍然需要利用传统的货物配送渠道，如分销配送中心、邮政服务和商业快递等帮助送货到订货者手中。

1.4　电子商务的三流及关系

（1）信息流

信息流是指电子商务交易各主体之间信息的传递过程，是电子商务的核心要素，它是双向的。在企业中，信息流分为两种，一种是纵向信息流，发生在企业内部；另一种是横向信息流，发生在企业与其上下游的相关企业、政府管理机构之间。

（2）资金流

资金流是指资金的转移过程，包括支付、转账、结算等，它始于消费者，止于商家账户，中间可能经过银行等金融部门。

（3）物流

物流是因人们的商品交易行为而形成的物质实体的物理性移动过程，它由一系列具有时间和空间效用的经济活动组成，包括包装、装卸、存储、运输、配送等多项基本活动。

（4）三流之间的关系

以信息流为依据，通过资金流实现商品的价值，通过物流实现商品的使用价值。物流应是资金流的前提与条件，资金流应是物流的依托及价值担保，并为适应物流的变化而不断进行调整，信息流对资金流和物流的活动起着指导和控制作用，并为资金流和物流活动提供决策的依据，直接影响、控制着商品流通中各个环节的运作效率。

1.5　电子商务的起源

世界上对电子商务的研究始于 20 世纪 70 年代末。电子商务的实施可以分为两步，其中 EDI 商务始于 20 世纪 80 年代中期，Internet 商务始于 20 世纪 90 年代初期。我国的电子商务及其研究起步更晚些，但进展还是比较快的。

1997 年底，在亚太经济合作组织非正式首脑会议上，时任美国总统克林顿敦促世界各国共同促进电子商务的发展，引起了全球首脑的关注。有识之士指出，在电子商务问题上，迟疑一步就可能会丢失市场、丢失机会。

1998 年 11 月 18 日，时任中国国家主席江泽民在亚太经合组织第六次领导人非正式会议上就电子商务问题发言时说，电子商务代表着未来贸易方式的发展方向，其应用推广将给各成员国家带来更多的贸易机会。

一般来说，电子商务经历了两个发展阶段：基于 EDI 的电子商务和基于国际互联网的电子商务。

（1）基于 EDI 的电子商务（20 世纪 60 年代至 20 世纪 90 年代）

EDI 在 20 世纪 60 年代末期产生于美国，当时的贸易商们在使用计算机处理各类商务文件的时候发现，由人工输入到一台计算机中的数据 70% 是来源于另一台计算机的输出文件，由于过多的人为因素，影响了数据的准确性和工作效率的提高，人们开始尝试在贸易伙伴之间的计算机上使数据能够自动转换，EDI 应运而生。

EDI（Electronic Data Interchange）是将业务文件按一个公认的标准从一台计算机传输到另一台计算机上去的电子传输方法。由于 EDI 大大减少了纸张票据，因此，人们也形象地称其为无纸贸易或无纸交易。

（2）基于国际互联网的电子商务（20 世纪 90 年代至今）

20 世纪 90 年代中期后，国际互联网迅速普及化，逐步从大学、科研机构走向企业和百姓家庭，其功能也已从信息共享演变为大众化信息传播。从 1991 年起，一直排斥在互联网之外的商业贸易活动正式进入到这个王国，因而使电子商务成为互联网应用的最大热点。以直接面对消费者的网络直销模式而闻名的美国 Dell 公司 1998 年 5 月的在线销售额高达 500 万美元；另一个网络新秀——Amazon 网上书店的营业收入从 1996 年的 1580 万美元猛增到 1998 年的 4 亿美元。

1.6 传统商务与电子商务

传统商务起源于史前。当祖先开始对日常活动进行分工时，商业活动就开始了。每个家庭不再像以前那样既要种植谷物，又要打猎和制造工具。每个家庭专心于某一项活动，然后用产品去换取所需之物。

货币的出现终结了易货贸易，交易活动变得更容易了。然而，贸易的基本原理并没有变化：社会的某一成员创造有价值的物品，这种物品是其他成员所需的。所以，商务活动就是至少有两方参与的有价物品或服务的协商交换过程，它包括买卖各方为完成交易所进行的各种活动。

传统商务活动实质上就是完成买卖的双方交易的过程，包括卖方、买方、交易三要素。传统商务的基本流程主要由交易前的准备、交易磋商、合同的签订与执行、支付与结算等环节组成。

（1）传统商务的基本流程

① 交易前的准备。交易前的准备是指参与交易的买卖双方在交易磋商前的准备活动。

② 交易磋商。交易磋商是指买卖双方对所有交易的细节进行谈判，包括双方在交易中的权利、所承担的义务，以及购买商品的种类、数量、规格、价格、购货地点和交易方式、运输方式、违约和索赔等。

③ 合同签订与执行。

④ 支付与结算。支付一般有两种方式，支票和现金。

a. 支票方式。多用于企业的商贸过程，用支票方式支付涉及双方单位及其开户银行。

b. 现金方式。常用于企业对个体消费者的商品零售过程。

（2）电子商务的基本流程

① 交易前的准备。在电子商务营销模式中，买卖双方的供求信息都是通过交易双方依托的电子商务平台来发布的，双方信息的沟通具有快速和高效率的特点。

② 交易磋商。电子商务中的交易磋商过程将纸面单证的传递变成了电子化的记录、文件和报文，在网络上的传递，并且有专门的数据格式。

③ 合同签订与执行。电子商务环境下的网络协议和电子商务应用系统的功能保证了交易双方所有的贸易磋商文件的正确性和可靠性，并且在第三方授权的情况下具有法律效力，可以作为在执行过程中产生纠纷的仲裁依据。

④ 支付与结算。电子商务中，交易的资金支付采用信用卡、电子支票、电子现金和电子钱包等形式，以网上支付的方式进行。

（3）电子商务与传统商务比较

① 适用于电子商务的商品：主要是指标准化的并为消费者所熟知的产品或服务，典型的商品有办公设备、计算机和航空运输服务等，如许多常见网站上的图书和光盘。

② 适用于传统商务的商品：强调个人推销技巧在交易中的重要性（如房地产的销售），或产品的情况只有通过亲自接触才能确定（如购买时装和生鲜食品）的商品。

③ 采用电子商务和传统商务的结合：既具有典型商品的特征，又需要消费者的亲自接触。

1.7　我国电子商务的发展状况及存在的问题

1.7.1　发展现状

中国政府已经敏锐地意识到信息化及电子商务对经济增长和企业竞争力的巨大影响，开展并推动了一系列的"金"字工程。

目前，我国"金桥"工程初具规模，并已开始服务于社会。"金卡"工程首批 12 个试点省市已全部实现跨行联网运行。"金税"工程已开始覆盖全国 400 个城市、3800 个县市，并将建立起全国四级计算机稽核网络系统。另外，一些大的部委也对建网投以重视和决心。

借助于日益发展完善的信息网络环境平台，以及商务需求的发展，运作速度更迅捷、业务交往个人化、通过 Web 购物正是电子商务的发展趋势。

（1）运作速度更迅捷

网络的响应速度是衡量一个 ISP 服务质量的重要参数，网上的信息检索、交易同样需要迅速反应，这也正是电子商务所要注重的。

（2）业务交往个人化

近两年，美国纽约市的 Rochester 公司启用了电子商务 Web 应用程序，由于该系统是利用 Broad Vision 的商用服务器软件按一一对应的方式建成的，所以能使用户业务代表查看用户的概况，并对其账户提供类似信用卡或订购目录业务的帮助，这些业务充分体现了电子商务的个人化特征。

（3）通过 Web 购物

在现代电子商务系统中，商店无处不在，而且彼此关联，具有交互性、智能化特征；另一方面，现代电子商务市场把有关产品和服务的信息紧密集成，帮助买方在不同的商店之间进行比较，以选取最具诱惑力的商品。个性类网站蜂拥出现，如出气筒、卡当网、百合网、拼客网、优米网、大众点评网等。同时，电子商务圆了更多的年轻创业的梦想，也成就了不少传统企业。

1.7.2　我国电子商务发展中存在的问题

（1）安全问题

电子商务是通过信息网络传输商务信息和进行贸易活动的，与传统的有纸贸易相比，减少了直接的票据传递和确认的商业交易活动，因此要求电子商务比有纸贸易更安全、更可靠，这一方面需要技术上的保证，如电子签名、电子识别等技术手段的采用；另一方面需要通过法律的形式把这些技术手段确定下来。

作为一个安全的电子商务系统，首先必须具有一个安全、可靠的通信网络，以保证交易信息安全、迅速传递；其次，必须保证数据库服务器绝对安全，防止黑客闯入网络盗取信息。

对于中国来说，由于网络产品的不成熟性，加之技术、人为等因素的影响，不安全因素更显突出。如果商业基础环境在支付、产权、隐私等方面的安全性达不到要求的水平，则电子商务的发展就将成为空想。

（2）支付网关问题

电子商务的核心内容是信息的互相沟通和交流，交易双方通过 Internet 进行交流、洽谈、确认，最后才能发生交易。但从整个电子商务的发展来看，要在网络上直接进行交易，就需要通过银行的信用卡等，以及在国际贸易中通过与金融网络的连接来支付和收费。

而目前我国各个国有专业银行网络选用的通信平台不统一，不利于各银行间业务的互联、互通和中央银行的金融监管以及宏观调控政策的实施。另外，各行信用卡标准不一样，不能通用，因此尚不能用信用卡实现网上支付。

（3）网络带宽问题

要想实现真正实时的网上交易，就要求网络有非常快的响应速度和较高的带宽，这必须由硬件提供对高速网络的支持。而我国由于经济实力和技术方面的原因，在这一方面尚不能满足电子商务发展的要求。

这里包括两个方面的问题，一个是信息基础设施的建设，或者说是网络的基础设施建设，我国与发达国家相比还比较缓慢和滞后；另一个是信息终端的普及程度，在我国中、西部地区还相对较低。

（4）网络开放性问题

Internet 必须是一个开放的、基于工业标准的、跨平台的、能使每个人都能使用母语的网络系统。

（5）人们的思维观念问题

电子商务的运行模式与人们固有的消费、购物习惯差异很大。电子商务要蓬勃发展，并成功融入一个国家乃至全球，人们的观念转变，并从战略意义及具体知识上认识到电子商务的意义，是个重要问题。

（6）法律问题

这个问题应该从三个方面来理解。首先，Internet 是一个高度自由的信息公路，如果没有一个成熟的、统一的法律系统进行仲裁，纠纷就不可能解决。其次，电子商务的发展对传统的商贸法律也提出了诸多挑战。最后，电子商务是一种世界性的经济活动，它的法律框架不应只局限在一国范围内。

总之，实现电子商务不只是技术问题，还要更好地满足市场需求，这是商务基础设施自始至终的用途。因此，电子商务惊人之处并不是带宽或 Internet 浏览器，也不是服务器和安全技术，而是其传递产品和服务的能力。发掘需求，并用现有技术去满足这种需求是经营者亘古不变的法则。

1.8 电子商务未来发展趋势

随着电子商务的进一步发展，各种电子商务模式还会层出不穷，对于电子商务模式的发展，有五点应该明确。

（1）电子商务没有固定的模式

电子商务发展到今天，已经出现了各种各样的电子商务模式：从 B2C（企业对消费者）到 B2B（企业对企业）；从 ISP（因特网服务商）到 ASP（应用服务提供商）；从 Commerce ones 提出的 X2X（eXchange To eXchange，交易对交易）再到 Napster 带来的 P2P（Peer To Peer，对等网络模式），以后还会不断出现更多、更新的电子商务模式。商务的复杂性和不断变化、发展决定了电子商务没有一个或几个固定模式，各种各样的电子商务模式充分展现了人类的智慧和创意，同时也应该反映市场价值的空间。

（2）从长远来看，B2C 价值链将不断压缩 B2B 价值链

事实上，不管是传统的商业模式，还是未来的电子商务模式，其存在和发展都取决于市场的需求，取决于其能够为社会创造一定的经济价值。电子商务的价值从何而来？下面从经济学中的"存量"和"增量"两个概念来分别分析 B2B 和 B2C 电子商务所创造的价值。

B2B 电子商务的存量价值应该来自于传统商务所创造的价值，其增量价值则来源于传统企业与企业之间供应链的改造，提高了效率，节省了成本。实际上，利用网络技术手段只是为 B2B 电子商务提高了效率，节省了一些成本，而没有新创造大的价值，从这个意义上讲，B2B 并没有为新经济带来大的增量价值，其巨额的交易还只是传统交易的一个改造和翻版。

对于 B2C 电子商务来说，消费者的需求决定产品和服务的价值，随着消费者层次的提高，B2C 电子商务创造的价值将不断增加。也就是说，B2C 电子商务能够为新经济创造巨大的增量价值。B2C 电子商务要求发现消费者新的需求，提供新的产品和服务，从而创造出新的价值，这一价值的增长空间会因网络技术的应用变得越来越大，所以 B2C 电子商务会因网络技术的应用而创造出巨大的增量价值，这也是新经济的主要特征之一。

在电子商务时代，B2B 电子商务由于网络技术的应用变得越来越简单化，而对于 B2C 电子商务，由于个性化需求的不断增长，个性化产品与服务的不断增加，将会变得越来越复杂化，从这个意义上讲，B2C 价值链将有压缩 B2B 价值链的趋势。

（3）盈利空间是判断电子商务模式好坏的基本依据

赚钱是电子商务的唯一出路，过去那些炒概念的网络公司，自身缺乏有价值的资源和内容却大把花钱搞宣传，这实际上就是互联网发展过程中的泡沫，它们投的只是一个概念，或是对未来盈利的预期，这些互联网泡沫已经随着 Nasdaq（纳斯达克）的下调破灭了许多。投资者和从事电子商务的人员都开始寻找真正健康的电子商务，P2P（Pass to Profit）是对电子商务模式发展的基本要求。

（4）移动电子商务具有广阔的发展空间

科技以人为本，电子商务更是以人为本。无限互联网可以将每一个人随时随地地联系在一起，从而大大增加生产、销售和各种商务活动的人为决定因素。能否满足消费者的个性化需求、能否为消费者提供个性化的产品和服务，将是网络经济时代商家成功的关键。移动互联网为商家及时获取消费者的个性化需求，并将这一信息及时反馈到生产和销售的各个环节，提供了必要的前提。移动互联网将为移动电子商务的发展创造巨大的空间。在过去，互联网的无线接入受到便携终端及无线网络功能的限制，无线互联技术的飞速发展已开始使移动电话和其他无线终端的用户能够快速、安全地获取互联网及企业内部网的信息和其他通信服务。

（5）电子商务模式朝综合解决方案方向发展

第一代电子商务模式主要体现在网站设计上，包括网页内容设计、网页美术设计、网站功能设计以及网站后台管理设计等。其实，真正的电子商务不能仅靠网站设计的美观、内容的丰富以及功能的全面来实现。如果不与传统商务中的物流、资金流和信息流整合发展，形成一套完整的电子商务解决方案，再好的网站也只不过是空中楼阁。

一个完整的电子商务模式是融企业内部网（Intranet，主要面向内部员工）、企业外部网（Extranet，主要面向供应商、合作伙伴）以及因特网（Internet，主要面向客户）为一体的一个完整电子商务解决方案，如图1-1所示。

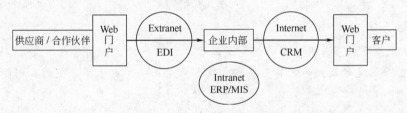

图 1-1　电子商务综合解决方案

可以看出，一个完整电子商务解决方案将由面向上游供应商/合作伙伴的 EDI，即电子数据交换（企业 Extranet）；面向内部员工的 ERP/MIS，即企业资源计划/管理信息系统（企业 Intranet）和面向下游客户的 CRM，即客户关系管理（基于 Internet）组成，由基于三种网络（Extranet、Intranet 和 Internet）的系统相互集成，进行一体化、自动化的运作。

问题讨论：选择电子商务模式的决定因素是什么？（提示：市场、客户、盈利和核心竞争力）

1.9　小结

电子商务从宏观上讲是利用计算机网络和信息技术的一次创新，旨在通过电子手段建立起一种新的经济秩序，它不仅涉及商务活动本身，也涉及各种具有商业活动能力的诸如金融、税务、法律和教育等其他社会层面；从微观的角度讲，电子商务指各种具有商业活动能力的实体利用计算机和其他信息技术手段进行的各项商业活动。

电子商务的功能大致可分为商贸功能、应用功能、系统功能。电子商务常见的分类方法有按照参加电子商务的交易主体分类、按照开展电子交易的信息网络范围分类、按照使用网络类型分类、按照电子业务流程实现的程度分类、按照交易对象分类。电子商务的三流包括信息流、资金流和物流。

电子商务最早起源于美国。我国电子商务发展大致经历了萌芽阶段、成长阶段、快速发展阶段。传统商务与电子商务的基本业务流程均为交易前的准备、交易磋商、合同签订与执行、支付与结算等环节，但是交易具体使用的运作方法是完全不同的。电子商务在理论、技术和应用方面都呈现了良好的发展趋势。

【思考题】

1. 什么是电子商务？其功能有哪些？
2. 简述电子商务三流的概念及其关系。
3. 比较电子商务与传统商务的异同。
4. 电子商务有哪些应用？

【实践题】

Internet 改变了许多人的生活习惯、交流方式、思想观念，同时也改变了企业的经营行为，改变了企业的竞争规则等，其重要方式便是电子商务。电子商务受到人们越来越多的关注，并渗透到人们生活的各个方面，改变着社会经济的各个层面，如生活中的电子商务：网上订衣，可选择登录试衣间（www.41go.cn）；网上订花，可选择登录莎啦啦礼品鲜花店（www.salala.com.cn）；网上订餐，可选择登录饭统网（www.fantong.com）；网上订票，可选择登录酷讯网（www.kuxun.cn）；网上购物，可选择登录果皮网（http://

图 1-2　当当网上书店首页

www. ewuqu. com）；网上交易，可选择登录易物趣网（http：//www. ewuqu. com）；网上购书，可选择登录蔚蓝书店（http：//www. dangdang. com）。

1. 实验内容

本次实验是进入当当书店（http：//www. dangdang. com），见图 1-2，从这家公司中购买一些东西（如书本），体会电子商务的内涵。

2. 实验目的

● 了解电子商务的基本功能，如广告宣传，网上定购，电子支付等。

● 体会电子商务的内涵；电子商务的电子化运作方式。

● 通过具体的操作，可以学会以个人消费者的身份到网上商场购物的基本流程。

3. 实验步骤

① 在地址栏中输入 http：//www. dangdang. com，登入当当网上书店。

② 如果购买图书，可以直接点击导航条（图书），选择商品，可以直接在分类栏中进行查询，或者直接在搜索栏中进行模糊查询或快速查询（以购买一本关于研究生英语的书为例），输入研究生英语关键字，点击查询，如图 1-3 所示。

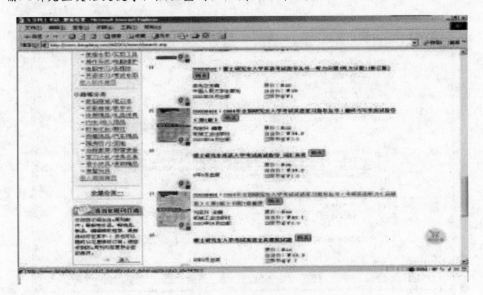

图 1-3　当当网上书店

③ 放入购物篮中，点击购买，如图 1-4 所示。

④ 放入购物篮中后，填写订单，进行结账，点击结账按钮（如果没有注册，则先注册）点击注册，如图 1-5 所示。

⑤ 注册成功后，继续填写订单，选择配送方式、选择支付方式等。

⑥ 确定无误后，点击提交按钮，提交订单，完成购物。

4. 实验思考

① 完成了本次实验后，是否对电子商务有了更深的了解呢？在此次交易中，至少涉及了哪些交易对象呢？

② 能否直接用框图描述当当网上书店的交易流程呢？

③ 在交易中，选择的是什么支付方式和配送方式？当当网上书店提供了哪些支付方式和配送方式？

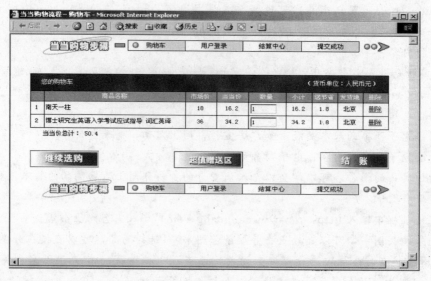

图 1-4　当当网上书店购物步骤

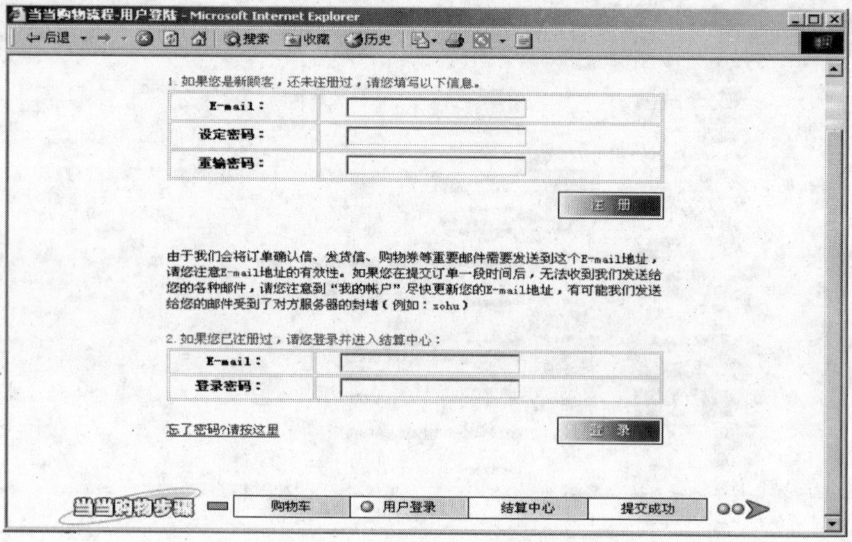

图 1-5　当当网上书店结账

第 2 章　电子商务交易模式与网上支付

【学习目标】
> 了解电子商务交易模式的代表网站及网络银行的基本概念和基本业务。
> 理解电子商务交易模式的区别与联系及电子货币的分类，网上支付的概念。
> 掌握 B2C 电子商务的主要模式、企业类型、收益模式、主要环节、适合网上销售的商品，B2B 电子商务的概念、特点、优势、交易模式，C2C 电子商务的概念、特点、分类以及网上购物流程，第三方支付的概念、特点、作用

【引导案例】

海尔 B2B——个性化服务让价格战息鼓收兵

作为家电行业的骄子，海尔以其卓越的技术、优良的品质、遍及全球的服务网点创造了中国家电业的一个时代。然而，市场是不断变化的，近几年来，价格战似乎成了国内许多行业自救的最后一根稻草。这种饮鸩止渴的做法不但不能救活企业，而且将带来整个行业的亏损和质量的下降，最终导致的只能是行业的衰落。

在这场战争中不乏冷静之人，海尔就走出一条 B2B 个性化服务之路，在中国家电业再次掀起"海尔旋风"。海尔个性化服务的主要思想就是"我的冰箱我设计"、"你来设计，我为你制造"。这种 B2B 式的个性化服务体现了以消费者为核心的思想，这也是海尔多年"以人为本"的思想在网络时代的重放光彩。通过强大的 B2B 商务网络，海尔把自己与商家和消费者之间的距离大大缩短，千千万万梦想着有自己喜欢的冰箱的消费者能够参与设计，从而让海尔通过网络带给消费者一颗火热的心。

自海尔推出 B2B 网上订制以来，在不到一个月的时间中，就获得了 100 多万台来自全国各地大商场的订制订单，各订单在款式、功能、色泽上要求各不相同。西单商场是首家获得海尔个性化冰箱的商家，该商场通过 B2B 订制的近千台个性化冰箱上柜后，很快销售一空，价格尽管一分没降，但销售速度却是少有的快。这一 B2B 模式能让商家们各自对消费的调查成为真正反映消费者心理的手段，把消费者提升到一个更重要的地位。北京蓝岛大厦以前出售的波轮式洗衣机洗完衣服后常常使衣服缠在一起，它们在海尔定做了一种要洗衣中心和波轮中心错位的洗衣机，这种洗衣机完美地解决了上述缺点，并且保持了原洗衣机的优点，在商场很快售空。

北京及地方上不少商场纷纷向海尔签订单，要求"个性化"冰箱。北京翠微大厦表示，它们打算向海尔订制单身贵族式、家庭保姆式、清凉宝宝式等各种冰箱，以满足不同消费者的要求。在 B2B 中，个性化服务植根于消费者本身的偏好，海尔在这一理念指引下走出了 B2B，但这只是第一步，在技术成熟后，海尔还打算进军 B2C 领域。目前，海尔网上 B2B 交易额已超过 10 亿元人民币，并以惊人的速度谱写着新的神话。

电子商务最核心的经营思想之一就是个性化服务，把消费者从群演变到人。这种理念不仅对网络企业如此，对传统企业仍然能带来滚滚财源，海尔的案例也正印证了这一点。从国际、国内的电子商务实践分析，B2B 电子商务的真正前途在于传统企业的介入，海尔选择B2B 也正是顺应了这一时代要求。

传统企业的 B2B 之路有许多优势：首先就是产品优势，一家传统企业能发展到今天，至少应有一个成功的产品品牌；其次是销路优势，传统企业有成熟的市场基础，如果用 B2B来改造，销售只会更加便捷；最后，传统企业的售后服务体系也是 B2B 电子商务所必需的。

电子商务涵盖的范围很广，一般可分为企业对企业和企业对消费者两种，另外还有消费者对消费者这种大步增长的模式。随着国内 Internet 使用人口的增加，利用 Internet 进行网络购物并以银行卡付款的消费方式已渐流行，市场份额也在快速增长，电子商务网站也层出不穷。

2.1　B2B 电子商务模式

商家（泛指企业）对商家的电子商务（Business To Business）即企业与企业之间通过互联网进行产品、服务及信息交换，通俗的说法是指进行电子商务交易的供需双方都是商家（或企业、公司），它们使用了 Internet 的技术或各种商务网络平台，完成商务交易的过程。这些过程包括：发布供求信息、订货及确认订货、支付过程及票据的签发、传送和接收，确定配送方案并监控配送过程等。B2B 有时写为 B to B，但为了简便，干脆用其谐音 B2B（2 即 two）。B2B 的典型是阿里巴巴（www.alibaba.com）、中国制造网、敦煌网、慧聪网等。B2B 按服务对象可分为外贸 B2B 及内贸 B2B，按行业性质可分为综合 B2B 和垂直 B2B。

B2B 主要是针对企业内部以及企业（B）与上下游协力厂商（B）之间的资讯整合，并在互联网上进行的企业与企业间交易。借由企业内部网建构资讯流通的基础，及外部网络结合产业的上中下游厂商，达到供应链（SCM）的整合。因此透过 B2B 的商业模式，不仅可以简化企业内部资讯流通的成本，更可使企业与企业之间的交易流程更快速、更减少成本的耗损。

B2B 电子商务运作原理分为以下四个阶段。

阶段 1。就是让整个企业与企业间的供应链与配销商管理自动化，透过 Internet，不但节省成本增加效率，更有开发新市场的机会，促进企业间商业交易资讯交换（如采购单、商业发票及确认通知等）。

阶段 2。目前这类资料交换的协定称为电子资料交换，其运作方式是将电子表格的每一个字段以一对一的方式对应于商业交易书面表格中的每一部分，就像所有的采购单及交易记录都记录在数据库中。

阶段 3。电子资金转移，如银行与其往来企业间资金的自动转账。

阶段 4。所有的出货需求在经过数据库处里后会自动完成物流配送的要求。

2.1.1　B2B 电子商务的分类

目前市场上运营的 B2B 电子商务大体分为三类：公共独立平台交易模式、行业性平台交易模式和企业专用平台交易模式。埃森哲研究表明，企业大多将以模式组合的方式参与电子化交易，而对不同交易模式的选择要看企业不同的业务需要。目前并不存在一种万能的交易模式。对三种交易模式的分析与介绍将有助于更深入地认识到这一点。

2.1.1.1　公共独立平台交易模式

公共独立平台交易模式主要提供一个贸易平台，参与者可享受产品信息发布、厂家信息发布与认证、交易促成等服务，同时该平台也可以为特定行业提供一般性问题解决方案，其价值主张为：帮助客户在全球范围内寻找贸易伙伴、提供一站式的业务服务平台、对业务关系实施虚拟化管理以及获取全球各地的价格信息。公共独立平台交易模式吸引了大量风险资金的投入，一时间出现了成千上万家同类网站或平台，但是真正成功的案例却凤毛麟角。

公共独立平台交易市场之所以陷入困境，原因在于它们采用的商业模式无法准确判断客户的购买意愿和客户对价格的承受力。该模式是随着互联网技术应用而发展起来的，由于运营人员缺乏相关市场的专业知识，因此不能很好地将新技术与传统商业有机融合、创建新的有效可实施的商业模式。但从更为根本的层面看，行业进入门槛低导致市场内供给过剩，过度的竞争不断挤压利润空间，导致该模式发展的困境。在争夺交易份额的过程中，没有一家能占据绝对的支配地位，大多数后来者要么重新制定业务战略，要么与对手合并，或者干脆被挤出市场。

为在如此的环境中生存并实现持续性的发展，公共独立平台运营商们不得不一方面寻找并建立更具差异性和他人难以模仿的业务能力和卖点；另一方面，在风险投资等资金支持下，扩大市场宣传、提供免费服务期等方式吸引参与者，期望未来实现企业价值和盈利能力。但总体而言，该模式并不擅长专业性很强的供应链规划与作业协作等企业核心业务流程的电子化协同运作。尽管那些战略定位良好的独立平台交易仍将继续发挥其重要的作用，但它们不会像当初人们预言的那样成为企业网上交易的主导模式。

2.1.1.2　行业性平台交易模式

行业性交易平台是传统企业充分利用互联网新技术手段，以及行业资源和购买力而实施的一种电子商务战略。一方面利用网上交易为企业创造价值，提升行业供应链竞争力；另一方面通过制定行业标准、组织中间采购对 B2B 服务进行有效管控，同时为业内企业集中提供丰富的信息内容，包括行业新闻、行业教育、职位招聘以及提供面向行业的专门化服务。这些市场的创始成员通常包揽了行业内绝大部分的交易量，以此削弱潜在竞争对手的获利空间和能力。但尽管有实力强劲的创始成员作后盾，许多行业性交易平台仍然摆脱不了一些与生俱来的问题的困扰：它们一方面要服务于多个创始成员，另一方面又要满足个体成员某些特定要求。由于共同拥有市场的实力企业数量众多，决策过程变得复杂而缓慢，网上在线运营所需要的速度和敏捷性往往难以体现。

事实证明，企业都十分注意保护自身利益，很少愿意在网上公开涉及企业敏感而专有的商业信息，尤其是那些具有强大供应链管理能力的业内领先企业。因此，通过电子商务为行业内企业服务、创造共同价值、建立行业标准规范、形成良性竞争环境等目标尽管愿望良好，却与公共独立平台交易一样，建立一定规模供应商群体所花费的时间要比预期更长。

因此，行业性平台交易模式的实施和成功运营有赖于政府或行业管控力强、监管力度大，企业间关联紧密。

2.1.1.3　企业专用平台交易模式

每种 B2B 交易模式都在不同程度上延伸着企业价值链，与上下游企业实现不同程度的信息共享和流程电子化协同。而企业专用平台交易模式能使企业与其贸易伙伴间达成最深度的整合，它能充分发挥企业间的供应链协作机制，提高透明度和规范性。因此许多创建企业专用交易平台的企业一般都是供应链管理的领先者，它们在企业内部通过实施 ERP 等工程首先实现了企业内部供应链的有效整合与集成，通过提高预测、库存等数据准确性和业务规范性为企业间作业协同奠定了坚实基础，并希望通过供应链拓展，与合作伙伴建立端对端的供应链交付服务协同作业，以提高在供应链水平而非产品层面的竞争力。

通过企业专用平台，诸多企业与其贸易伙伴达成了极其密切的合作关系，这是目前公共独立平台交易模式无法办到的，例如台湾半导体制造公司通过企业专用平台交易模式，使分布各地的工程师们得以通过网上协作实施芯片设计项目，该系统安全性很高，系统用户无法复制或下载设计图案，保留在数据库中的设计方案受到公司防火墙的严密保护。有权进入该系统的工程师们来自供应链各环节的相关企业，根据不同的访问权限，他们可以同时看到部分或全部的设计图样。他们还可以把单个电路或连接线分离出来，做上标记，跟踪相关电路设计的全过程，并可随时向所有相关人员发表个人的意见和看法。

专用平台交易模式具有突破性的协作能力，但是这种模式并不适用所有的企业。但在业内占据主导地位或具备一流供应链管理能力的企业有时也会选择建立自己的专用交易平台，原因在于行业性平台交易模式远远不能满足它们独特的业务需要和供应链管理流程的要求，例如沃尔玛公司在集中和利用购买力方面做得相当出色，而且公司在市场中具有的支配性地位，能够确保主要供应商积极参与，建立专用 B2B 交易平台对沃尔玛这种类型的公司来说，不仅见效快，反应敏捷，而且收益更大。

需要注意的是，企业专用平台涉及企业间核心业务流程的集成，要求从数据、单据、流程、商业条款上规范与统一，然而，不同企业供应链战略、业务体系、内部信息化条件、公司文化往往存在明显差异，并且彼此还有关系，因此，在实施时也会有很多具体问题需要协调解决，其中，商业规则的标准化、产品标准化、协作流程标准化以及与企业内部 ERP 等系统无缝集成等无疑是实施企业专用平台时必将面对和解决的突出挑战。

2.1.1.4　组合模式

参考埃森哲电子交易市场模型框架，B2B 交易平台的基本功能包括供应商发掘、产品目录及价格透明化、产品跟踪、物流、产品开发、采购、供应链规划与协作以及服务管理等内容。每种 B2B 交易模式一般都力求在一项或多项功能上提升效率、改善管理、创造价值。通过 B2B 电子商务提升企业供应链能力的重点是：要从企业战略角度出发，通过模式组合（即选择哪种交易模式，以及选择哪个或哪几个功能项）选择来确定平台的能力，以与企业业务需求相匹配。不论是哪种 B2B 电子交易模式，彼此之间虽在功能强弱上存在差异，但实现它们的技术体系却是近似并可以平滑扩展的。

一般而言，独立和行业性交易平台主要集中在有效地从事采购、销售和信息交流领域，着眼于为各个企业提供一个商贸平台和供应商管理产品目录服务，提供商机信息并促成交易。而企业专用平台交易模式下，B2B 交易将有力推动不同企业间供应链管理的同步和协作，通过提供供应链提高运作效率和降低运作成本，实现管理效益。因此，尽管三种交易模式各有独到的优势和侧重领域，相比之下，企业专用平台交易模式的适应性和协作能力决定它将在 B2B 发展的下一波浪潮中扮演极其重要的角色，随着专用平台交易模式发展，将有望从更大的广度和深度上推进社会性商业模式的变革，通过提高企业间的集成度和关联性，提升供应链的竞争力。

2.1.2　B2B 电子商务模式的应用

目前发展来看，商业机构的在线式商店交易在网上增长很快。将 B2B 的电子商务模式的应用总结如下：在线商店模式、内联网模式、中介模式。其中，中介模式是最普遍的。下面分析案例。

2.1.2.1　在线商店模式

在线商店模式（online stores model）指的是企业在网上开发虚拟商店，以此网址宣传和展示所经营的产品和劳务，进而提供网上交易的便利。这种模式与网上在线零售市场类似，只不过专业性要强一些。

下面以成功开展在线商店模式的企业为例，说明一下在线商店模式。

（1）胜利伟嘉资讯购物（www. victor. com. tw/）

胜利伟嘉资讯购物是一个非常著名的台湾网站，从手机天线到健康增高机，各类家用商品可谓琳琅满目。在它的首页上，有三个主要的链接：大哥大资讯网；港都商店精选；台湾产品网。

（2）中华生协电子购物中心（www. nchc. gov. tw/cgi-bin/cla/index. cgi）

中华生协电子购物中心是中国台湾最大的礼品 Internet 购物中心，它产品齐全，目前已形成了不同用途的多种系列，以及其他商品。据介绍，中华生协电子购物中心所有商品的折扣为 10%～40%，每月交易额正稳步上升。中华生协电子购物中的在线音乐商场制作精美，很受香港人喜欢。中华生协电子购物中的在线杂志收集了包括商业周刊、时代周刊在内的 10 个著名杂志的相关情况。内容翔实、新潮，很受香港中、青年人的宠爱。

（3）天龙音像网上商场

天龙音像网上商场是首都在线设计的网上音像商店。目前它收集了近 30 家音像出版公司的音像制品，品种齐全，是国内规模较大的在线音像商店。天龙音像网上商场目前只接受招商银行的一网通，不过现正规划除招商银行一网通之外的其他银行付款方式。当客户在使用一网通时，客户的账户还不会直接付款于商家，只有商家在确认商品无缺货等情形，并由交付物流单位寄出商品后，招商银行才向收款行执行请款作业，与招商银行结算交易金额。因邮寄作业几天时间，所以客户收到商品的日期与银行结算扣款日可能不是同一天。完成结账获得银行认可后，客户的订单会交由供货商立刻处理，将客户订购的商品包装成盒，完成后在次日以挂号或快递方式寄到客户指定的送货地址，但保留接受订单与否的权利（15 个工作日内）。海外地区依照客户的居住地与选择的邮递方式有所不同。

2.1.2.2　内联网模式

内联网模式指的是企业将内联网络有限度地对商业伙伴开放，允许已有的或潜在的商业伙伴有条件地通过国际互联网进入自己的内部电脑网络，从而最大限度地实现商业信息传输和处理的自动化。

随着许多公司允许贸易伙伴和有选择的客户在一定程度上进入内联网，在线商店模式与内联网模式的界限也就越来越模糊。尽管许多公司担心内联网模式存在安全问题，但这一趋势仍然有增无减。一些大公司已经将内联网络有限度地开放，有些正在积极策划在不久的将来允许商业伙伴进入企业内联网。

安全问题是内联网模式首先要解决的问题。企业对付安全问题的方法很多，具体可以参见下面章节中的安全技术问题。企业允许商业伙伴进入自己的内联网对公司的业务运作有一定的好处，特别是在一些需要客户录入相关交易信息的场合，内联网模式是比较理想的模式。企业可以将客户录入的表格放到网上的服务器上，客户可以在线填制这些表格。结果是商业伙伴和客户自己录入了交易信息，企业业务人员减少了重复录入。下面举一些例子来说明内联网络模式目前的应用情况。

美国乡村房屋贷款公司允许银行和商业伙伴进入其公司的内联网进行抵押申请。当这些第三者进入公司内联网时，只能看到与自己有关的信息。目前公司的 500 个客户中约有 250 家已经可以通过该公司的网络服务器进入其主机的数据库，即内联网络。

Cervecrias Quilmes 是阿根廷最大的酿酒公司。该公司使用内联网与供应商和经销商取得信息交流，该网络同时连接公司的六个酿造厂和四个经销中心。1996 年底，该公司网络开始有限对外开放的九个月后，公司全部交易信息交流的 30% 都在网上进行。

我国最大的 IT 巨子联想集团的联想电脑公司就让其经销商进入到其内联网络里，察看与其有关的销售信息、广告宣传费用反馈问题等。

内联网对客户开放还可以对客户支持提供辅助手段，例如，用友财务软件公司让客户从该公司的网页上进入公司的内联网，输入信息就可以自动跟踪和了解财务软件的技术问题，并可以在线提交数据库里没有的技术问题，后台技术操作人员会在一定的时期内给出解决方案，并在数据库公布。这样，通过企业的内联网，用友财务软件公司的技术人员就可以和用户进行交互性交流，以解决用户的技术问题。

还有一些公司通过企业的内联网让客户进行在线产品更新。

2.1.2.3 中介模式

中介模式指的是一家中介机构在网上将销售商或采购商汇集一起，商业机构的采购代表从中介机构的网址就可查询销售商或销售的产品。多数的中介机构通过向客户提供会员资格收取费用；也有的中介机构向销售商收取月租费或按每笔交易收费。

（1）金融中介模式 ISS（Inter Soft Solutions）

www.financehub.com 是一个权威的金融财经中心网站，可以为世界上大多数的公司与个人提供全方位的财经信息咨询。它还链接了许多有用的相关网站。如果想查找今天世界各大交易市场指数和最新的金融信息，就可以通过它进入 PC Quote（www.pcquote.com）和 Stock Master（www.stockmaster.com），即时查阅多种记号（多只股或多只共同基金），或者查找公司名称。它的首页显示各大市场动态，而且有路透社提供的 20 条最新商业新闻，还可以显示每分钟刷新的股票指数，还有图表分析走势。

（2）医药中介模式

中国医药信息网南北经贸中心，简称经贸中心（www.nbmn.com/index.htm）是由国家药品监督管理局信息中心和汕头市南北药品经营有限公司共同投资兴办的为国内外各医药生产企业、经营企业、医疗机构和科研院所提供医药信息咨询、医药电子商务及交易中介等综合配套服务的经营实体。中国医药信息网南北经贸中心能及时、准确地发布各类医药信息，从企业介绍、医药档案资料、医药政策法规、医药商品信息到新药信息、企业发展动态、市场分析预测等一应俱全。

经贸中心拟在汕头保税区设立医药商品仓储基地，利用保税区优惠政策为国内外厂家提供进出口服务，国外厂家医药商品进入保税区仓储，免证免税，凭国家规定的有效单证向海关办理核销手续。中国医药信息网南北经贸中心已与中国医药信息网、中国医院信息网和因特网并轨，以因特网为载体，向会员提供医药信息，进行交易中介，进而发展二级站、三级站，最终形成一个梯形链接网络，成为国内外知名的医药商品网上交易中心之一。

中国医药信息网南北经贸中心以行会员制为纽带，进行多种经营。

① 信息有偿服务（经贸中心与网员间进行运作）。

② 会员上网经营即电子商务（经贸中心与会员间以汕头市南北药品经营有限公司为主体运作）。

③ 厂家授权代理或经销（经贸中心为中介，会员与汕头市南北药品经营有限公司进行运作）。

中国医药信息网南北经贸中心具有高水准智能化的交易环境，电脑网络采用世界上先进的美国综合布线系统和一系列的高新技术，交易过程简便，信息传达迅捷。中国医药信息网南北经贸中心具有科学合理的整体网上交易规则：网上展示、统一结算、中央交易、统一编号、中介分割，规范且不失灵活性。中国医药信息网南北经贸中心享受有汕头特区及保税区多方面的政策性优惠措施，客户可获得广泛的利益。

（3）虚拟中介市场

Industry. Net 是美国一家信息技术公司，它是一个虚拟中介市场，是目前所设计的中介模式中最为出色的公司。该公司设立的 Industry. Net 网站将众多制造厂商汇集起来，使它们可以方便地与经销商或其他需要其产品的制造厂商建立联系。它们之间的交易可以直接使用 EDI 成交。目前，在该网址提供产品销售的销售商有 4000 多家，聚集的采购商达 20 万家，其通过这一虚拟市场进行潜在采购的能力可达 1600 多亿美元。

Industry. Net 虽然实行的是会员制，但其会员资格是免费的。会员可以进入该网页并可看到许多不同种类的信息资源，如在线虚拟市场、新闻、在线论坛，另外，网页里还链接着许多贸易协会。

Industry. Net 网站所提供的中介服务可以使采购商直接在网上在线确认订单。作为中介机构，Industry. Net 从中提取一定的佣金。该公司计划将其网址在不远的将来发展成为国际虚拟市场。美国电话电报公司（AT&T）正在加盟 Industry. Net，欲将其发展成为名副其实的商业机构对商业机构的商务实体。

中国商品交易中心（http://www.ccec.com.cn/ccecweb/ccec3-2.htm）是由国家经贸委批准组建，集商品信息查询、企业形象宣传、网上无纸交易、最新商品报价、寻找交易伙伴、品牌战略实施、商家决策依据、市场经济调研、政府宏观经济调控等众多形式于一体的为企业提供商品交易中介服务的经济组织。它通过各种技术革新、融资渠道和创造市场机会等将 Internet 付诸商用，建立起一个巨大的、覆盖中国每一个角落的计算机网络。无论在功能上、技术上、服务上，都堪称是世界一流的。

建立中国商品交易中心的目的是：改变中国经济面貌、帮助中国企业走出困境，运用新兴电子商务系统在经济浪潮中异军突起，构筑起信息高速路上一个强大而永恒的枢纽。

中国商品交易中心主要从事以下业务。

a. 通过计算机网络为企业提供各种生产资料、生活资料供求信息。

b. 通过计算机网络为交易双方提供进行网上谈判、签约服务。

c. 通过交易中心系统为交易各方提供交易、交割服务。

d. 通过国有商业银行为交易各方提供资金统一结算服务。

e. 为国家机关、企事业单位提供各项经济预测、统计分析。

f. 为企业提供产品信息广告及 Internet 主页制作与发布服务。

g. 为会员企业提供商品展示的场所。

h. 为企业办理入会入网手续及咨询服务。

中国商品交易中心具有：商品信息查询、企业信息查询、网上商品展销、专业商品市场、网上交易交割、商品市场行情、网上信息发布、网路服务指南、寻找交易伙伴、最新商品报价、专业项目咨询、政府信息公告、交易合同制定、企业形象制作等功能。中国商品交易中心是我国最大的电子商务交易中心，相关具体设计将在下面的章节具体介绍。

2.1.2.4 专业服务模式

专业服务模式指网上机构通过标准化的网上服务为企业内部管理提供专业化的解决方案，使企业能够减少不必要的开支，降低运营成本和提高客户对企业的信任度和忠诚度。

一般企业管理涉及多个方面，其中，如何为员工提供高效和方便的工作环境，同时又可有效降低业务开支、维护客户关系是每个企业高层经理人员要考虑的主要管理问题之一。

在国际互联网上，近年来一些公司业务网站利用与客户之间进行相辅相成的协作业务，专门为企业提供管理解决方案。它们以标准化的网上服务为企业解决某一个层面的管理问题。

（1）携程旅行网（http://www.ctrip.com/）

图 2-1 所示为携程旅行网首页，携程品牌创立于 1999 年，总部设在中国上海。目前已在北京、广州、深圳、成都、杭州、厦门、青岛、南京、武汉、沈阳、三亚 11 个城市设立分公司，在南通设立呼叫中心，在宁波、苏州、郑州、重庆设立办事处，员工 1 万余人。作为中国领先的在线旅行服务公司，携程旅行网成功整合了高科技产业与传统旅行业，向超过 4000 万会员提供集酒店预订、机票预订、旅游度假、商旅管理、特约商户及旅游资讯在内的全方位旅行服务，被誉为互联网和传统旅游无缝结合的典范，凭借稳定的业务发展和优异的盈利能力于 2003 年 12 月在美国纳斯达克成功上市。

图 2-1　携程旅行网

（2）中国粮食贸易网（www.cctn.com.cn；168.160.224.132）

中国粮食贸易网（China cereals trade net，CCTN）是由中国粮食贸易公司、中国粮食商业协会、北京新华国信科贸有限责任公司共同发起创办的，由北京新华国信科贸有限责任公司具体开发、承办和管理的，依托国际互联网（因特网）技术，面向全国粮食企业，多功能、全方位、迅捷的粮食贸易电子网络服务系统，是粮食产销、流通的现代化经营手段。中国粮食贸易网于 1997 年 11 月开始试运行，它集网上贸易、粮油信息、贸易担保、质量检验、储运保险、网上银行等多种服务功能于一体，建立了一个全国范围的全新概念的粮食交易市场。以超越时空限制、功能强大全面为特色，被誉为永不闭幕的粮食交易会。

中国粮食贸易网以粮为本，立足于建立贸易各个环节的电子网络化服务，同时配合中国粮油食品信息网——一个权威的粮油食品行业专业化信息服务的电子网络，以及《中国粮油食品信息》旬刊，成为在当今知识经济、信息时代到来之际，全国粮食企业实现粮食流通体制改革、面向现代化的不可缺少的经营工具。

中国粮食贸易网和中国粮油食品信息网可以为网员提供高质量的贸易、信息及咨询服务，来为客户解决各种问题。

中国粮食贸易网（见图 2-2）系统信息量大，基本包括了各地粮食批发市场、集贸市场、粮食生产区、销售区的粮食状况和价格信息，以及国际粮食期货和现货行情等。网上信息主要有以下几类：政策法规、经济动态、生产信息（包括产量、播种面积、农业气象、储运、加工）、粮油市场信息（包括供求信息、市场动态、分析预测）、粮油行情信息（包括期货市场、批发市场、边贸口岸、集市贸易等）、国际粮油行情（包括现货行情和期货行情）和动态期货。

图 2-2 中国粮食贸易网

2.1.3 我国 B2B 发展现状

2.1.3.1 模式单一

纵观当前国内 B2B 领域，大量存在的是两种模式：一种是行业垂直类 B2B 电子商务网站，即针对一个行业做深、做透，如中国化工网、全球五金网等。此类网站无疑在专业上更具权威、精确。而另一种则是水平型的综合类B2B电子商务网站。覆盖整个行业，在广度上下工夫，比如阿里巴巴、环球资源等。

（1）行业垂直类B2B模式

垂直类网站服务和专业化网站服务因其易出奇、出新、灵活而将成为各个B2B公司和大型企业争夺的焦点，也是未来B2B市场的另一新的发展方向。虽然现在中国B2B垂直类B2B模式中的企业占份额小，但却是许多风险投资家所看好的模式，也涌现出了几匹黑马，如沱沱网、雅蜂、金银岛等。

（2）行业综合性B2B模式

此模式较成熟、风险低，但模式单一、陈旧，以供求商机信息服务、行业咨询服务、招商加盟服务、项目外包服务、在线服务、技术社区服务为主模式。B2B需要商业模式创新，依靠单一陈旧模式难以超越同行。

2.1.3.2 压力过大

现在，电子商务网站除了阿里巴巴、慧聪、中化、环球资源等为数不多的几家之外，其他大部分没能得到社会的关注，综合平台中出现以大粘小现象和马太效应，几个大的网站使小B2B网站胎死腹中。

2.1.3.3 盲目化

电子商务时代的到来使得许多企业纷纷急于走上E化模式，上设备、套模式，但目标、战略不清，问题分析不透，因此付出沉重的代价。首先，B2B不仅仅是建立一个网上的买卖者群体，而是借此形成合作联盟，包括企业内上下级、企业与客户、企业与上下游企业间，达到企业内外供应链优化的目的，实现共赢和双赢。所以阻碍B2B发展的并不是技术问题，而是企业内外供应链中的人和企业对于公司B2B的支持与无缝连接。因此，仅仅上设备、套用固有模式并不能实现B2B电子商务效率化的初衷，也不能支持企业的持续运营。

2.1.4 我国B2B发展趋势

对中国B2B电子商务的发展现状进行分析后，可以总结出中国B2B电子商务的五个发展趋势：

2.1.4.1 呈现寡头垄断的行业格局

随着中国加入世界贸易组织和电子商务发展，B2B电子商务市场规模将会以几何级数增长。综合类的B2B电子商务平台也将得到很好的发展，从注册会员数量、营业收入各项上来看，目前综合平台的阿里巴巴以超过50％的市场份额处于寡头垄断地位，这类平台呈现以下特点。

① 几何级的收益增长和强劲的资本实力使平台有角逐国际市场的砝码。

② 超大流量和强大的客户基础形成平台马太效应。

③ 几年以来积累的市场与服务经验让此类B2B平台对未来平台走势非常清晰，必然会带来B2B深度整合发展。

2.1.4.2 垂直专业B2B平台迎来发展机遇

有价值的行业平台更受投资商青睐，垂直专业B2B平台将成为未来中国B2B市场后发力量，有巨大发展空间，此类平台有两个特点。

① 专。集中全部力量打造专业性信息平台，包括以行业为特色或以国际服务为特色。

② 深。此类平台具备独特的专业性质，在不断探索中将会产生许多深入且独具特色的服务内容与盈利模式。

2.1.4.3　B2B 平台功能开发走向深入，更加重视企业用户的实际应用

随着 B2B 平台的不断成熟，B2B 平台的企业运用也越来越普及。大量中小企业的 B2B 电子商务意识的增长促使 B2B 平台功能开发向纵深发展，需要更加专业更加细化的功能模块。未来 B2B 平台功能开发将围绕企业用户实际应用需求展开，最直接的应用包括 SaaS 服务的推出、网络时代客户关系管理、即时聊天系统等。

2.1.4.4　进一步整合行业资源

交易型模式将有创新，部分具有鲜明特色的行业 B2B 平台（例如物流、垂直搜索）将成为整合行业资源的有效工具，此类 B2B 平台将会整合网上网下资源，形成真正行业性资源平台。

2.1.4.5　行业 B2B 平台将会被重新定义或优化

越来越多的中国企业运用 B2B 平台或经营 B2B 平台，由于企业类型的不同、行业类型的不同，将促使现有的行业 B2B 平台在服务内容等方面做出革新，未来很有可能渗透 B2C 等内容，B2B 平台模式将会被重新定义或优化。

2.1.5　我国 B2B 发展的思考

毋庸置疑的是：B2B 电子商务将成为未来商业最根本的环节和最主要及最普遍的交易方式，中国供应商平台的段世文总经理也称 B2B 的机会一定在亚洲，但是为何又有诸多的 B2B 企业面临亏损、倒闭、走不到光耀的舞台之上呢？究其原因是战略分析错误、道路选择不当。

2.1.5.1　不要一味模仿阿里巴巴

可以说 B2B 成就了阿里巴巴，使其达到了规模化、效益化，并在综合 B2B 平台上占据寡头垄断地位。许多企业也想在此分一杯羹，但并非中国的 B2B 企业都适合走阿里巴巴的道路，正如李学江先生所言："尽管这种模式是成熟的，风险也低，但若都去模仿阿里巴巴，则会造成资源浪费。"首先。阿里巴巴的模式较难模仿，它经历了 2003 年电子商务泡沫的破灭，因其诚信与专业而拼杀成功，并为其赚取了良好的商誉与众多的风险投资资本，加之其精良的技术与服务作后盾，使得阿里巴巴蒸蒸日上。但综合 B2B 平台走的是大而全的道路，技术支持、服务支持、信息支持是建立在巨大成本之上的。而在中国，97％的 B2B 是中小企业，资金实力严重不足，且此模式也较难吸引风险投资。

其次，大型 B2B 平台出现马太效应和以大粘小现象。阿里巴巴创出了自己的品牌，走上了品牌战略的道路，其知名度越高，注册用户越多，规模也越大，排挤小 B2B 企业现象也越明显。使得许多综合 B2B 企业被其粘住，踌躇不前。因此，阿里巴巴的道路并不是所有企业都走得通。只有凭技术、凭雄厚资本、凭政府大力扶持、凭品牌才能与之抗衡。

2.1.5.2　走属于自己的品牌创新道路

在互联网经济时代要想立足长远。有两条道路可行，一是品牌，二是创新。一个好的品牌对于企业来讲，就是吸引和维系顾客、供应商的黏性剂，可以为企业创造效益。而品牌战略在互联网时代尤为突出，它也是企业网络营销中一剂猛药。因为网络品牌赖以存在的虚拟经济环境是一种新的注意力经济，不仅具有排他性，而且产生注意的对象只能是唯一的。因

此，网络品牌在互联网时代对于企业来说尤为重要。B2B 企业要想持久生存，就必须树立起自己的品牌。创新是信息时代较难立即模仿的，它包含技术与思想战略，也是超越竞争对手的法宝。出新，如金银岛强调硬信用、仓单交易等，把 B2B 引入实实在在的交易阶段；出奇，若 B2B 垂直搜索的代表雅蜂，雅蜂的 TQS（Total Quality Sourcing，全面质量采购）理念解决了贸易过程中买家最关心的企业质量与能力问题。B2B 电子商务蓬勃发展到今天，后来者若想分杯羹，必须进行商业模式的创新。

① B2B 垂直搜索引擎——沱沱网、雅蜂。沱沱网的 B2B 搜索引擎收录了 1500 余万种产品、800 多万家供应商信息，吸引了世界各地数百万的国际采购商，而且发布信息和搜索信息都是免费的。目前，卖家能够在沱沱网上找到 380 万条求购信息，而这在阿里巴巴上属于收费项目。此外，在阿里巴巴上开设一个二级域名企业网站大约需花费 6 万元，而在沱沱网平台上发布企业信息也是免费的。

② 行业生态系统——义乌全球网。义乌全球网可以简单归结为一个公式：yiwu2＝域优势＋行业生态系统＋社交网络。

③ 硬信用——金银岛。金银岛是目前最安全的电子商务平台的代表，是中国电子商务协会科学电子商务模式试点单位，其所特有的硬信用模式获国家十五重大科技攻关成果奖，是中国电子商务发展的里程碑。它为广大电子商务交易双方提供了一套最为安全可靠的硬信用运营模式，目前拥有 30 万家企业客户。金银岛也是国内唯一的匿名交易平台，这也是其创新之处。

④ 企业电子商务平台的垂直发展模式。阿里巴巴、环球资源等一贯以综合电子商务平台的角色出现。综合性 B2B 平台所提供的信息具有全面性的优势。交易平台本身对于中小型交易在电子支付领域、物流接口等方面具有优势，但是运营压力大，利润率相对低。而在中国，触手可及的资本市场成功上市的网盛科技则即将改变企业级电子商务市场的格局，通过垂直 B2B 平台所具有的运营成本低、信息精准和高置信度特点等优势，更主动地扩大其在专业企业级交易中的市场份额的路径已经清晰可见。

⑤ 其他创新模式，如网盛科技的小门户＋联盟模式、征途的给用户发工资模式、线上线下畅通的电子商务发展模式、强强联手的合作创新模式等。

在 B2B 被炒得沸沸扬扬的今天，人们开始对这个行业产生新的憧憬。可以清楚地看到，只有创新才能使网络真正体现其经济价值，只有真正的创新者才能在网络模式经济时代中泰然自若。

2.2　B2C 电子商务模式

B2C 是指企业通过 Internet 网向个人消费者直接销售产品和提供服务的经营方式，即网上零售（B2C）。这是消费者利用因特网直接参与经济活动的形式，类似于商业电子化的零售商务。随着因特网的出现，网上销售迅速发展起来，其代表是亚马逊电子商务模式。企业、厂商直接将产品或服务推上网络，并提供充足资讯与便利的接口吸引消费者选购，这也是目前一般最常见的作业方式，例如网络购物、证券公司网络下单作业、一般网站的资料查询作业等，都属于企业直接接触顾客的作业方式。

B2C 电子商务模式的运作原理分为五个阶段。

阶段 1。使用者透过入口网站找寻到特定的目的网站后，会接收来自目的社群网站（或称店家）的商品资料。

阶段 2。在 B2C 的运作模式中，使用者通常会将个人资料交给店家，而店家会将使用者资料加以储存，以利未来的行销依据，当使用者要在某店家消费时会输入订单资料及付款资料。

阶段 3。将使用者的电子认证资料、订单资料及付款资料一并送到商店端的交易平台，店家保留订单资讯，其他的送到认证阶段 4。

阶段 4。收单银行去请求授权，并完成认证。

阶段 5。完成认证后，店家将资料传送到物流平台，最后完成物流的配送。

2.2.1　B2C 电子商务的分类

2.2.1.1　实际产品的电子商务模式

实物产品的电子商务模式传统的有形商品的电子商务模式。实物商品的电子商务模式指的是产品或服务的成交是在国际互联网上进行的，而实际产品和服务的交付仍然通过传统的方式进行，而不能够通过电脑的信息载体来实现。

据调查，在目前网上交易活跃、热销的实物产品依次为：电脑产品、旅游、娱乐、服饰、食品饮料、礼品鲜花。

虽然目前在互联网上所进行的实物商品的交易不多，但还是取得了骄人的进步，网上成交额有增无减。

（1）在线直接销售

采用这种模式的商家，与传统的店铺销售相比，即使企业的规模很小，网上销售也可将业务伸展到世界的各个角落。

案例 1：美资安普公司（AMP）。美资安普公司是一家专门生产线路连接器的公司，这些零部件可以应用到电脑、汽车、通信等行业。该公司拥有成千上万种不同零部件的库存，仅产品目录就长达 400 多页。因此，长期以来，客户对于在众多产品目录中寻找特定的产品觉得颇为困难。

自从该公司在网上发布网上在线产品目录后，客户只要根据产品特点的描述就可以方便、快捷地找到想要采购的产品。该公司的网上查询目录实用八种语言，服务于 114 个国家和地区的客户。自从该公司实行在线直接销售以来，在印刷、通信和电话支持费用方面得到节省，预计投资收益为 150 万～200 万美元，可以说，美资安普公司的在线直接销售的策略非常成功。

案例 2：贝尔紧固件公司（Bell Fasteners）。贝尔紧固件公司是一家拥有大量不同种类紧固件产品库存的公司。该公司在建立互联网网址之前，每周均需向其 2500 个客户寄送最新产品库存目录的磁盘。现在客户随时可以在网上该公司的网址查询产品目录及库存情况，实现在线成交。这样就可以省下大量的制作磁盘成本人工的费用。

（2）网上商店

企业建立网上虚拟商店，给消费者提供网上购物的条件和环境，以吸引更多的消费者访问，不需要像一般的实物商店那样保持很多的库存，可以直接向厂家或批发商订货，省去了商品存储的阶段，从而大大节省了库存成本。采用这种模式，与在线直接销售一样，有形商品和服务的查询、订购、付款等活动在网上进行，但最终的交付不能通过网络实现，还是用传统的方法完成。它与在线直接销售区别就是：商品种类繁多，应有尽有，形成比较大规模的购物中心，企业自己并不生产商品，或者企业只提供交易平台。

案例1：亚马逊书店。亚马逊书店是一家非常成功的网上零售商店，它的成功仰仗网址提供的功能和成功的商业战略。亚马逊书店会通过分析客户的购买习惯，在屏幕上显示建议购买的几种客户可能喜欢的书；系统能记住客户个人信息，以后买书只需输入顾客号，用鼠标点击就可以了。同时，亚马逊书店提供客户方便的购买过程，顾客可以通过各种检索找到自己想要购买的书；然后可以选择继续或付款；在购书过程中，可以任意删减已选中的书；挑选完毕再进入付款主页。顾客可以选择多种付款方式，如果以书作礼品，可以选择包装纸，还可以选择交货方式和地点。亚马逊书店提供多种付款方式，顾客可以选择信用卡支付或离线支付。

亚马逊成功的原因是种类繁多、价格便宜，因为省下诸如中介商的费用；提供搜索引擎服务，可进行便捷、全面的信息搜索；并建立用户反馈信息服务。

案例2：当当网上书店。当当网（http://www.dangdang.com）上书店成立于1999年11月，是全球最大的中文网上书店。当当网上书店由美国IDG集团、卢森堡剑桥集团、日本软库（Softbank）和中国科文公司共同投资，其管理团队拥有多年的图书出版、零售、信息技术及市场营销经验。面向全世界中文读者提供20多万种中文图书及超过10000种的音像商品，每天为成千上万的网上消费者提供方便、快捷的服务，给网上购物者带来极大的方便和实惠。当当网上书店参照国际先进经验独创的商品分类、智能查询、直观的网站导航和简洁的购物流程等为消费者提供了愉悦的购物环境。目前，无论从网站访问量还是从每日订单数量来讲，都是中国顾客最繁忙的网上零售书店，订单量和收入平均每月递增25%～35%，顾客覆盖中国（含内地、港、澳、台）及欧美、东南亚的中文读者。

2.2.1.2 无形产品和劳务的电子商务模式

网络具有信息传递和信息处理的功能，因此，无形产品和服务（如信息、计算机软件、视听娱乐产品等）就可以通过网络直接向消费者提供。无形产品和服务的电子商务模式主要有四种：网上订阅模式、付费浏览模式、广告支持模式和网上赠与模式。

（1）网上订阅模式

网上订阅模式指的是企业通过网页安排向消费者提供网上直接订阅，直接进行信息浏览的电子商务模式。网上订阅模式主要被商业在线机构用来销售报纸杂志、有线电视节目等。网上订阅模式主要包括以下情况。

① 在线服务（Online Services）。指在线经营商通过每月向消费者收取固定的费用而提供各种形式的在线信息服务，例如美国在线（AOL）和中国期刊网。

案例1：美国在线（AOL）。美国在线是第一家Internet公司，2000年收购了时代华纳公司，成为世界上最大的娱乐和媒体公司。它针对广泛的电脑用户，这些人喜欢享受在线的信息、人际关系和互动服务，利用大型有线网络系统推出了一项电视服务——AOLTV，用户可以利用它发送和接收电子邮件、进行网上冲浪、通过机顶盒和无线键盘得到互动电视内容。AOLTV将与强大的对手（包括AT&T、微软）争夺互动电视市场，到2003年，互动电视已进入2500万个美国家庭。

案例2：中国期刊网。中国期刊网是我国最大的全文期刊数据库。遴选中国正式出版的中英文人文科学、自然科学与工程技术等各个学科领域核心或专业特色期刊，包含6年内的3580多种核心和专业特色期刊近300万篇全文文献、6600种期刊的近1000万条引文文献题录信息和近400万条题录摘要信息的巨大信息资源库。中国学术期刊题录摘要网络数据库提供 7000 种期刊网上检索与全文传送，数据每 24h 更新一次。浏览期刊可以选择电子货币在线付费浏览。

在线服务商提供的服务有以下共同特点。

a. 基础信息服务到位。在线服务商所提供的基础信息服务一般可以满足用户对基础信息的要求，例如在线服务商一般都提供优秀的剪报信息，有的在线服务商还独家发布在线报纸、杂志和其他信息（如 AOL 就独家发布消费者报刊《Consumer Reperts》）。我国的网易也给广大客户提供信息服务。

b. 网络安全可靠。由于在线服务都是在专有的网络上运行，通过在线服务商连接的安全保障比直接连接国际互联网要可靠。在线服务商还提供额外的安全保障措施，如在线服务中可供下载的软件都经过反病毒查询，证明安全可靠后才向客户提供。

AOL 不仅提供信息服务，而且还让客户享受到了方便、快捷的银行在线业务。目前，在在线服务的环境下，用户可以更放心地通过提供并传输信用卡的号码来进行网上在线购物。

c. 给客户提供支持服务系统。在线服务商既通过电脑网络，又通过电话向客户提供支持服务。在线服务商为用户解释技术问题的能力比网络经营商要强。强大的支持服务系统加上有竞争力的价格优势，使在线服务商在网络内容日益丰富的情况下继续生存下去。

专业网络在线服务商也面临新的竞争。迅速崛起的国际互联网服务商（ISP）成为在线服务商的主要竞争对手，许多企业转向当地网络服务商寻求更快捷的网络文件下载方式。

在线服务一般针对某个社会群体提供服务，以培养客户的忠诚度。在美国，几乎每台所出售的电脑都预装了在线服务免费试用软件。在线服务商的强大营销攻势（如 AOL 的免费试用软件到处都能够看到），使他们的用户数量在稳步上升。

② 在线出版（online publications）。在线出版指的是出版商通过电脑互联网络向消费者提供除传统出版之外的电子刊物。在线出版一般都不提供国际互联网的接入业务，仅在网上发布电子刊物，消费者可以通过订阅来下载刊物的信息。

但是，以订阅方式向一般消费者销售电子刊物被证明存在一定的困难。因为，一般消费者基本上可以由其他的途径获取相同或类似的信息。因此，在线出版模式主要靠广告支持。1995 年，美国的一些出版商网站开始尝试向访问其网页的用户收取一定的订阅费，后来在线杂志开始实施双轨制，即免费和订阅相结合。有些内容是免费的，但有些内容是专门向阅者提供的。这样，既吸引一般的访问者，保持较高的访问率，同时又有一定的营业收入。由于订阅人数开始回升，1996 年 8 月，《华尔街日报（the WallStreet Journal）》开始向访问该网址的 75 万订阅者收取每年 49 美元的订阅费。《今日美国（USA Today）》又重新开始对检索访问的用户收取费用。其他免费与订阅相结合的报纸杂志有时代华纳（Time-Warner）出版社的《Pathfinder》杂志、美国电话电报公司（AT&T）的个人在线服务（personal on-line services）和 ESPN 的《体育地带（Sport Zone）》。《华尔街日报》（www. wsj. com）可以免费享受两个星期的服务，此后只能交费订阅。

更趋于专业化的信息源的收费方式却比较成功。网上专业数据库一直就是付费订阅的。无论是网上的信息还是其他地方的信息，似乎研究人员相对更愿意支付费用。Forester Re-search 咨询公司的研究报告就在网上收费发布，一些大企业愿意支付这笔不菲的订阅费。

许多研究和经验显示在线出版模式并不是一种理想的在线销售模式。因为，在现今信息爆炸的时代，对于大众信息来讲，互联网的用户获取相同或相类似的信息渠道很多，因此，他们对价格非常敏感，即使每月收取很少的费用，如果能从其他渠道获取类似的信息，这些消费者对付费网站还是敬而远之的。

然而，对于市场定位非常明确的在线出版商，其在线出版还是卓有成效的，例如，ESPN《体育地带》杂志将免费浏览与收费订阅结合起来，特别是推出的一系列独家体育明星在线采访的内容，吸引了不少订户。显然，内容独特、满足特定消费群体是在线出版成功的重要原因。《体育地带》（espn. sportszone. com/espnmagazine）杂志定位准确，内容深入，订阅者自然不在少数。

网络传媒与传统报纸相比，其地位在目前还是较低，但在未来的几年里会彻底改变，但更关键的是两者之间信息的互动影响。面对即将来临的数字化时代，传媒如果能同网络结合，不是作为工业社会中的报纸来生产，而是充分演化为信息与传播的提供、发送，则必定有截然不同的前途。

正是基于此种认识，我国在 1997 年先后出现把网络架进电台直播间（瀛海威与北京人民广播电台开办网络人生节目，与上海东广合作主持梦晓时间综艺栏目），与电视台直播合作（瀛海威与北京台、吉通金桥和有线台），密切联系球迷，中央台在其王牌体育节目中也每周专门介绍最新的体育网站，东方时空 3·15 热线也上网站发布，长篇小说《钥匙》的上网更是文学出版的进步。当然，最多的还是电子报刊的大量涌现，截至 1997 年 10 月，全球上网报刊超过 3600 家，其中，1700 多家是在 1997 年之后上网的，我国到现在大约有 1500家。现在，我国网络报刊主要有以下五种模式。

第一种，网上报刊完全是纸质母报的翻版。目前国内大多数网络报刊都属此类，不管是由于人力、技术还是财政原因。这种模式适合于大报、老报，因为这类报纸资格老、历史久，品牌美誉度高，已得到读者的广泛认可并形成阅读习惯。世界著名的《纽约时报》网络版就是如此，它主要通过档案数据库的网络检索给读者完整权威的资料。而国内上网的大多数是地方报，影响小、信息少，缺乏特色。

第二种，网上报刊的内容不完全相同于纸质母报。典型代表是《华尔街日报》，主要内容是财经类信息，读者对象是中高级阶层。这种模式适合于专业或特殊发行对象报刊，比如《中国计算机报》、《华声月报》（面向海外华人）。《Internet 世界》网络杂志（http://global-net. intercom. cn/magazine/）短短两年订阅用户达万人，瀛海威游戏网站订阅用户也有10000 位，可见，互补的网络信息吸引力其实不比纸质母报逊色。

第三种，网上报刊的内容大大超过纸质母报的容量，形成一个跨媒体的地区性综合平台。《波士顿环球报》除了母报提供的信息外，还囊括了全市 30 多个信息源（有电台、电视台、杂志、博物馆、图书馆，甚至芭蕾舞团、音乐团、气象交通服务等），成为当地最丰富的信息平台，从信息平台上类似于我国的 169 工程，但各地信息网站显然没有如此丰富和条理的服务，其实像《联合早报》、《星岛日报》、《华讯新闻网》就有此特色，国内有影响的地区大报不妨尝试一下此类信息服务模式。

第四种，众多报刊联合经营，创建大型新闻网站。未来的信息竞争将超越目前的导航浏览而成为为中心阶段，那将是信息量、速度和准确权威性的竞争。众多媒体强强联合而取得竞争优势，今后地域化报业集团将呼之欲出，像《南方日报》、上海的《解放日报》、北京的《中国经营报》系列都可逐步向此种网络信息服务方式过渡。

第五种，数家报刊或出版部门与网络服务商联合，形成专业性信息服务网站。国外众多中小报刊上网的主要驱动力就是担心分类广告被别人占据。大众传媒将被重新定义为发送和接收个人化信息和娱乐的系统。在后信息时代中，大众传媒的受众往往只是单独一个人。这种观点说明未来网络信息传播对象化、交互性的结果，导致以对象化、实用性为基本特征的分类广告将会广受欢迎。建立分类广告检索库、分类广告信息发布网站、与网络商联合经营创建专业的信息服务网站会成为潮流。国内目前做得比较好的有 Chinabyte、金台源服装信息和讯股票信息等。如果在信息容量和深度上再下工夫，此领域会有深厚的市场潜力。

目前已有若干业内公司都出现直接或间接介入报刊 IT 信息提供的现象，类似创联通信代理《市场与电脑》杂志、广亚信在《信息产业报》包版提供信息等，起到宣传公司、普及网络技术的双重目的。

未来网络信息与传统传媒的互动将在一些方向上推进。从事网络上更广范围的跨媒介经营，1996 年、1997 年，默多克新闻集团在全球的表演充分展示了将来 Internet 跨媒介经营的优势，比特将涵盖所有媒体的文字、图像、声音，产生的交互性、实时性将为信息传播带来质的飞跃。随着上网人数和人们网络经验的增加，信息的提供方式面临新的革命，必然会有更多类似雅虎这样的商业模式；建立完整规范的网络广告标准，虽然当前网络广告不论数量、经营额都还远远不够，但不可忽视其未来的潜力，迫在眉睫的事是尽快制订开放的通用网络广告标准，包括统计方法、发布手段等；进一步开发网络信息传播的多媒体潜能。大众传播发展的历史告诉人们，每一次传播媒体的出现都伴随信息传播功能的增加，今天数码相机、高精度扫描仪、网络电话的使用，为网上信息传播创造了广阔的多媒体天地，同时也为联机服务商们在信息制作、提供、发布上创造着无限商机。在线出版将成为网络的一道独特风景。

③ 在线娱乐（online entertainment）。在线娱乐是无形产品和服务在在线销售中令人注目的一个领域。一些网站向消费者提供在线游戏，并收取一定的订阅费。目前看来，这一领域还比较成功。

游戏成为继"网络门户"争夺战后第二波攻击的核心。Microsoft、Excite、Infoseek 以及世嘉、VM 实验室等纷纷在游戏方面强势出击，跟进先行一步的雅虎（Yahoo）和 Lycos。游戏顿时成为网络会战的焦点。

网络门户就是人们上网后进入的第一个网页，它是未来财富的主要汇集点。之前各网络门户公司的争夺重点在搜索引擎和免费邮件两方面。因为这两个方面是公认的网络门户必备经典手段。在 1998 年 5 月 17 日，Internet 上权威的网络门户分析中，5 家主要网络门户公司有 4 家具备游戏战略，这显示出游戏的重要性。1998 年 5 月 27 日，Exctte 和 Infoseek 宣布与娱乐总网（TEN）结成在线游戏服务联盟，提供基于 JAVA 的多人经典游戏。Microsoft 在同一天宣布与 Ultra Corps 合作，在 START 网络门户中的 Internet 游戏区开办在线收费游戏，并特别确定在 6 月 25 日（Win95 发布的日子）这个特别的日子里启动，可见游戏在盖茨心目中的战略地位。

雅虎早在 1998 年 3 月就让它的游戏区初次登场。而 Lycos 在 5 月紧随而上。目前雅虎的思路是最前卫的，包括 Microsoft 在内的其余各家仅得这一阶段作战要领的皮毛，而没有把网络门户的战略目标与战术手段有机结合起来，思路上比雅虎至少落后了 2 周。Microsoft 虽然早就开办了 Internet 游戏区，但开办思路是在线式的。在线游戏是工业文明式的，以直接收费为目标，以不开放的专用软件为手段；网络门户游戏是信息文明式的，以猎取用户点击数为目标，以免费开放为手段。雅虎已经意识到一件其他商家至今没有意识到的要点：如果游戏收费，在获得眼前利益的同时会损害增加用户点击数这个战略目标；而网络门户的战略目标正是积累用户点击这种信息资本。

雅虎门户上的游戏采用免费这种战术手段，是与网络门户的战略目标一致的。因此是深思熟虑、可以持久的。这是在信息资产形成过程中不能与最终用户发生直接交换关系这条规律的体现。退一步，从在线经营角度看，一般是形成垄断后再采用封闭策略，而在竞争中采用开放策略。

AOL 通过网上聊天等手段拢住用户，形成了某种垄断，才敢提高收费；Microsoft 网络并没有 AOL 那样强势，却去和 AOL 一样收费，赔了用户点击这个"夫人"，并不一定就能得到赚钱这个"兵"。也许是看到游戏有前途，还来不及细想罢了，过后终会调整的。

可以看出，网络的经营者们应将眼光放得更远，它们通过一些免费的网上娱乐吸取访问者的点击数和忠诚度。

鉴于目前这一领域的发展，一些游戏将来很可能会发展为按使用次数或小时来计费。据预测，到 2015 年，70％的上网人员要或多或少与订阅式的在线销售有关。

（2）付费浏览模式

付费浏览模式（the pay-per-view model）指的是企业通过网页安排向消费者提供计次收费性网上信息浏览和信息下载的电子商务模式。付费浏览模式让消费者根据自己的需要在网址上有选择性地购买想要的东西。在数据库里查询的内容也可付费获取。另外，一次性付费参与游戏会是很流行的付费浏览模式之一。

① 付费浏览模式的优缺点。付费浏览模式是目前电子商务中发展最快的模式之一，它的成功主要依靠下面的因素：

首先，消费者事先知道要购买的信息，并且该信息值得付费获取。

其次，信息出售者必须有一套有效的交易方法，而且该方法在付款上要允许较低的交易金额，例如，对于只获取一页信息的小额交易，目前广泛使用的信用卡付款方式就需改进，因为信用卡付款手续费可能要比实际支付的信息费要高。随着小额支付方式的出现，付费浏览模式有待进一步得到发展。

小额支付方式带来一些问题，如公司必须跟踪许多小金额的账款。美国麻省威廉斯通市的 Clickshere corp 公司就是专门提供小额账款结算服务的公司。消费者如果开立了 Clickshare 账户，就可以浏览和购买任何一家与 Clickshare 公司联网结算的网站的信息。通过 Clickshare 结算系统进行销售信息的出版商包括《基督教科学箴言报》、《美国报道》和《摄影棚报道》等。

目前，在国际互联网上开展付费浏览模式的网站之一是 First virtual's InfoHaus，该网站是一家信息交易市场，其付款方式采用该企业自己开发的国际互联网付款系统（first virtual's internet payment system）。该付款系统的运作方式是：消费者先下载所需要的信息，然后决定是否值得对该信息付费，如果值得就办理付款。这一系统看似对信息出售者有一定的风险，但是，First Virtual 公司在交易说明中指出，信息出售者几乎没有多大的损失，因为重新制作该信息的成本几乎为零。另外，该公司的内部控制系统还可以对那些经常下载信息而不付账的消费者自动关闭账户。然而，令人遗憾的是，该网站目前没有办法维持下去了。该网站的拥有者目前在尝试用其他的方法来提供收费信息。从这一点看，付费浏览模式还在走探索之路。

② 知识产权问题。网上信息的出售者最担心的是知识产权问题，他们担心客户从网站上获取了信息，又再次分发或出售。一些信息技术公司针对这个问题开发了网上信息知识产

权保护的技术，例如，Cadillac 公司的知识产权保护技术就采用了 IBM 的所谓密码信封技术，信息下载者一开密码信封，即自动引发网上付款行为。为了解决信息再次分发和出售的问题，密码信封的设计允许信息购买者作为代理人将信息再次出售，而且给予代售者一定的佣金，这样就鼓励了信息的合法传播。

密码信息技术还被用在 IBM 的信息交易市场（InfoMarket）上。美国在线（AOL）的用户可以直接连接该交易市场，其交易将计在每月的账单里。其他的使用者还可以成为 InfoMarket 的信息销售代理人，IBM 向这些销售代理人每笔交易收取 30%～40% 的费用。

（3）广告支持模式

广告支持模式（advertising supported model）是指在线服务商免费向消费者或用户提供信息在线服务，而营业活动全部用广告收入支持。此模式是目前最成功的电子商务模式之一，例如，雅虎和 Lycos 等在线搜索服务网站就是依靠广告收入来维持经营活动。信息搜索对于上网人员在信息浩瀚的互联网上找寻相关信息是最基础的服务，企业也最愿意在信息搜索网站上设置广告，特别是通过付费方式在网上设置旗帜广告（banners），有兴趣的上网人员通过击点"旗帜"就可直接到达企业的网址。

根据统计，1995 年网上广告的总收入为 4290 万美元。而 1994 年网上广告尚不存在，这样看来，1995 年的网上广告市场的收入总水平确实令人兴奋。1996 年网上广告总收入在 2000 万到 3000 万美元之间。预计到 2010 年，仅中国的互联网广告总收入会到达 300 亿美元。

虽然不同的机构对远期目标的预测差异很大，但是有一点是肯定的，即网上广告会得到迅速的发展。美国迅速发展的网上广告使其广告总收入已于 1999 年底超过广播广告的收入。

由于广告支持模式需要上网企业的商务活动靠广告收入来维持，因此，该企业网页能否吸引大量的广告就成为是否能成功的关键，能否吸引网上广告又主要靠网站的知名度。而知名度又要看该网站被访问的次数。网景公司之所以取得较高的广告收入，主要是因为网景的浏览器包括了信息搜索功能。可见为访问者提供信息的程度是吸引广告的主要因素。

广告网站必须提供对广告效果的客观评价和测度方法，以便公平确定广告费用的计费方法和计费额。目前大致有以下三种计费方法。

第一，按被看到的次数计费。网上广告按该广告在网上被看到的次数来计费是最普通的计费方式。

目前网上广告的一般收费是 30～40 美元/千次。如果是有准确市场定位的广告，则费率会高一些。

第二，按用户录入的关键字计费。大多数的搜索网站都是按用户录入的搜索关键字（keywords）来收费的，例如，InfoSeek 对用户录入的每个广告涉及的关键字向发布广告者收取 50 美元。

第三，按击取广告图标计费。这种计费方法是按照用户在广告网页上击取广告图标的次数来计费。当然，用户看到广告并不意味着会击取广告图标。有研究表明：只有约 1% 的在线广告被用户击取广告图标，活动的广告图标被击取的可能性要大一些。

很多服务商将上述各种计费方式结合起来使用，尽量提供市场定位更明确的广告服务。

（4）网上赠与模式

网上赠与模式是一种非传统的商业运作模式。它指的是企业借助于国际互联网全球广泛性的优势，向互联网上的用户赠送软件产品，扩大知名度和市场份额。通过让消费者使用该产品，从而让消费者下载一个新版本的软件或购买另外一个相关的软件。

由于所赠送的是无形的计算机软件产品，用户通过国际互联网自行下载，企业所投入的成本很低。因此，如果软件的确有其实用特点，那么是很容易让消费者接受的。

网景公司（Netscape）在这方面做得很成功。网景公司较早地运用了这一电子商务模式，将其国际互联网浏览器在网上无偿赠与，以此推动该网络浏览器新版本的销售。

RealAudio 音频播放器软件是第一个能在网上直接实时播放音频的播放器。RealAudio 在网上赠与了成千上万份的音频播放器软件，希望并鼓励软件开发商将该软件的图标放到开发商的网址上，进而在软件开发上购买其播放器软件。

微软（Miscosoft）公司与网景一样，也通过网上赠与来扩大市场份额。微软在网上赠送了 IE 浏览器、网络服务器和国际互联网信息服务器（IIS）等。

网上赠与模式的实质就是试用，然后购买。用户可以从互联网站上免费下载喜欢的软件，在真正购买前对该软件进行全面的评测。以往人们在选择和购买软件时只是靠介绍和说明，以及人们的口碑，而现在可以免费下载，试用 60 天或 90 天后，再决定是否购买。

适宜采用网上赠与模式的企业主要有两类：软件公司和出版商。

电脑软件公司在发布新产品或新版本时通常在网上免费提供测试版。网上用户可以免费下载试用。这样，软件公司不仅可以取得一定的市场份额，而且也扩大了测试群体，保证了软件测试的效果。当最后版本公布时，测试用户可以购买该产品，也许还会因为参与了测试版的试用而享受到一定的折扣。

有的出版商也采取网上赠与模式，先让用户试用，然后购买，例如，《华尔街日报》对绝大多数在线服务商以及其他出版社一般都提供免费试用期。《华尔街日报》在进行免费测试期间，拥有 65 万用户，其中有很大一部分都成为后来的付费订户。

目前，国际互联网已经真正成为软件销售的测试市场。在以质取胜的同时，国际互联网使得小型软件公司更快速进入市场并取得一定的市场份额。当然，消费者在采购软件时对不太了解的软件就更加谨慎，而对于免费试用的软件就会有更自由的选择权。

除此之外，随着网络银行的日益普及，已成为重要的商务模式。网上银行使客户可以在任何时间、任何地点，只要拥有一台电脑以及一个网上银行账号，就可以享受网上银行所提供的 24h 不间断的银行业务服务。利用网上银行进行电子支付，是电子商务价值链中不可缺少的重要环节。这种模式是完全的在线交易商务模式。

案例 1：中国工商银行。中国工商银行于 2000 年正式启动网上银行系列工程，为企业、行政事业单位提供在线查询账务信息、传递转账付款指令、监控集团资金等结算服务，为全国的牡丹国际卡持卡人提供网上余额查询、消费积分查询、网上挂失等服务。中国工商银行通过与多家网站签约，消费者可以通过在线支付交易就可以享受资金转账结算服务。消费者完成一笔在线支付交易大概为 1~3min，交易率达到 90% 以上。仅 2000 年刚投入使用的一年，通过中国工商银行 B2C 在线支付系统完成的交易金额达到几十万元。

案例 2：中国招商银行。招商银行提供的服务包括个人银行、企业银行、网上支付、网上证券系统和网上商城系统等服务。客户只要持有普通存折或者一卡通账户，就可以在互联网上查询账户余额，进行电子货币交易等。客户也可以进入网上证券系统进行在线直接交易，交易完全在网上进行。

2.2.2　B2C 网站经营模式的比较

2.2.2.1　盈利模式

B2C 网站的经营模式不同，盈利方式也不相同。

（1）收取服务费

除了按商品价格付费外，还要向网上商店支付一定的服务费，例如，Peapod 网上商店，网上购物消费者除了缴纳实际购买商品的费用外，需另外支付订货费和服务费，但是仍有很多顾客，原因在于：顾客感觉方便；顾客可以使用优惠券，节约资金；可以通过比较购买商品；可以减少计划外购物，获得自己真正需要的商品，节约顾客时间。

（2）会员制

根据不同的方式及服务的范围收取会员的会费，例如 QQ 的收益模式。

（3）降低价格，扩大销售量

例如，当当网上书店实惠的折扣价格，当当要当中国的亚马逊，提供的所有商品，其价格都平均低于市价。价格的低廉吸引网上读者，点击率提高，访问量持续攀升。不同 B2C 电子商务网站的经营模式及盈利方式的比较见表 2-1。

表 2-1　不同 B2C 经营模式的盈利方式比较

经营模式	网站盈利方式
电子商务企业建网站直接销售	压低制造商（零售商）的价格，在采购价与销售价之间赚取差价；广告费等
电子商务企业建网站提供交易平台	虚拟店铺出租费、产品登录费、交易手续费、广告费、加盟费等；此外还可充分利用付款和收到货物再支付的时间差产生的巨额常量资金进行其他投资盈利
制造商建网站销售	在生产成本与销售价之间赚取差价
传统零售商建网站销售	压低制造商（经销商）的价格，在采购价与销售价之间赚取差价；广告费等

2.2.2.2　网站运营成本的比较

与传统店铺零售相比，B2C 电子商务具有很多优势，例如，在网上将产品直接销售给消费者，可以避开许多中间批发环节；B2C 大多数商业活动在互联网上进行，可以节省商铺租赁、卖场装修等基础建设费；网上商场与供应商的信息交互及时，供货方便；传统零售业营业辐射范围小，网上商场的辐射范围大，客户可以遍布全世界。因此，人们普遍认为，与传统零售相比，网上商场的商品价格更低，消费者可以获得更多实惠，边际利润率也可以增加。但是实际上，绝大多数 B2C 电子商务网站经营状况并不令人乐观，相当一部分网站长期亏损，甚至破产倒闭。B2C 电子商务网站的经营模式不同，成本构成不同，生存状况也千差万别。从网站经营角度，不同经营模式的电子商务网站运营成本比较见表 2-2。

表 2-2　不同 B2C 经营模式的网站运营成本比较

经营模式	电子商务网站运营主要成本构成
电子商务企业建网站直接销售	产品采购成本；产品供应渠道开拓的人力成本；产品信息采集及网络上传的人力成本；网站办公场地租赁成本；处理订单的人力成本；仓储租赁成本；产品配送成本；网站日常维护、技术升级等的人力成本；退货成本；其他管理成本；税费；其他
电子商务企业建网站提供交易平台	发展商家入驻的人力成本；网站办公场地租赁成本；网站日常维护及技术升级等的人力成本；其他管理成本；税费；其他
生产商自建网站	产品生产成本；产品信息采集人力成本；网站办公场地租赁成本；处理订单的人力成本；产品配送成本；网站的日常维护及技术升级等的人力成本；退货成本；其他管理成本；税费；其他
传统零售商自建网站	产品采购成本；产品信息采集人力成本；网站办公场地租赁成本；处理订单的人力成本；产品配送成本；网站日常维护、技术升级等的人力成本；退货成本；其他管理成本；税费；其他

从表 2-2 可以看出，电子商务企业建网站直接销售模式的网站运营成本最高，业务流程复杂，一方面，这种大而全的模式不仅需要网站自行组织产品供应渠道，还需构建仓储及物流配送体系，投入非常巨大，需要雄厚的资金实力作后盾；另一方面，网站在发展初期的相当长时间内，网站知名度不高，网站流量小，单个品种的商品销量小，网站从供应商的进货数量少，不能获得较低的进货价格，销售价与进货价之间的价差小，利润微薄，绝大多数中小型网站常因后续资金不济而陷入经营困境。

电子商务企业建网站提供交易平台销售模式，可以省去自建仓储及配送成本，网站运营成本相对较低。

生产商自建网站销售模式尽管可以充分依托已有的仓储及自己生产的产品，而不必另建仓储和开拓产品供应渠道，从而可以降低相应的运行费用，但是产品种类少，难以吸引消费者的注意力，销售量小，规模不经济，网站运营成本较高。

传统零售商自建网站销售模式可以充分依托已有的仓储、配送体系及商品供应渠道，而不必另建仓储及配送体系，也不必重新开拓商品供应渠道，网站运营成本相对较低。

2.2.2.3 网站经营模式的优缺点比较

四种 B2C 电子商务经营模式的优缺点比较见表 2-3。

表 2-3 B2C 经营模式的优缺点比较

经营模式	优 点	缺 点
电子商务企业建网站直接销售	商品种类多	货源组织困难；商品价格不具有竞争优势；物流配送存在瓶颈；缺乏零售经验；售后服务难以保障
电子商务企业建网站提供交易平台	商品种类多；商品价格具有竞争优势；电子商务企业可以将更多的注意力集中于网站的技术创新	管理困难；物流配送存在瓶颈
制造商自建网站	商品价格具有竞争优势；货源组织方便；售后服务有保障	商品种类少；缺乏零售经验；缺乏经营电子商务网站的技术；与经销商及传统零售商的业务产生竞争；物流配送存在瓶颈
传统零售商自建网站	商品种类多；货源组织方便；具有丰富的零售经验；售后服务有保障；可以整合传统零售业务的物流体系，而无须重建	缺乏经验电子商务网站的技术

从表 2-3 可以看出，B2C 电子商务的四种经营模式均有各自的优缺点。

电子商务企业建网站直接销售模式，尽管具有商品种类多的优势，但是却具有难以克服的致命缺点，主要表现在货源组织困难；商品信息的采集、分类整理、网络上传等均需投入巨大的人力、物力；对单一产品的采购数量有限，商品的采购价格高；配送问题难以解决，若自建物流配送体系，不仅耗费时间长（例如当当网上书店花费了 7 年时间），而且投资巨大，中小型企业难以承担。若依托邮政和第三方物流企业，则不能有效监测物流配送过程，难以控制物流服务质量及直接获得顾客的意见和建议，企业在整个业务流程中处于被动地位。

制造商自建网站模式可以使制造商获得更多利润，因商品由自己生产，故货源组织方便，商品售后服务有保障。但是，这属于个体企业行为，无法让整体产业受益，商品种类少，难以满足消费者的需求，同时缺乏零售经验及经营电子商务网站所必需的技术，此外，网上零售业务将与经销商、传统零售商的业务产生竞争，容易招致经销商、传统零售商的排斥与抵制，物流配送也是一大难题。

电子商务企业建网站提供交易平台模式，该种经营模式提供的商品种类多，将入驻商家直接推到与消费者直接交易的前台，大大节约了商家自建商务网站的成本，而且减少了商品流通过程的中间环节，入驻商家可以获得更多的利润，电子商务企业也可以将更多的注意力集中于网站的技术创新。

传统零售商自建网站模式下，传统零售商可以将丰富的零售经验与电子商务有机结合起来，可以有效整合传统零售业务的供应链及物流体系、货源组织方便、商品供应充足、种类多、售后服务与传统商业店铺等同、售后服务有保障；可以通过业务外包解决经营电子商务网站所需的技术问题。

相对而言，电子商务企业建网站提供交易平台及传统零售商建网站销售模式与电子商务企业建网站直接销售及制造商建网站销售模式相比，网站运营成本相对较低，具有更大竞争优势。

2.2.3　典型 B2C 电子商务网站的经营策略

B2C 商务是企业与消费者之间的电子商务，它是以 Internet 为主要服务提供手段，实现公众消费和提供服务，并保证与其相关的付款方式电子化的一种模式。中国 B2C 电子商务迅速发展过程中存在诸多不适应其壮大的因素，如何完善当前的网络购物环境、提高网络购物的认同度、增强网络购物的适应性是 B2C 电子商务良性发展需要解决的问题。下面通过具体分析卓越网和当当网的经营策略分析 B2C 电子商务的发展趋势。

2.2.3.1　卓越网的经营策略

卓越网不同于其他传统网站的经营策略（就是交易成本策略），卓越销售的商品是以书籍、CD、VCD 等图书音像制品为主的。即使在传统商业领域中，这些商品的销售也是属于利润率比较高的。这也就意味着，一旦卓越网能够比传统商业领域以更低的交易费用出售商品，那么卓越网能够达到的利润率就会比较惊人。

那么具体怎么做到这一点？第一个关键在于它用网站代替了传统的店铺来完成销售，卓越网通过两种方式节约了传统商业领域不得不支出的交易费用。首先是取消店铺之后节省了地皮和销售人员的费用，这笔费用是显而易见的。当然，为了取消店铺，必须要设立一个网站，而设立这个网站也是需要费用的。在初期的时候，这笔费用是相当高昂的，甚至会高于维持店铺的费用。但是，随着后台软件的不断成熟、租用带宽费用的降低以及内部管理泡沫的挤干，这笔费用是会持续降低的，一定会最终低于维持店铺的费用，而且这两者之间的差额会越来越大。其次卓越网每种商品的进货量都相当大，要把数量如此巨大的商品销售出去并不是一件容易的事情。在传统商业领域，普通的店铺进行这种单一小品种、大数量的销售往往是不行的，因为很难吸引到数量如此巨大的消费者。因此，一般都是采取类似美亚音像的连锁店模式，或者采取主渠道、二渠道层层渠道分销的方法。而从卓越的模式上看，一个网站可以接待全国的用户，巨大的用户群问题得到了解决，而且不用像连锁店那样设立如此众多的销售点，协调工作的费用可以大大降低。当然，如今卓越网设立了上海分站，北京和上海的协调同样需要费用，但是因为网点少，费用远远低于有几百甚至上千个网点的传统零售商。在达到巨大销售量的同时，避免传统销售方式带来的巨大协调费用。接下来的第三个关键点就是卓越网卖的商品种类非常之少，如果一个网上书店有十多万种的书籍出售，那么这十多万种书籍中必然有很多是非畅销品。一般来看，真正畅销的也就 20% 左右，那么剩下的 80% 就很有可能出现卖不完的情况。虽然可以通过打折等手段缓解这种情况，但是一般来说这是无法避免的。而且书籍种类越多，这种情况就会越发严重，而这些卖不出去的书籍一般在一定年限之后就通过财务处理的手段算作亏损，使得书籍销售的利润率因此下降。但是卓越网就不一样了，因为卓越的商品数量少，每件商品的量大，绝大多数商品可以在一个充分的调查之后确定销售与否以及数量（由于数量大，调查的费用分摊后并不明显）。从卓越网历来的销售来看，主打的产品几乎是卖一样火一样，甚至有不少商品是卓越在花费了一定的咨询费用之后要求生产方生产的。这样的话，在销售过程中最头痛的积压问题就得到了比较好的解决，而避免积压所挽回的损失也正是卓越比传统销售商所节约的交易费用。

2.2.3.2　当当网的经营策略

当当网不同于其他传统网站的经营策略就是客户支付策略。绝大多数的 B2C 电子商务网站的支付方式通常为邮局汇款、银行电汇、储蓄卡汇款、在线支付。由于包括对时间成本、网上安全性等方面的考虑，这些支付方式存在着很多的不足之处，因而当当网开辟了货到付款和预存货款这两种简便又灵活的付款方式。

① 货到付款。为了保证货物安全送达，当当网安排了一部分人在中国的大城市里用单车送货。这些"单车少男"每天完成 15～20 份订单，将包裹送至客户的家中或办公室。因为是货到付款，所以还要代为收钱，然后由快递公司集中转交回当当网。在某些方面，这种方式要比信用卡支付方式更好。首先，当当网省去了普通零售商的必须支付给银行的那笔费用，在中国，零售商需为信用卡转账支付大约 3％～4％ 的手续费。当然，他们必须支付给快递公司 5％ 的运送费，但这不是问题，因为可以折算入商品定价中，实际是由客户支付的。那么，当当网如何保证这些送货人不会携款潜逃呢？原来，快递公司要获得当当网的生意，首先必须提供大约为三天左右收入的保证金，数目为 6000～12000 元。如果少收一笔费用，当当网就从中扣减。但这种情况其实没发生过，因为快递公司和送货者也有类似的安全措施，他们必须在公司留下一定押金以保住这份工作。

② 预存货款。就是当某些客户已经与网站进行过相当多次的交易之后，也就是与网站建立了一个比较稳定的商业关系之后，当当网就开始鼓励这些客户一次性的在当当网的其个人账户中预存一定数量的钱，这样就可以免去以后每次交易时就要由客户去银行或者付现金等麻烦，大大减少交易过程中的时间和人力成本消耗，同时由于客户在当当网的账户中存了钱，因此，以后凡是有书籍和音像制品的需求时，必然第一个想到的就是当当网，这也从一定程度上锁定了客户资源。

当当网这种新策略似乎很奏效，在当当网成立之初，由于只采取传统的几种交易方式，结果导致了很多包括产品和服务上的问题，一度让当当网陷入了非常大的困境，但是随着新的支付方式的应用，当当网成为 2000 年网络泡沫后少数能够幸存的在线零售商之一。2000年时，曾有大约 300 家网络书商，但现在只剩了寥寥可数的几家。

2.2.3.3　分析结论

通过对卓越网和当当网经营策略介绍可以得出一些结论：就是电子商务将从模仿走向创新，将出现越来越多的在传统商务中没有的商务模式，网络广告的发展即是例证。电子商务的模式将日趋多元化，并在与传统商务融合的过程中日趋复合和复杂，B2B 和 B2C 等过于简化的模式分类很快将成为历史，电子商务模式创新将从业务流程创新到管理创新，再到组织创新，渐次展开，渐次深入，是一个相互作用和自组织的进化过程。电子商务模式将越来越安全，而随着人们对电子商务模式信赖度的增加，它在交易模式领域的市场份额也将越来越大，并将最终取代传统的商务模式的主导地位。

2.2.4　制约我国 B2C 电子商务模式发展的因素及解决方案

据了解，中国的 B2C 市场在经历了若干年的发展之后，网站数量已相当可观。信息产业部统计资料显示，2005 年、2006 年和 2007 年的零售网站分别为 2046 家、2277 家和 2508 家。2007 年中国零售网站数量占电子商务网站数量的比例高达 49.5%。2006 年中国 B2C 购物交易额为 42 亿人民币，2007 年该数字达到 56 亿人民币，增长率为 33%。随着国内网上购物环境的进一步好转，2005～2010 年，复合增长率为 52%，艾瑞咨询 2010 年 7 月的报告指出：2010 年第二季度 B2C 交易额达 1112 亿人民币。通过 B2C 模式购物的消费者在 2006 年为 1400 万人，2007 年为 1600 万，增长率达到 14%。截至 2010 年第二季度，B2C 购物人数达 3800 万。

在 B2C 电子商务迅速发展的过程中出现的各种网民的消费行为倾向，如消费的商品种类、购物网站的集中性等特点不得不引起 B2C 经营者的思考。有数据显示，在蓬勃发展的 B2C 背后还有诸多阻碍其壮大的因素存在。据中国社会科学院互联网研究发展中心公布的《2007 年中国电子商务市场调查报告》显示，我国有 3200 万网民在 2007 年进行过网上购物，只占到全国网民总数的 1/5，相当一部分网民对网上购物仍存在顾虑。这些顾虑来源于目前 B2C 电子商务发展对网络消费环境的不适应性。如何完善当前的网络购物环境，提高网络购物的认同度，增强网络购物的适应性是 B2C 电子商务良性发展需要解决的问题。

限制 B2C 电子商务模式发展的因素包括以下六个方面。

2.2.4.1　成本高利润低因素

B2C 模式需投入巨资建立仓储、配送中心，中间成本极大，即使美国有那么好的配送和物流基础，利润也仅可维持在 5% 左右。在中国，由于没有美国、欧洲、日本等发达国家和地区的已经成熟的邮购服务基础，物流行业早几年更是不成规模，因此 B2C 更难有用武之地。

2.2.4.2　消费习惯因素

消费者基于传统消费习惯，更倾向于可见到实物的、体验式的消费，对于虚拟网络购物仍心存疑虑。因为在 B2C 电子商务网站购物时，消费者往往会有一些的不良体验感，对虚拟商店的不信任、交互界面的技术性太强、需要长时间才能找到需要的商品、提供的图像和文字信息并不能促使消费者下决心购物。再者，在实体世界中，通过各种展示方式，卖方可以塑造出商品的个性，但在网上却很难做到。实体世界的优点会激发消费者冲动性购物的欲望，从而促使消费者直接买下商品。

此外，消费者也不可能在虚拟商店里体验到任何购物氛围，与传统商场相比，看不到滚滚人流、炫目的娱乐和休闲设施，往往也听不到明快的背景音乐。

2.2.4.3　物流因素

物流对无形产品和易于数字化的有形产品不会构成瓶颈。事实上，B2C 电子商务不但没有给传统物流带来任何压力，反而加速了无形产品和易于数字化的有形产品的物流配送，为传统物流减轻了压力。

B2C 电子商务中实物产品的物流障碍与模式选择。事实上，相对传统购物方式，B2C 增加了实物产品物流周转时间和成本，对于在居所附近能买到的商品来说，B2C 吸引力不大。在传统商店购买一个商品最多也只需半天时间，而在网上商店一般都需要五天左右的时间才能完成一次交易。此外，与 B2B 不同，B2C 客户群分散，客户每次购买量小，因此不利于批量配送，自己运作的费用很高。因此 B2C 适宜选择第三方物流。另外，我国中小零售业的 B2C 越来越多，它们不具备大型 B2C 企业的优势，可通过联盟形式弥补 B2C 物流的缺陷。

B2C 消费者可选择多种送货方式，物流不是网民的主要担忧。目前用户一般选择的送货方式为：普通邮寄（32.7％）；送货上门（24.3％）；EMS（23.1％）；其他快递（18.6％）；航空、铁路发运（0.7％）。可见，中国邮政目前在 B2C 物流领域仍独大，但民营与国外快递业已快与 EMS 并驾齐驱。按 WTO 规定，2005 年底，中国将允许外商设立独资速递、公路货运和货代企业。有迹象显示，作为电子商务必要一环的物流业将在今年有所突破，国外物流业巨头如联合包裹（UPS）、联邦快递（FedEx）等也将逐步真正在国内立足，一方面会进一步冲击国内物流业，另一方面会改善国内 B2C 电子商务物流市场的局面。

2.2.4.4 支付因素

为了保证网上支付的安全性，满足用户需求，节省交易成本，提高业内竞争力，各大银行纷纷推出网上银行转账业务，这在很大程度上解决了消费者网上购物的支付问题，省去了跑邮局银行办理汇款的麻烦，大大节省了时间。但是在目前，由于法律法规的不健全，消费者网络安全意识的淡薄，病毒、木马、恶意网站的肆虐，导致网上交易的失败甚至消费者银行账号、密码的被盗，这些都为电子商务的发展蒙上阴影。

根据 CNNIC 热点数据分析，我国网上购物大军达 2000 万人，网上支付的比例增长至近半数。但同时也有数据显示，我国电子商务在线支付规模仍处于较低水平，在线支付的技术和安全问题仍制约着在线交易在更大范围内普及，也制约着电子商务企业自身的盈利。

在线支付缺乏成熟安全的协议产品和规范。我国在线支付总体规模低下的一个重要原因是银行界未全面参与到网上结算之中，导致成熟安全的协议产品和规范的缺失。近几年，国内银行逐步建立起各自的支付网关，依托于中国银联的第三方支付平台也纷纷搭建起来，如有 ebay 易趣的安付通、首信的易支付、一拍网的 e 拍通等，但多数代行银行职能的第三方支付平台由于可直接支配交易款项，越权调用交易资金的风险始终存在。

网上支付虽提高了门槛，但近年来呈现上升趋势，且 B2C 支付方式有多种选择。网民所采用的支付方式主要有银行卡网上支付、货到付款、银行汇款、邮局汇款等，分别占48.4％、23.3％、16.6％和 10.9％。而在这些支付方式中，只有银行信用卡的网上支付能够真正发挥电子商务交易的方便快捷的特点，但这种支付需多个部门的支持和服务，同时对使用者还有一些技术上的要求，如支付方首先要在银行开户、交易前要安装电子钱包、下载安装安全证书并签约相应的服务后方能进行网上支付。从 CNNIC 调查也可看出：最近几年，我国网上支付方式呈上升趋势。

我国政府在不断推进支付体系建设，据《国务院办公厅关于加快电子商务发展若干意见》，要加强制定在线支付业务规范和技术标准，研究风险防范措施，加强业务监督和风险控制；积极研究第三方支付服务的相关法规，引导商业银行、中国银联等机构建设安全、快捷、方便地在线支付平台，大力推广使用银行卡、网上银行等在线支付工具；进一步完善在线资金清算体系，推动在线支付业务规范化、标准化并与国际接轨。

2.2.4.5 信任因素

诚实守信是电子商务制度规范得以确立和运作的基础，也是有效防范电子商务运营风险的重要条件。网上诚信成为公众和企业普遍担忧的问题。调查表明，有过网上交易经历的企业对电子商务的不信任比例高达 36.3％，公众所占比例稍低，为 13.3％。在对"您对电子商务最担心的问题是什么"的回答统计中，企业中回答诚信的比例为 23.5％，排名第一；公众中回答诚信的比例为 26.34％，略低于产品质量，这表明诚信已成为公众和企业在网上交易时普遍担忧的问题。另外，《第 18 次中国互联网络发展状况统计报告》显示，中国经常进行网上购物的人数已达 3000 万，26％的网民有过网上购物体验。在没有网上购物体验的网民中，71.1％的网民表示不放心在网上购物。此外，调查还发现，公众和企业对第三方认证机构缺乏认识使得诚信机构的作用无法得到发挥，这表明了网络诚信已成为阻碍电子商务发展的重要因素。目前，以电子数据交换和互联网为依托、以国际信用为支撑的诚信体系已贯穿于全球一体化的市场经济中。诚实守信是维系电子商务企业与用户之间信用关系的基础，也是电子商务企业竞争制胜的根本途径。我国电信市场失信较严重，已成为制约行业成长的一大瓶颈，其原因在于我国尚未建立健全的社会信用体系。由于网络的虚拟性及信息的不对称，网络交易的消费者相对于传统商业的消费者处于弱势地位。面对我国电子商务交易活动中出现的种种问题，当前迫切需要建设以诚信为基础的社会信用体系，大力倡导诚信经商，加强网上交易消费者权益的保护，努力营造良好的电子商务市场氛围。

B2C 电子商务远程交易的复杂性决定了其需要一套覆盖全国的征信体系，这显然远远超出电子商务企业的承受范围，而需借助于第三方和政府的力量。到目前，只有上海等少数城市建立了比较完善的地方性征信公司，对公用事业交费、银行贷款等个人信用资料进行收集、处理，而在更多的城市，征信制度还是一片空白。于是网上购物信誉度迟迟难以确立。信用的缺失包括多个方面，比如商家出于成本、政策风险等方面考虑，将信用风险转嫁给交易双方，乃至为求利益最大化发布虚假信息、扣押来往款项、泄露用户资料，比如买家提交订单后无故取消，卖家以次充好等。这些除了有待电子认证服务管理办法的出台，还需要从信息流的知识产权、信息监管以及资金流的电子支付、电子发票、网上银行与物流方面的所有权凭证的转移等方面通过立法加以解决。

当然除了上面几点，制约 B2C 电子商务的发展还有许多其他因素，但是制约 B2C 电子商务发展的瓶颈主要是信任因素。

2.2.4.6　制约 B2C 电子商务模式发展问题的相应解决方案

由于诸多发展瓶颈的限制，之前几年 B2C 一直表现比较平静，但并不表示 B2C 模式没有前景，而是整个中国的消费环境还不足以支撑 B2C 产业更大的发展。随着电子商务环境的日渐成熟，中国的 B2C 潜力很大。当然前提是解决好限制 B2C 电子商务发展存在的问题，就此提出解决方案如下。

① 在降低营运成本，提高利润方面可采取终端客户到企业的方式，类似于 C2B 的模式。这样可以免去建立仓储这一成本，降低因库存量造成的营运风险，还可以避免商家库存什么吆喝什么给客户造成的困扰。

② 有一种观点认为，已经不存在 C2C 和 B2C 之分了，因为当 C 做大以后就变成了 B，在淘宝网（www.taobao.com）已经有很多这样的例子，所以可以将 B2C、B2B、C2C 三种电子商务模式进行融合，互相取长补短。

③ 信用是一个多视角、多范畴的概念，属法学范畴，就应该在理论和立法上不断完善它，因此完全有必要加强信用法制的建设。国家立法机关和行政主管部门应加强有关电子商务立法方面的制度建设，通过制定具有前瞻性的网络经济政策法规，确立新型电子商务市场规则。要对电子商务和互联网产业的发展给予政策上的优惠，例如制定相应的减免税收和补

贴等政策、鼓励电子商务在中西部地区和传统产业发展等。国家立法机关和相关行政主管部门应抓紧组织制定电子交易、电子资金划拨、信息资源管理、电子商务中的消费者权益保护等方面的法律法规。

④ 根据《国务院办公厅关于加快电子商务发展若干意见》，要加强制定在线支付业务规范和技术标准，研究风险防范措施，加强业务监督和风险控制；积极研究第三方支付服务的相关法规，引导商业银行、中国银联等机构建设安全、快捷、方便的在线支付平台，大力推广使用银行卡、网上银行等在线支付工具，进一步完善在线资金清算体系，推动在线支付业务规范化、标准化并与国际接轨。

⑤ 加强现代电子商务和物流理论的研究，吸收国外的先进的思想、理论和技术。可以引用别国物流管理研究的成果，向电子商务物流发达的国家学习，鼓励理论界研究电子商务物流中的难题，少走弯路，尽量走捷径，加快我国电子商务物流发展的步伐。再者，积极发展网络化、社会化的物流服务体系。从全球经济发展的趋势和为客户提供更完善服务的角度看，物流服务的网络化、社会化要求越来越强烈。物流企业应重视物流网络的发展，促进物流企业的联合，发展物流企业间的业务联盟。

2.3 C2C 电子商务模式

C2C 模式即消费者通过 Internet 与消费者之间进行相互的交易行为（C2C），这种交易方式是多变的，例如消费者可同在某一竞标网站或拍卖网站中共同在线上出价而由价高者得标，或由消费者自行在网络新闻论坛或 BBS 上张贴布告以出售二手货品，甚至是新品，这类由消费者间的互动而完成的交易就是 C2C 的交易，其代表是 ebay、taobao 电子商务模式。

目前竞标拍卖已经成为决定稀有物价格最有效率的方法之一，古董、名人物品、稀有邮票……只要需求面大于供给面的物品，就可以使用拍卖的模式决定最佳市场价格。被拍卖商品的价格因为欲购者的彼此相较而逐渐升高，最后由最想买到商品的买家用最高价买到商品，而卖家则以市场所能接受的最高价格卖掉商品，这就是传统的 C2C 竞标模式。

C2C 模式的运作原理如下：阶段 1，卖方将欲卖的货品登记在社群服务器上；阶段 2，买方透过入口网页服务器得到拍卖品资料；阶段 3，买方检查卖方的信用度后，选择欲购买的拍卖品；阶段 4，透过管理交易的平台分别完成资料记录；阶段 5，付款认证；阶段 6，付款给卖方；阶段 7，透过网站的物流运送机制将货品送到买方。

C2C 同 B2B、B2C 一样，都是电子商务模式之一。不同的是，C2C 是用户对用户的模式，C2C 商务平台就是买卖双方的在线交易平台，可分为拍卖平台运作模式和商铺平台运作模式。

2.3.1 拍卖平台运作模式

这种方式即 C2C 电子商务企业为买卖双方搭建拍卖平台，按比例收取交易费用。网络拍卖的销售方式保证了卖方的价格不会太低，可以打破地域限制把商品卖给地球上任何一个角落出价最高的人；同理，买方也可以确保自己不会付出很高的价位。更为重要的是，网络拍卖这个虚拟的大市场克服了传统商店的种种限制，在这里，每个人都站在同一个水平线上。C2C 将进一步侵蚀国与国之间的经济障碍,加速整合一个单一的全球化市场。

2.3.1.1 网络拍卖的定义

网络拍卖(auction online)是通过因特网进行在线交易的一种模式。网络拍卖指网络服务商利用互联网通信传输技术,向商品所有者或某些权益所有人提供有偿和无偿使用的互联网技术平台,让商品所有者或某些权益所有人在其平台上独立开展以竞价、议价方式为主的在线交易模式。

关于网络拍卖的主体,目前大多数观点认为它大致分为以下三种。

① 拍卖公司。拍卖公司的网站一般多用于宣传和发布信息,属于销售型网站。

② 拍卖公司、网络公司或其他公司相联合。两者都属于拍卖公司,为实现其现实空间(实际生活)中的既有业务而在网络空间上延伸。

③ 网络公司。网络公司在网络拍卖中提供交易平台服务和交易程序,为众多买家和卖家构筑了一个网络交易市场(net markets),由卖方和买方进行网络拍卖,其本身并不介入买卖双方的交易。这类网络公司在我国以易趣网、淘宝网为首要代表。网站仅提供用户交易对象,就货物和服务的交易进行协商,以及获取各类与贸易相关的服务的交易地点。网站不能控制交易所涉及的物品的质量、安全或合法性和商贸信息的真实性和准确性,以及交易方履行其在贸易协议项下的各项义务的能力。网站并不作为买家或是卖家的身份参与买卖行为,只提醒用户应该通过自己的谨慎判断确定登录物品及相关信息的真实性、合法性和有效性。

2.3.1.2 网络拍卖和传统拍卖的区别

(1)拍卖的运作成本

传统拍卖中,举行一场拍卖会成本非常高,要制作、印刷拍品宣传画册和拍卖目录,组织拍品展示,在公开媒体上刊登拍卖公告,租用拍卖场地等。每一项工作都需要花费一定费用。网络拍卖中,大多数拍卖网站仅仅是向买卖双方提供一个商品交易载体,即一个虚拟的网络空间,不用租用场地进行拍品展示及举办拍卖会,拍卖网站只是在计算机系统的服务器上安装一个专门的竞价软件,而买卖双方则各自完成网上拍卖过程中的所有事情,这就有效减少了公司的运作成本。

(2)拍卖周期

传统拍卖中,进行一次拍卖工作周期一般较长,从产品构思到拍卖实施,再到最后成交,有许多的环节需要考虑,所花时间至少达数十日之久,如果是一场规模较大的拍卖会,其运作周期会更长。网络拍卖有所不同,网络拍卖是一个连续的、不间断的过程,卖家只要向拍卖网站登记拍卖物品的信息,一件拍品的拍卖就开始了,省去了拍卖会前期的大量准备工作。

(3)拍卖的时空限制

传统拍卖中,拍卖会的举行受到时间和空间的限制。世界各地的拍卖行各自占领着小份额的拍卖市场,在同一地区会有许多家拍卖行激烈竞争同类物品的拍卖业务。参与拍卖会的竞买人也受时间和地点的限制,竞买人可能无法及时参加拍卖会;拍卖会现场空间大小也限制了竞买人的数量。通过互联网来进行网上拍卖,将完全打破这种时间和空间上的限制,不同的物品拍卖可以在同一时间进行,一天 24h,每周 7 天,拍卖网站上随时都有拍品在拍卖。原有的拍卖交易市场无限制地扩大了,使过去不能参与拍卖的人能参与拍卖,使更多物品可以进行拍卖,并使交易范围扩大到了全球。

(4)拍品的审查

传统的拍卖中，举行拍卖会先要对征集到的拍品进行严格审查。而大部分由网络公司建立的拍卖网站只是一个网上竞价交易载体，拍卖网站不具备拍卖人主体资格，企业内没有专门的拍卖品鉴定、估价人员。而且，网络拍卖兴起初期，拍卖网站对卖方全面开放，只要有物品要卖，就可以上网进行交易。

（5）拍卖公告的发布

传统拍卖中，拍卖是一种公开竞买的活动，所有公民都有被告知举行拍卖会的平等权利。我国《拍卖法》中就有明确规定：拍卖人应当于拍卖日七日前通过报纸或其他媒体发布拍卖公告。网络拍卖则是一个随机的过程，卖方将拍品的相关信息登录到拍卖网站上后，就可以开始竞买了。拍卖网站的用户只有在拍品拍卖的时间内登录拍卖网站，才会知道哪些拍品正在进行拍卖。

（6）拍品的展示

根据我国《拍卖法》的相关规定，拍卖行应在拍卖前展示拍卖品，并提供查看拍品的条件及有关资料。网络拍卖中，展示的仅仅是拍品的相关资料和图片。并且，这些拍品信息和图片是由卖方自己提供的。

（7）拍卖过程的实时监控

传统拍卖会上，竞价过程完全透明，竞买人可以随时观察现场其他竞买人的出价情况，并根据自己的意愿及时出价。在网络拍卖的竞价过程中，竞买人处于不同的计算机终端前，通过互联网完成竞价，竞买人无法看到其他竞买人当时是否正在出价，所以，极有可能错过出价机会，以至于让他人抢先出价。

（8）拍卖标的的拍卖时限

传统拍卖中，每一场拍卖会经过长时间的前期准备后，正式举行的时间仅是短短几小时，一件拍品的成交与流标，在极短的时间内就被决定了。网络拍卖中，一件拍卖品的拍卖时间从一天、三天到一周不等。不同的拍卖网站所规定的拍卖时间不尽相同，但总体上均比传统拍卖的时限长很多。延长拍品的竞价时间，竞买人出价时有更充分的时间进行判断和思考，同时，在较长的时间内还可以吸引更多的竞买人。

（9）拍卖现场气氛

传统拍卖会现场聚集着参加拍卖会的所有竞买人，拍卖现场气氛浓烈，竞买人可以在现场感受到紧张激烈、互不相让的竞价氛围，同时还可以享受到现场叫价的乐趣。现场的激烈气氛会感染竞价人的情绪，使拍品的竞价过程更加激烈。网络拍卖则是一个无声的拍卖过程，竞买人只要坐在计算机前面，输入自己愿意出的价格，按动鼠标，网上竞价就实现了。

（10）支付方式

传统拍卖中，竞买人成为拍品最终买受人后，可以采用现金、支票、信用卡、邮汇、电汇等方式支付拍品定金、价金和其他费用。网络拍卖中，买受人除了以上方式支付拍卖成交的所有款项外，还可以通过网上银行或拍卖网站自己的支付系统支付款项。

（11）拍品的点交过程

点交过程即拍品的权属转移。传统动产拍卖中，拍品在拍卖前保存于拍卖行，并在拍卖会现场或专门的场地进行展示。一旦拍卖成交，买受人在拍卖会结束后当即付款，拍品也当场移交给买受人，完成拍品的权属转移。不动产拍卖中，委托人向买受人移交不动产的所有权和使用权，此外，买受人还要从拍卖行或执行法院领取不动产权利转移证明，才算真正取得不动产的所有权和使用权。网络拍卖只是一个虚拟的交易过程，拍品在拍卖前一般由委托人保管，竞买人与委托人分处在不同的地理位置。竞买人通过网络参加拍卖网站上的拍品竞买后，由拍卖网站通知竞买人竞买成功，然后买受人再通过拍卖网站与委托人取得联系，而拍品则直接由委托人移交到竞买人手中。拍卖网站在拍卖交易过程中只是进行信息的传递。当然，部分拍卖网站有自己的配送系统，或通过专门的速递公司帮助委托人将拍品送达竞买人手中。

（12）拍卖信息的交流

传统拍卖的信息交流仅限于拍卖行的拍卖公告、拍卖目录、拍品实物展示，以及竞买人从拍卖行获得的相关拍卖介绍资料。拍卖行与竞买人之间的信息是不对称的，并且竞买人与委托人之间没有更多的信息交流，而竞买人之间也缺乏信息沟通。网络是一个全开放式的信息平台。拍卖信息交流贯穿网络拍卖全过程。通过互联网，拍卖网站的用户可以获得众多的信息资料。除了拍品展示信息交流外，卖方可以从网站上的竞买情况中了解现在的竞买人更喜欢什么物品，以投其所好。竞买人可以从拍卖网站的聊天室，留言板上获得更多相关的拍品评价信息，为自己的竞买决策提供帮助。

2.3.1.3　网络拍卖的分类

网络拍卖按照专业程度可以分为以下两种。

① 专门的拍卖网站。网站从事的主要活动就是进行各种物品的网上拍卖，以竞价方式为主要的交易方式，网站的主要收入来源于网上拍卖业务，例如，美国的 ebay、中国的雅宝等网站都属于专门的拍卖网站。

② 门户网站上的拍卖服务和拍卖频道。互联网上的大部分网站向网上用户提供的主要服务并不是网络拍卖。这些网站在自己的网页中加入拍卖服务和开通拍卖频道，目的是通过网络拍卖吸引更多的网上注册用户，以此作为营销手段，增加其网上零售的交易额。另外，有些门户网站本身就拥有众多的注册用户，这为其网络拍卖业务发展提供了客户基础，而拍卖业务又为其带来更多的用户点击率，并创造可观的收入。

网络拍卖还可按照网站的经营者分为下面的两类。

① 无拍卖主体资格的拍卖网站。一般将这类网站称为竞价网站，是由网络技术公司经营的，只是一个虚拟的全天候服务的网上拍卖交易载体，不具备拍卖法中所要求的拍卖人资格，网上拍卖交易多以一般消费品和二手货为主，网络技术公司通常不承担拍卖交易中的法律责任，也不对拍卖商品的品质进行担保。

② 有拍卖主体资格的拍卖网站。这些拍卖网站有传统拍卖公司经营，经营者具有拍卖法规定的拍卖主体资格，强调拍卖过程的合法性和对拍品品质的保证，这类拍卖网站目前数量极少。专业型的拍卖网站又可细分为两种：一种仅将网站当成企业传统拍卖业务的宣传窗口；另一种则是在网上推行实时拍卖，使网上拍卖与传统拍卖相结合。

2.3.1.4　网络拍卖中拍卖标的类型

网络拍卖中，拍卖品（拍卖标的）的种类日益增多，大至太空舱残骸，小至价格低廉的日用消费品，都被搬到网上进行拍卖，使网上拍卖更像平民化的竞价交易。拍卖品主要有以下三种。

① 低度触摸的商品。在网络拍卖刚兴起时，网站上展示的拍品大多是低度触摸的商品，如计算机、书籍、CD 等，这类商品的成交量高，竞买人无需试用或当面检验就能放心购买；而另一类属于高度触摸的商品，如衣服、鞋子等，在日常购买时通常需要通过触摸来查看质地，通过试穿来检查尺寸是否合适，这些物品在网站拍卖中略显冷清。但是现在，低度触摸和高度触摸的界限正在消失，例如拍卖衣物时，拍卖网站可提供一个标准尺码以供竞买

人参照。

② 标准化产品。网络拍卖中的大部分拍品是标准化产品，同类商品在品质上无差别，能进行反复复制，如书籍、音像制品等，易于用文字进行准确描述，竞买人可根据网站上拍品的文字描述和图片外观来决定是否竞买。

③ 艺术收藏品。艺术收藏品在传统拍卖中是最主要的拍品，而且艺术收藏品拍卖发展至今已趋于成熟，但是网上艺术收藏品拍卖刚起步。竞买人很难仅凭一张拍品的照片就判断拍品的真伪和品质，而且那些价格昂贵、年代久远的艺术收藏品的具体情况不易于用简单的语言清楚、准确地描述。所以，网络拍卖中价格高昂的艺术收藏品一般乏人问津，最易成交的大多数是中低价格的艺术品。

2.3.1.5 拍卖网站的盈利模式

（1）拍卖成交后的佣金

拍卖交易佣金是拍卖网站最大的收入来源。拍卖网站为买方和竞买人的拍卖活动提供了交易载体。在拍卖交易成功之后，会按拍品成交额的一定比例向卖方或买卖方双方收取佣金。

（2）保留价费用

传统拍卖中，拍卖交易不成功时，拍卖企业会向委托人收取一定的服务费用，网络拍卖中称为保留价费用。就是拍卖网站根据卖方事先设置的拍品保留价高低收取费用。

（3）登陆拍品信息的费用

卖方如果想在某一拍卖网站上进行物品的拍卖活动，拍卖网站会向卖方收取拍品信息登录费用。

（4）额外的服务费用

拍卖网站会通过拓展它的服务内容来收取其他的费用，如为拍品提供多角度的拍摄、为拍品提供文字描述等。

2.3.2 店铺平台运作模式

店铺平台运作模式下电子商务企业提供平台，方便个人在上面开店铺，以会员制的方式收费，也可通过广告或提供其他服务收取费用，这种平台也可称为网上商城。入住网上商城，开设网上商店不仅依托网上商城的基本功能和服务，而且顾客主要也来自于该网上商城的访问者，因此，平台的选择非常重要，但用户在选择网上商城时往往存在一定的决策风险，尤其是初次在网上开店，由于经验不足以及对网上商城了解比较少等原因而带有很大的盲目性。有些网上商城没有基本的招商说明，收费标准也不明朗，只能通过电话咨询，这也为选择网上商城带来一定困惑。

不同网上商城的功能、服务、操作方式和管理水平相差较大，理想的网上商城应具有良好的品牌形象、简单快捷的申请手续、稳定的后台技术、快捷周到的顾客服务、完善的支付体系、必要的配送服务，以及售后服务保障措施等；有尽可能高的访问量、具备完善的网店维护和管理、订单管理等基本功能，并且可以提供一些高级服务，如对网店的推广、网店访问流量分析等；收费模式和费用水平也是重要的影响因素之一。

不同的个人可能对网上销售有不同的特殊要求，选择适合其产品特性的网上商城需要花费不少的精力，完成对网上商城的选择、确认过程大概需要几小时甚至几天的时间，不过，这些前期调研的时间投入是值得的，可以最大限度减小盲目性，增加成功的可能性。由于网上商店建设和经营具有一定的难度，需要经验的积累，因此在初次建立网上商店时，最好进行多方调研，选择适合自己产品特点和经营爱好，又具有较高访问量的网上商城，同时，在资源许可的情况下，不妨在几个网上商城同时开设网上商店。

2.3.2.1　网上商店的交易方法

通过网上商店进行网上交易应当保证购物的方便，首先应当了解消费者网络购物的一般步骤及网上商店的业务流程。

（1）消费者网上购物的一般步骤

① 进入网上商城首页。用户首先进入商店，挑选所需商品。利用网上商城所提供的分类、目录或搜索功能浏览商品的说明、功能、价钱、付款方式、送货条件、退货条件、售后服务等信息，查看是否符合需求，决定是否订购。

② 订购。决定要购买后，就可以订购了，订购时可使用该网上商店的订购程序直接进行，既可通过在线形式直接下订单，也可将订购单打印出来，填写后再传真或邮寄到该公司，完成订购。

③ 付款。通常一家网上商店会有多种付款方式可供选择，购买者选择一种自己认为最好的付款方式并支付货款，基本上就完成在线购物了，接下来只要静候商品的送达。

④ 获得商品。实体商品利用传统的配送渠道，如邮寄、快递、货运公司等来传送，数字化商品则可以通过 Internet 直接传送。

（2）一般网上商店的业务流程

一般情况下，网上商店的业务流程是密切按照顾客网上购物的步骤，再根据商品本身的特点进行量身定制的，以求合理利用资源。目前网上商店的业务流程大同小异，一般有以下四个步骤。

① 注册用户。通常，没有进行用户注册的浏览者不能进行网上交易，注册用户的作用在于获得用户的联系方式，以便送货，或进行购物确认。如果顾客已经通过了注册，则应当提供用户登录窗口。

② 选择商品。用户根据需要或直接搜索或分类查找，得到所需商品后，应当可以即时订购此商品。最好的解决方法是提供购物车功能。

③ 下订单付款。顾客完成商品选择后，就应当下订单付款。这时应明确显示送货方式、送货地址以及付款方式。

④ 处理订单。当顾客完成订单后，应当及时地根据顾客需求完成交易，及时把商品送到顾客手中。

2.3.2.2　网上商店的维护和更新

互联网的魅力在很大程度上取决于它能源源不断地提供最及时的信息。把网络归入 IT 行业（信息产业），信息是一切的中心，是网络之所以存在和发展的基础。网上商店的生存和发展也离不开这一必然规律。

下面把网站需要更新的理由进行简要分析。

（1）没有新鲜的内容无法吸引顾客

一家商店开张三年从没有添加或减少过一种商品，一个网店从制作完成后从未更改过一次，这样的现象到处都是，这个时代不缺少网店，缺少的是新鲜的内容。想让更多的人来访问网店，应考虑加入新鲜的要闻或是不断更新产品、有用的信息。

（2）让网上商店充满生命力

一个网上商店只有不断更新才会有生命力，人们上网无非是要获取所需，只有不断提供人们所需要的内容，才能使网店有吸引力。

（3）与推广并进

网上商店的推广会带来访问量，但这很可能只是短期的效应，要想真正提高商店的知名度和有价值的访问量，只能靠回头客。网上商店应当经常有吸引人的有价值的内容，才能让人能够经常访问。

总之，一个不断更新的网上商店才会有长远的发展，才会带来真正的效益。在这里主要介绍一些对网上商店的内容和服务的维护和更新（不包括硬件的维护和更新）。

① 即时管理商店。安排每天的工作，包括检查语音留言或传真、提炼订单、处理发货单；及时添加新商品、删除已缺货的商品；查看及处理邮件，将 E-mail 按次序区分、过滤、设置自动回复，用文件夹组织信件；更新设计网站，定期进行特色推荐；组织好站点的后台工作环境，分析商店流量，分析顾客购物偏好，进行数据备份，建立顾客数据库，对顾客建立一对一的关系。

② 通过在线顾客服务建立忠实的顾客群，开展在线咨询，设计常见问题，及时处理用户问题，认真对待用户投诉，建立电子邮件列表，保证顾客隐私。

③ 打败竞争对手。关注 Internet 竞争的独特问题，建立尽可能广范围的顾客服务渠道，保证低廉的启动资金、小的库存，不断完善网站内容；追踪竞争对手，进行比较购物，听取顾客的意见；与网络社区保持联系，保证获取第一手的资料信息；注重法律。

2.3.3 淘宝网的 C2C 电子商务模式

互联网确实是个创造奇迹的地方，淘宝网的崛起简直是一个神话。四年之间，淘宝网的市场份额由 0％上升到 80％以上，对手的市场份额由 90％下降到了 10％左右。四年前，ebay 以 1.8 亿美元入主易趣网，气势磅礴，一诺千金。2006 年 12 月 20 日，ebay CEO 惠特曼莅临上海，宣布 ebay 的中国子公司 ebay 易趣与 TOM 在线组成合资企业 TOM 易趣。TOM 在线控股 51％，而 ebay 占 49％。这一合作被惠特曼称为战略"演变"之举，而业界却认为，这意味着 ebay 已宣布"它们在中国市场没有获得成功"。

在品牌形象方面，淘宝网在年轻、时尚、有乐趣、新奇、进取等指标上遥遥领先竞争对手。面对品牌先行者 ebay 易趣的夹击和后起之秀腾讯拍拍网的追赶，淘宝仍获得了 C2C 领域中第一品牌的尊重和荣耀。下面将从淘宝网创立、发展的过程，以电子商务营销模式的角度总结淘宝网成功的经验。

2.3.3.1 淘宝网的概况

淘宝网是国内首选购物网站、亚洲最大购物网站，由全球最佳 B2B 平台阿里巴巴公司投资 4.5 亿人民币创办，2005 年追加 10 亿人民币，致力于成就全球首选购物网站。

淘宝网，顾名思义，就是没有淘不到的宝贝，没有卖不出的宝贝。自 2003 年 5 月 10 日成立以来，淘宝网本着诚信的准则，从零做起，在短短的两年时间内，迅速占领了国内个人交易市场的领先位置，创造了互联网企业的一个发展奇迹，真正成为网上交易的个人最佳网络创业平台。

截至 2006 年 12 月，淘宝网注册会员超 3000 万人，2006 年全年成交额突破 169 亿人民币，远超 2005 年中国网购整体市场总量。根据 Alexa.com 的评测，2010 年 5 月，淘宝网为中国访问量最大的电子商务网站，同时居全世界网站访问量排名第 1 位，淘宝网的用户占全球互联网用户的 4.1%。

(1) 淘宝网的"母亲"——阿里巴巴

1999 年 3 月，阿里巴巴 CEO 马云以 50 万元人民币创建了阿里巴巴网站。阿里巴巴采用 B2B 商业模式，被看成是继雅虎的门户网站商业模式、Google 的 AdWords 广告商业模式、亚马逊的 B2C 商业模式和 ebay 的 C2C 商业模式之后世界互联网的第五种商业模式。

阿里巴巴的商业模式获得了众多风险投资商的认可。Investor AB、高盛、富达投资 (Fidelity Investment Group) 和新加坡政府科技发展基金在 1999 年 10 月向阿里巴巴投资了 500 万美元。随后，阿里巴巴又得到了软银、雅虎等公司的投资。2002 年，这个"中国制造"的阿里巴巴开始赢利。

与此同时，马云本着坚持做与电子商务相关的产业的原则，开始策划挑战 ebay。得到了软银总裁兼董事长孙正义 8200 万美元的投资后，马云带领着最初的秘密创业十人组正式着手设计一个与阿里巴巴的制作思路相似的 C2C 网站，2003 年 5 月 10 日，淘宝网正式浮出水面。

(2) 淘宝网成立的环境与背景

随着阿里巴巴的成功，马云围绕其核心业务，决定成立 C2C 电子商务平台——淘宝网。就在马云设想的同时，2002 年 3 月 18 日，ebay 宣布投资 3000 万美元，以 33% 的易趣股份与易趣合作。2003 年 6 月 12 日，ebay 追加 1.5 亿美元投资，正式入主易趣。面对如此强大的竞争对手，如果放任自流，中国市场 C2C 领域，甚至是 B2B 领域都会被这个西方霸主占领。从一定角度而言，淘宝网 C2C 是阿里巴巴 B2B 模式成功后衍生的又一产物，更是在严峻形势下，为捍卫中国电子商务市场诞生的新力量。

2.3.3.2　淘宝网的 C2C 电子商务模式

淘宝网所提供的是用户对用户的交易模式，其特点类似于现实商务世界中的跳蚤市场。其构成要素，除了买卖双方外，还包括淘宝网所提供的交易平台，即类似于现实中的跳蚤市场场地提供者和管理员。

在这个 C2C 模式中，淘宝网扮演着举足轻重的作用。首先，网络是一个虚拟却又庞大的区域。如果没有一个像淘宝网这样知名的（依托于阿里巴巴）、让交易双方信任的电子商务平台来联系买家与卖家，那买卖双方是很难完成交易的。其次，淘宝网还担负着对交易过程和买卖双方信用的监督和管理职能，最大限度地防止网络欺骗的产生。最后，淘宝网为买卖双方提供技术支持服务。正是由于有了这样的技术支持，C2C 的模式才能够短时间内迅速为广大普通用户所接受。

淘宝网的开发、维护与运作需要大量的资金。它要想生存和发展，除了依靠广告带来的利润外，还必须为其会员提供更加完善和个性化的服务，最大限度地提高会员的忠诚度，并不断发展新的会员。这样在积累了一定的人气基础后，才能选一个适当的时机，向交易中的买卖双方索要其存在与发展的资金补充，并在最后产生利润。

由此可见，买家、卖家、成熟的电子商务平台三者之间互依互存，不可分割。它们共同组成了目前中国 C2C 这种电子商务模式的基本要素。

2.3.3.3　淘宝网 C2C 电子商务模式的亮点

(1) 免费——突破屏障，迅速蹿红

消费者对于一个新事物的认知，首先是对其提供的主要利益点进行感知和反应，进行最重要的购买决策资源的获取。然后围绕其接收到的购买决策资源进行验证或强化，以最大限度地降低购买风险。在 C2C 网站的实质性接触阶段，关键点就是收费问题，而淘宝网在这点上取得了成功。

从阿里巴巴开始，马云就寻找到一种颠覆传统商业模式的模式——所有的会员是免费的。最初淘宝网的模式继承了这点。同时，免费也是淘宝网直接针对 ebay 易趣实施的非常强有力的竞争利器。ebay 易趣坚持收费策略，包括至少 50 元（人民币）的店租、商品登录费、交易佣金，还有图片费、仓储费、粗体显示费、推荐位费用等。淘宝凭借免费这把利器，迅速切入了原本被易趣垄断的市场，并且在两年内夺下了超过 60% 的市场份额。

（2）支付宝——保证诚信，免除后顾之忧

为了解除顾客在网络信息安全方面的后顾之忧，淘宝网最早推出了支付宝系统。买家在网站上购买了商品并付费，这笔钱首先到支付宝，当买家收到商品并感到满意时，再通过网络授权支付宝付款给卖家，支付宝从中收取少额费用。这样就尽可能降低了 C2C 交易的风险，因而赢得了用户的青睐。实际上，为了保障交易安全，淘宝设立了多重安全防线：全国首推卖家开店要先通过公安部门验证身份证信息，并由手机和信用卡认证；每个卖家有信用评价体系，如果卖家有欺诈行为，信用就会很低。

从其大力推广的诚信认证系统以及支付宝中不难看到原先阿里巴巴“诚信通”品牌的影子和影响。在淘宝网买卖双方交易之前，都可以仔细查看对方的信用记录，也可以通过其他买家对该卖家的评价内容判断交易是否诚实守信，货品是否货真价实等。信用评价将为买家提供极有价值的参照，为网上购物提供安全保障。同时，支付宝也为买家汇款后担心收不到货、货不对板等问题解决了后顾之忧。

（3）阿里旺旺——买卖沟通，畅通无阻

淘宝网推出的阿里旺旺，类似于 QQ、MSN，它可以使买方和卖方在线直接交流，甚至可能通过聊天成为朋友，从而提高了买卖双方对于淘宝网这个 C2C 平台的忠实度，大大提高了商品的成交量。

综上所述，淘宝网 C2C 电子商务模式的三大亮点（免费、支付宝、阿里旺旺）很好地协调了买家和卖家的关系，同时，安全的支付平台和即时的沟通工具造就了淘宝网这个成熟的电子商务平台，使得淘宝网 C2C 走向成功。

2.3.3.4 淘宝网 C2C 电子商务模式的成绩

截至 2007 年 6 月 30 日，淘宝网会员数高达 3990 万，和 2006 年同期相比，增幅达 80%，覆盖了中国绝大部分网购人群。淘宝网每天在线商品数接近 7500 万件，和 2007 年第 1 季度相比，增长了 1000 多万件；和去年同期相比，增长了 100%。根据统计，2007 年上半年，每天登录淘宝网购物的不重复访问者超过 600 万。而根据新生代市场监测机构 2006 年的调查，像家乐福、联华这种大卖场，一个门店一天的平均客流量为 1.1 万人左右，也就是说，淘宝网一天的人流量相当于近 600 个大卖场。

在同行业中，淘宝网占据市场份额的 80% 以上，荣居龙头位置。从百度网页搜索和百度新闻搜索的海量数据计算出每个关键词的用户关注度和媒体关注度的数值——百度指数的报告中可以看出，淘宝网位居用户关注度和媒体关注度榜首。

2.3.3.5 淘宝网依然存在的问题

（1）诚信安全问题

马云曾经说过：“中国的网上诚信问题是最最关键的问题，如果诚信不解决，什么都做不下去，诚信也是中国电子商务必经的唯一的独木桥。”

互联网的跨地域性、虚拟性决定了 C2C 的交易风险更加难以控制。尽管淘宝网推出了支付宝，一定程度上保障了买卖双方的安全性。但支付宝仍旧有局限性和不完善的地方，例如，买家收货之后一直不在淘宝网的支付平台确认，那么卖家就一直拿不到钱。对于实物商品来讲，还有物流公司可以出示证明文件，但在进行虚拟物品的交易时，卖家的权利就很难得到保障。

（2）物流问题

无论是 B2B、B2C 还是 C2C 电子商务模式，都包含信息流、商流和物流。当顾客在 C2C 网站上通过网上发布的商品、服务信息搜索到要购买商品的资料，并通过互联网进行交互式的信息反馈，确定了商品规格、性能、交货时间等方面的细节问题后，实际上 C2C 电子商务过程并没有结束，而只是完成了商务的网络交易，只有等到电子商务交易的实物送到顾客手中时，整个过程才算结束。由此可见，通过互联网进行 C2C 商务交易只实现了信息流和商流，而电子商务的最终成功要依赖物流。

淘宝网的市场定位是 C2C 中文电子商务交易网站和第三方平台运营商，并不直接参与提供物流配送。尽管淘宝网采取了与圆通速递、亚风快递、宅急送等物流公司和中国邮政 e 邮通合作配送的方式来提升其物流服务质量。但因成本、服务品质、监管力度等方面的问题，这些合作无法令大多数消费者满意。建设完善、健全的物流配送系统就是 C2C 电子商务模式，乃至整个电子商务领域发展的最主要瓶颈问题之一。

（3）支付性问题

受我国的金融体系和传统观念影响，现实中人们还是较多地习惯使用纸质货币，借记卡、信用卡系统尚不如西方国家那么成熟，这不可避免地为网上支付带来了一定的局限性。尽管目前淘宝网大多数交易都使用支付宝平台，但是一旦开始收取手续费，无疑会大大降低网上支付的人群比例。

总之，淘宝网 C2C 电子商务模式取得了巨大成功，它以突出的时尚性、娱乐性及其鲜明活泼、清新简洁、色彩斑斓的面貌塑造了自己的网络品牌。这不仅可供同行业的 C2C 企业学习，同样也适合 B2C、B2B 领域电子商务的企业参考。

最新数据分析表明，我国电子商务在今后三年中，每年将保持 60% 以上的速度增长。在如此诱人的市场面前，不论淘宝网还是易趣、拍拍，都不会放弃前进的脚步。需要强调的是，成功的 C2C 电子商务模式网站需要时刻重视买家、卖家、成熟的电子商务平台三者之间的联系，这样才能保证长久的发展，并在市场上保持不败之地。

2.4　电子货币网上支付

2.4.1　电子货币

2.4.1.1　概念

电子货币是指用一定金额的现金或存款从发行者处兑换并获得代表相同金额的数据，通过使用某些电子化方法将该数据直接转移给支付对象，从而能够清偿债务，它是计算机介入货币流通领域后产生的，是现代商品经济高度发展、要求资金快速流通的产物。

2.4.1.2　电子货币的主要特征

① 从形态上看，电子货币脱离了传统的货币形态，不再以贵金属、纸币等实物形式存在，而是以磁介质形式存在，是一种虚拟的货币。

② 从技术上看，电子货币的发行、流通、回收等均采用现代科技的电子化手段。

③ 从结算方式上看，无论电子货币在流通过程中经过多少次换手，其最后持有者均有权向电子货币发行者或其前手提出对等资金的兑换要求。

2.4.1.3 电子货币的形式

电子货币分类

（1）按支付方式分类

① "先存款、后消费"的预付型电子货币，如现阶段在我国广泛使用的借记信用卡和储值卡。

② 在消费的同时从银行账户转账的即付型电子货币，如通过 ATM 机和 POS 机使用的现金卡。

③ "先消费，后付款"的后付型电子货币，如目前国际通用的 VISA 卡等贷记信用卡。

（2）按电子货币的形态分类

① 储值卡型。只能存取款。

② 信用卡应用型。在传统信用卡基础上实现了在 Internet 上通过信用卡进行支付功能的电子货币，是目前发展最快，正步入实用化阶段的电子货币。

③ 存款电子划拨型。通过计算机网络转移、划拨存款以完成结算的电子化支付方法。

④ 电子现金型。通过将按一定进规律排列的数字串保存于计算机的硬盘内或 IC 卡内来进行支付，即以电子化的数字信息块代表一定金额的货币。

2.4.1.4 电子货币的要求

① 安全性，对于在线交易、资金转移和电子货币的生成都要绝对安全，防止伪造、盗窃和泄密。

② 真实性，买卖双方能够确认其使用或收到的电子货币是真实的。

③ 匿名性，要确保消费者、商家及其交易都是无记名的，从而保护消费者的隐私权。

④ 合法性。要明确定义与电子货币相关方的权利义务，并可明确作为判决依据。

2.4.2 电子支付

2.4.2.1 概念

电子支付是指通过电子信息化手段实现交易中的价值与使用价值的交换过程。电子支付方式的出现要早于 Internet 网，并且已经建立起了三种不同类型的支付系统，即预支付系统、即时支付系统和后支付系统。

预支付是指先付款，然后才购买到产品或服务。预支付系统是银行和在线商店首选的解决方案，由于它们要求用户预先支付，所以不再需要为这些钱付利息，而且可以在购买商品的瞬间将钱传送给在线商店，以防止数字欺骗。预支付系统的工作方式像在真实商店里一样，顾客进入商店并用现金购买商品，然后才得到所需的商品。

即时支付系统是以交易时支付的概念为基础的，该系统是实现起来最复杂的系统，为了即时支付，必须直接访问银行的内部数据库，需要采取更加严格的安全措施，它同时也是最强大的系统。即时支付是在线支付的基本模式。

后支付系统允许用户购买商品后再付款。信用卡是一种最普遍的后支付系统，但其安全性低。与信用卡相比，借记卡相对比较安全，因为它要求顾客证实自己是卡的真实持有人，但相关的费用较高。

2.4.2.2 电子支付发展阶段

第一阶段。银行利用计算机处理银行之间的业务，办理结算。

第二阶段。银行计算机与其他机构计算机之间进行资金结算，如代发工资、代收电话费等业务。

第三阶段。银行利用网络终端向消费者提供各项银行业务，如消费者在自动取款机（ATM）上进行存取款等操作。

第四阶段。利用银行销售终端向消费者提供自动的扣款服务。

第五阶段。电子支付可随时随地通过 Internet 进行直接的转账结算，形成电子商务环境，即网上支付。

2.4.2.3 电子支付的特点

电子支付的特点是与传统的商贸交易结算相比较而言的。传统商贸普遍使用三票一证（支票、本票、汇票、信用证），电子支付的主要特点如下。

① 电子支付采用先进的技术通过数字流转来完成信息传输的。

② 电子支付的工作环境是基于一个开放的系统平台之中。

③ 电子支付使用的是最先进的通信手段。

④ 电子支付具有方便、快捷、高效、经济的优势。

2.4.2.4 电子支付的要求

① 安全性。

② 完整认证（合法性）。

③ 开放性。

④ 普遍性。

2.4.3 网上支付与结算

网上支付指的是客户、商家、网络银行（或第三方支付）之间使用安全电子手段，利用电子现金、银行卡、电子支票等支付工具通过互联网传送到银行或相应的处理机构，从而完成支付的整个过程。

网上支付的主要形式有：信用卡、数字现金、电子支票、智能卡、电子钱包等。

2.4.3.1 信用卡

信用卡是银行或金融机构发行的，授权持卡人在指定的商店或场所进行记账消费的信用凭证，是一种特殊的金融商品和金融工具，如图 2-2 所示。

信用卡的主要功能如下。

① ID 功能。证明持卡人身份。

② 结算功能。可用于支付购买商品、享受服务的款项，是非现金、支票、期票的结算。

③ 信息记录功能。将持卡人的属性、对卡的使用情况等各种数据记录在卡中。

信用卡的支付模式有四种：无安全措施的信用卡支付、通过第三方经纪人支付、简单信用卡加密支付、SET 信用卡支付。

无安全措施的信用卡支付的基本流程是：消费者从商家订货，信用卡信息通过电话、传真等非网上进行传输，但无安全措施，商家与银行之间使用各自现有的授权来检查信用卡的合法性。不安全包括两个方面：一是信用卡信息的传输的不安全，二是商家付货后不一定能得到货款。

SET 是安全电子交易的简称,它是一个为了在 Internet 网上进行在线交易而设立的一个开放的、以电子货币为基础的电子付款协议标准。SET 的安全措施主要有对称密钥系统、公钥系统、消息摘要、数字签名、数字信封、双重签名、认证等技术。消息摘要主要解决信息的完整性问题,即是否是原消息、是否被修改过。数字信封是用来给数据加密和解密的。双重签名将订单信息和个人账号信息分别进行数字签名,保证商家只看到订货信息而看不到持卡人账户信息,并且银行只能看到账户信息,而看不到订货信息。

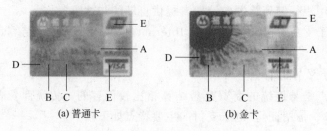

(a) 普通卡   (b) 金卡

图 2-3 招商银行信用卡正面

下面以招商银行信用卡为例介绍信用卡卡面信息。图 2-3 中,A 区域为信用卡卡号,16位凸印的数字代表招商银行信用卡卡号。B 区域为起用月/年(MM/YY),卡片开始使用时间(前面为月份,后面为年份后两位)。C 区域为有效月/年(MM/YY),卡片使用的有效时间(前面为月份,后面为年份后两位),也是续卡换发时间,如逾期未收到换发的新卡,应立即与招商银行联系。D 区域为持卡人的英文姓名,持卡人在填写申请书时填写的英文姓名,建议使用护照上的英文姓名(一般情况下与汉语拼音姓名相同),以避免使用上的不便。E 区域为信用卡种类的标识,代表持有的信用卡种类,根据标识,信用卡可在有相应标识的特约商店消费,在有相应标志的 ATM机上预借现金。F 区域为卡片磁条,磁条上录有持卡人的重要资料,应避免刮伤或与磁性物品放置在一起,以免磁条受损。G 区域(见图 2-4)为个人签名栏,拿到卡

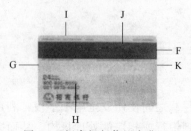

图 2-4 招商银行信用卡背面

片后,应立即签上持卡人姓名(建议使用油性签字笔或圆珠笔),日后用卡交易时也请签上相同式样的签名。H 区域为客户服务热线,在使用卡片过程中有任何的疑问,拨打招商银行全年 365 天、每天 24 小时客户服务热线 800-820-5555(免费),手机用户及未开通 800 业务的地区则拨打 021-38784800。I 区域为海外服务热线,在国外使用卡片过程中有任何的疑问,拨打 86-21-38784800 致电招商银行的 24 小时客户服务热线咨询。J 区域为卡号末四位号码,信用卡卡号的末四位号码与正面凸印卡号的末四位一致,以防止卡片被不法分子伪冒。K 区域为 CVV2 码(威士卡),在信用卡背面的签名栏上,紧跟在卡号末四位号码的后面印有三位保安数字,即 CVV2 码(威士卡),当使用信用卡进行电视、电视购物和网上交易时,特约商户会根据需要要求您输入此号码以核实身份。

信用卡的信用额度是指信用卡最高可以使用的金额,普通卡为 3000~10000 元,金卡为1 万~5 万元。免息还款期是指对非现金交易,从银行记账日至到期还款日之间的时间。信用卡预借现金额度一般低于信用额度,手续费为 3%。信用卡的循环信用利息为央行规定日利率的万分之五。

【例】　假设某卡的账单日为每月 5 日，到期还款日为每月 23 日。3 月 5 日至 4 月 5 日账单周期仅有一笔消费：3 月 30 日，1000 元，问：

(1) 该笔消费的账单日是哪天？

(2) 到期还款日是哪天？

(3) 免息还款期为几天？

(4) 循环利息列于几号的账单上？

(5) 4 月 23 日前全额还款（1000 元）和只偿还 200 元，5 月 5 日账单上的循环利息各是多少？

解：(1) 4 月 5 日。

(2) 4 月 23 日。

(3) 24 天。

(4) 5 月 5 日。

(5) 4 月 23 日前全额还款（1000 元），循环利息为 0 元；只偿还 200 元，1000 元 × 0.05% × 24(3.30～4.23) ＝ 12（元），(1000－200) × 0.05% × 12(4.23～5.5) ＝ 4.8（元），循环利息为 12＋4.8 ＝ 16.8（元）。

特别提示：

① 取现利息。建议不要使用信用卡取现。多数银行不分本地异地，在收取取现手续费外，银行还要从取现当日开始每天按取现金额的 5‰收取利息，但利息的计算方式并不是单纯的每天万分之五那么简单，而是月息"复利"。也就是说，如果没有及时偿还欠款，每天的利息都是本金加上前一天利息之和的 5‰。以此类推，欠款本金"滚"复利。

② 循环信用利息。如果持卡人部分偿还，即使偿还的金额高出最低还款额，还会产生利息。银行按日息万分之五按月计收复利，且不享受免息，利息将从消费当日开始计算。如果持卡人按最低还款额还了款，不用交滞纳金，对信用也不会产生影响，但银行仍然会按照账单全额计息。

如果持卡人没有按照最低还款额还款，则除了要支付利息外，对除最低还款额外未还部分还要按月支付滞纳金，例如，Z 女士在账单日之前消费了 3334 元，在还款日她存入 3300 元，还有 34 元没有还清，银行按照 3334 元从她消费当日开始计息，日产生利息 50 余元。

2.4.3.2　数字现金支付形式

数字现金又称电子现金，是一种以数据形式流通的、能被消费者和商家接受的、通过互联网购买商品或服务时使用的货币。

电子现金是以电子方式存在的现金货币，其实质是代表价值的数字，是一种储值型的支付工具，使用时与纸币类似，多用于小额支付，可以实现脱机处理。按其载体来划分，电子现金主要包括两类：一类币值存储在 IC 卡上，另一类以数据文件存储在计算机的硬盘上。

数字现金的表现形式有两类：预付卡和纯电子系统。

2.4.3.3　电子支票

电子支票是一种借鉴纸张支票转移支付的优点，利用数字传递将钱款从一个账户转移到另一个账户的电子付款形式。

电子支票主要用于企业与企业之间的大额付款。电子支票的支付一般是通过专用的网络、设备、软件及一整套的用户识别、标准报文、数据验证等规范化协议完成数据传输，从而控制安全性。

支票与现金最大的区别是支票有明确的用途、金额等。在交易中，商家要验证支票的签发单位是否存在、支票的签发单位是否与购货单位一致，还要验证消费者的签名等。

2.4.3.4　智能卡

智能卡最早于 20 世纪 70 年代中期在法国问世。它类似于信用卡，但卡上不是磁条，而是计算机芯片和小的存储器。

智能卡的应用范围是电子支付、电子识别、数字存储。

存储在智能卡上的钱是以一种加密的形式保存下来的，而且由一个口令保护，以保护智能卡解决方案的安全性。为了用智能卡支付，必须将卡引入到硬件终端设备，该设备需要一个来自发行银行的特殊密钥来启动任一方向的货币划拨。

2.4.3.5　电子钱包

电子钱包通常也叫储值卡，用集成电路芯片来储存电子货币并被顾客用来进行电子购物活动。使用电子钱包的顾客通常在银行里都是有账户的。在使用电子钱包时，将相关的应用软件安装到电子商务服务器上，利用电子钱包服务系统就可以把自己的各种电子货币或电子金融卡上的数据输入进去。电子钱包里可以装各种电子货币。

2.4.4　网络银行

网络银行是指银行使用电子信息工具通过互联网向银行客户提供银行的产品和服务。银行的产品和服务包括提存款服务、信贷服务、账户管理、提供财务意见、电子单据支付及提供其他电子支付的工具和服务。

2.4.4.1　网络银行发展的原因

① 创建网络银行是经济发展的必然结果。网上有资金流的需求，这是网上银行发展的原动力。资金流动的通畅对于信息流和物流有很大影响。

② 网上银行是电子商务发展的必然产物和发展趋势。银行在商务中扮演重要角色，商务发展要求银行提供更好的服务。同时电子商务的发展使银行间的竞争加剧，银行必须改变自身的服务方式，向网络化发展。

③ 银行自身的发展为网上银行的发展奠定了基础，创造了条件。

2.4.4.2　网络银行的特点

① 服务不受时间和地点的限制。

② 经营成本低。

2.4.4.3　网络银行发展的主要问题

安全、法律、拥挤、消费群体有限单一。

【思考题】

1. B2B 电子商务交易的优势是什么？
2. B2B 电子商务交易是如何获取利润的？
3. B2C 电子商务企业的类型有哪几种？它们各自的特点是什么？
4. 简述 B2C 电子商务企业的收益模式。

5. C2C 电子商务的两种交易模式是什么？他们各自的利润来源是什么？

6. 网络拍卖和传统拍卖的区别在哪里？

7. 网络拍卖的主要方式有哪些？

8. 网上商店的交易流程是什么？

9. 什么是电子货币？

10. 网上支付有哪些主要形式？

【实践题】

1. 访问淘宝网注册会员，并以会员身份参与网上买卖，了解网上购物和支付的流程。

2. 浏览当当网（http://www.dangdang.com），了解其经营特色和业务流程，若有可能，在该网站上实际购买几本书，体验网上购物。

3. 浏览阿里巴巴网站（http://china.alibaba.com），了解其经营特色和业务流程。

以上述三个网站为例，说出三种电子商务交易模式（C2C、B2C、B2B）的区别之处和相互联系。

第 3 章　电子商务技术基础

【学习目标】

➢ 了解 Internet 的产生和发展。

➢ 理解计算机网络的定义和功能。

➢ 理解 TCP/IP 参考模型及各层主要功能及协议。

➢ 掌握计算机网络的组成和分类。

➢ 掌握 IP 地址的基本概念和分类方法。

➢ 掌握域名的基本概念。

➢ 掌握 Internet 的基本应用。

➢ 掌握 Internet 主要接入方法。

【引导案例】

20 世纪 60 年代，阿帕网（ARPAnet）开启了因特网时代。在随后的 40 年，互联网给世界带来的深刻的改变。

互联网是美苏冷战的产物。正是在美国国防部的倡议和资助下，ARPAnet 才开始筹建和发展。到了 1975 年，ARPAnet 已经进入了 100 多台主机，并结束了网络试验阶段，移交给美国国防部国防通信局正式运行。在总结第一阶段建网实践经验的基础上，研究人员开始了第二代网络协议的设计工作，这个阶段的重点是网络互联问题，网络互联技术研究的深入导致了 TCP/IP 协议的出现与发展。到 1979 年，越来越多的研究人员投入到了 TCP/IP 协议的研究与开发之中。在 1980 年前后，ARPAnet 所有的主机都转向 TCP/IP 协议。到 1983 年 1 月，ARPAnet 向 TCP/IP 的转换全部结束。同时，美国国防部国防通信局将 ARPAnet 分为两个独立的部分，一部分仍叫 ARPAnet，用于进一步的研究工作；另一部分稍大一些，成为著名的 MILNET，用于军方的非机密通信。

1971 年，受雇于 BBN 公司的雷·汤姆林森（Ray Tomlinson）发明了通过分布式网络发送消息的 E-mail 程序。

1983 年，美国威斯康星大学开发了名字服务器，这样用户不需要了解到另一个节点的确切路径就可以与其进行通信。1984 年，Internet 正式引入域名服务器 DNS（Domain Name Server），提供如今已经被人们所熟悉的域名系统，如".net"、".com"、".gov"等。而在此之前，人们要访问网络上特定的计算机，必须记住由 IP 协议规定的四组枯燥的数字，DNS 就是专门用于 IP 地址和对应域名之间的转换。

第一个域名诞生在 1985 年，原由 DCA 和 SRI 负责的 DNS 根域名管理职责移交给 USC 的信息科学学院（ISI），负责进行 DNSNIC 的注册管理。3 月 15 日，".com"符号被分配为第一个注册的域，"Symbolics.com"成为第一个登记的域名，其他首批登记的域名还有

"cmu. edu"、"purdue. edu"、"rice. edu"、"ucla. edu"（1985 年 4 月）、"css. gov"（1985 年 6 月）、"mitre. org. uk"（1985 年 7 月）。

1987 年 9 月 20 日 22 点 55 分，中国的第一封 E-mail 电子邮件由北京发送到德国，内容以英德两种语言书写，中文意思是"跨越长城，我们可以到达世界的任何一个角落"。

1990 年，蒂姆·伯纳斯·李（Tim Berners Lee）创建了 www 计划，并开发了相关技术标准，这些技术和标准正是现在 Internet 上最常用的技术。www（World Wide Web，万维网）计划由伯纳斯利在 CERN（欧洲量子物理实验室）的时候开始的，包括 HTML（超级文本标识语言）、HTTP（传输协议）和 URL（统一资源定位）等基础技术等。1991 年 8 月 6 日，蒂姆·伯纳斯·李开发出了第一个 www 网站。1989 年，蒂姆·伯纳斯·李看到了超文本在互联网中的潜力，便提出了万维网的概念。他设计和实现了第一个 www 浏览器、第一个 www 服务器（CERNHTTPd）和第一个网站。根据 CERN，第一个网址为 http://info. cern. ch/hypertext/www/TheProject. html。这个网站提供详细信息，教人们如何安装和使用浏览器和服务器。蒂姆·伯纳斯·李因此被公认为万维网之父。1994 年，伯纳斯·李创建了 World Wide Web Consortium（W3C），即万维网联盟。

1993 年，马克·安德森（Marc Andreessen）联合同学艾里克·彼纳（Bina）经过 6 个星期的辛苦工作，在 1993 年 1 月推出首款图形 Web 浏览器——Unix 版的 Mosaic 浏览器。Mosaic 的出现无疑是互联网历史上的一次革命。与早期浏览器的最大不同是：它可以将图像和文字同时展现在一个窗口中，每一个页面看起来都像制作精美的印刷品。

1994 年，马克·安德森创建网景（Netscape）公司，在 Mosaic 浏览器的基础上开发出首个商业化的浏览器——Netscape1. 0，Netscape 浏览器曾一度占据 80％的市场份额，对微软产生了巨大的威胁。微软采用和 Netscape 相同的方法，从伊利诺伊大学那里获取了 Mosaic 的源代码开发权，于 1995 年推出 IE 浏览器，与 Netscape 公司展开了历史上著名的浏览器大战（Browser War）。

亚马逊公司是 1995 年 7 月 16 日由杰夫·贝佐斯（Jeff Bezos）成立的，一开始叫 Cadabra. com。该公司原于 1994 年在华盛顿州登记，1996 年时改到德拉瓦州登记，并在 1997 年 5 月 15 日股票上市。

1996 年，三个以色列人——维斯格、瓦迪和高德芬格聚在一起，决定开发一种使人与人在互联网上能够快速直接交流的软件，并将其新软件取名 ICQ，即 I seek you（我找你）。ICQ 支持在互联网上聊天、发送消息、传递文件等功能。之后他们成立了 Mirabilis 公司，向注册用户提供互联网即时通信（Instant Messenger，IM）服务。

ICQ 的使用用户快速增长，6 个月后，ICQ 宣布成为当时世界上用户量最大的即时通信软件。在第 7 个月的时候，ICQ 的正式用户达到 100 万。1998 年，ICQ 被美国在线以 2.87 亿美元收购，此时其用户数超过 1000 万。

1996 年 5 月 23 日，美国第一家电子银行—证券第一网络银行（www. stnb. com）在华尔街上市。

1998 年 9 月 7 日，Google 在加州车库内成立。拉里·佩奇（Larry Page）和谢尔盖·布林（Sergey Brin）于 1997 年注册了 google. com 这个域名。1998 年注册了成立 Google 公司。最初给他们投资的人之一，就是安迪. 贝托尔斯海姆（Andy Bechtolsheim）。贝托尔斯海姆给他们开了一张 10 万美元支票的时候，佩奇和吉林连公司银行的户头都没有。这笔投资到 2007 年时价值超过 15 亿美元，10 年中翻了 1 万 5 千多倍。贝托尔斯海姆在创造了一个投资神话的同时，也创造了一个伟大的互联网公司。

3.1 计算机网络基础

电子商务主要是指人们利用现代信息技术和计算机网络（主要是 Internet）所进行的各类商务活动。其中，计算机网络技术是最核心应用技术，计算机网络的发展、尤其是 Internet 的发展和应用，对电子商务的发展起着至关重要的作用。

3.1.1 计算机网络的定义和功能

3.1.1.1 计算机网络的定义

计算机网络是计算机技术与通信技术相结合的学科，其发展历史只有短短的几十年时间，经历了从简单到复杂、从低级到高级、从地区到全球的发展过程。

计算机网络是利用通信设备和通信线路将位于不同地理位置、功能独立的两个或两个以上计算机系统连接起来，在网络操作系统、网络管理软件及网络通信协议的管理和协调下实现资源共享和信息传递的计算机系统。

最简单的计算机网络是只有两台计算机和连接它们的一条链路。最庞大的计算机网络就是 Internet，它由很多的网络通过许多路由器互联而成。

3.1.1.2 计算机网络的功能

计算机网络的功能有很多，其中最主要功能是资源共享和数据通信。

（1）资源共享

资源共享的目标是网络中的用户都可以使用网络共享硬件资源、软件资源，特别是数据资源，而不必考虑资源和用户的物理位置。

（2）数据通信

数据通信是通信技术和计算机技术相结合而产生的一种新的通信方式，即实现计算机与终端、计算机与计算机间的数据传输，从而实现软、硬件和信息资源的共享。

3.1.2 计算机网络的组成和分类

3.1.2.1 计算机网络的组成

根据计算机网络的定义，一个典型的计算机网络主要由计算机系统、数据通信系统、网络软件及协议三大部分组成。

（1）计算机系统

计算机系统主要完成数据信息的收集、存储、处理和输出任务，并提供各种网络资源。网络中的计算机系统根据用途可分为服务器和客户机两大类。

① 服务器。服务器（server）由安装网络操作系统的、处理能力较强的高性能计算机担任，为网络中其他计算机或网络设备提供某种服务。网络中的服务器主要有数据库服务器、WWW 服务器、电子邮件服务器、文件服务器和打印服务器等。

② 客户机。和服务器相对应，客户机（client）是在网络中使用服务器提供的某种服务的计算机。客户机由配置低于服务器的计算机担任，在客户机上安装桌面操作系统。

（2）数据通信系统

数据通信系统主要由通信设备和通信线路组成。

① 通信设备。通信设备用来实现网络中各计算机之间的连接、网与网之间的互联、数据信号的变换以及路由选择等功能，主要的通信设备有调制解调器（modem）、中继器（repeater）、集线器（HUB）、网桥（bridge）、交换机（switch）、路由器（router）和网关（gateway）等。

② 通信线路。通信线路为网络中通信设备之间、通信设备与主机之间提供通信信道。常用的通信线路有电话线、双绞线、同轴电缆、光缆、无线通信信道、微波与卫星通信信道等。

（3）网络软件和网络协议

网络软件一般包括网络操作系统、网络协议、通信软件以及管理和服务软件等。

① 网络操作系统。网络操作系统（NOS）是网络的心脏和灵魂，指能使网络上的每个计算机方便、有效的共享网络资源，为用户提供所需的各种服务的操作系统软件。它是负责管理整个网络资源和方便网络用户使用的软件的集合。目前，计算机网络操作系统有UNIX、Windows Server、Netware 和 Linux 等。

② 网络协议。网络协议为计算机网络中进行数据交换而建立的规则、标准或约定的集合。常见的协议有 TCP/IP 协议、IPX/SPX 协议和 NetBEUI 协议等。

3.1.2.2 计算机网络的分类

计算机网络的分类方法有很多，其中，主要的是按覆盖范围、工作模式、管理性质进行分类。

（1）按覆盖范围分类

根据网络的覆盖范围，计算机网络可以分为三种基本类型：局域网（Local Area Network，LAN）、城域网（Metropolitan Area Network，MAN）和广域网（Wide Area Network，WAN）。

① 局域网。局域网是在一个局部的地理范围内（如一个学校、工厂和机关内）将各种计算机、外部设备和数据库等互相连接起来组成的计算机通信网。局域指同一办公室、同一建筑物、同一公司和同一学校等，一般是方圆几千米以内。局域网可以实现文件管理、应用软件共享、打印机共享、扫描仪共享、工作组内的日程安排、电子邮件和传真通信服务等功能。

局域网的特点是网络覆盖范围小、较高的传输速率和较低的传输误码率、易于建立、维护与扩展等。

② 城域网。城域网作用是把范围在一个城市内不同地理位置的计算机相互连接起来。城域网设计的目标是满足几十平方千米范围内的大量企业、机关、公司的多个局域网互联的需求，实现大量用户之间的数据、语音、图形与视频等多种信息的传输功能。

城域网在技术上与局域网相似，MAN 的传输媒介主要是光缆，传输速率较高。城域网不仅可用于计算机通信，同时可用于传输话音、图像等信息，是一种可综合利用的通信网。

③ 广域网。广域网也称为远程网，是指覆盖范围为几十千米到几千千米（通常可以覆盖一个城市、一个省、一个国家）的国际性的远程网络。

广域网的通信子网主要使用分组交换技术，一般由电信部门或公司负责组建、管理和维护。

（2）按工作模式分类

计算机网络的工作模式有对等模式和客户机/服务器模式两种。

① 对等网。在对等网络中，各台计算机的身份相同，无主从之分，任一台计算机既可以作服务器，也可以作工作站。作为服务器，为其他计算机提供资源；作为工作站，分享其他服务器的资源。

对等网的特点是网络成本低、网络配置和维护简单、网络性能较低、数据保密性差、文件管理分散、计算机资源占用大。

对等网比较适合家庭、校园或比较小型的办公网络，连接的电脑数最好不超过 10 台。

② 客户机/服务器网（client/server）。在客户机/服务器网络中至少有一台安装网络操作系统的服务器，其他计算机为客户机。其中，服务器可以扮演多种角色，如文件和打印服务器、应用服务器、电子邮件服务器和数据库服务器等。

客户机/服务器网络安全性容易得到保证，计算机的权限、优先级易于控制，监控容易实现，网络管理能够规范化。网络性能在很大程度上取决于服务器的性能和客户机的数量。

（3）按计算机网络管理性质分类

根据对网络组建和管理的部门和单位不同，计算机网络也可分为公用网和专用网。

① 公用网。由电信部门或其他提供通信服务的经营部门组建、管理和控制，网络内的传输和转接装置可供任何部门和个人使用；公用网常用于广域网络的构造，支持用户的远程通信。公用网也可以称为公众网，例如 CHINAnet、CERnet 等。

② 专用网。由某些企业、组织或部门为满足自身需要而组建、拥有、管理和使用的网络。专用网常为局域网或者是通过租借电信部门的线路而组建的广域网络，例如由学校组建的校园网、由企业组建的企业网等。

3.2　Internet 基础

3.2.1　Internet 的产生与发展

Internet 是人类历史发展中的一个伟大的里程碑，可称为国际互联网络。从概念上讲，Internet 是由多个网络互联而成的一个单一而庞大的网络集合，即建立在计算机网络之上的网络。在组织结构上，Internet 是基于共同的通信协议（TCP/IP），通过路由器将多个网络连接起来所构成的一个新网络，它将位于不同地区、不同环境、不同类型的网络互联成为一个整体，已经成为世界上覆盖面最广、规模最大、信息资源最丰富的计算机信息网络。

Internet 是在美国较早的军用计算机网 ARPAnet 的基础上经过不断发展变化而形成的。Internet 的发展主要可分为以下四个阶段。

（1）Internet 的产生

在 20 世纪 60 年代，为了适应美苏冷战的需求，1969 年 11 月，美国国防部高级研究计划管理局（Defense Advanced Research Projects Agency，DARPA）开始建立一个命名为 ARPAnet 的网络，这个网络把位于洛杉矶的加利福尼亚大学、位于圣芭芭拉的加利福尼亚大学、斯坦福大学，以及位于盐湖城的犹他州州立大学的计算机主机连接起来，位于各个结点的大型计算机采用分组交换技术，通过专门的通信交换机（IMP）和专门的通信线路相互连接，阿帕网就是 Internet 最早的雏形。

ARPAnet 主要是用于军事研究，它指导思想是：网络必须经受得住故障的考验而维持正常的工作，一旦发生战争，当网络的某一部分因遭受攻击而失去工作能力时，网络的其他部分应能维持正常的通信工作。

（2）Internet 的发展

美国国家科学基金会（NFS）在 1985 开始建立 NSFnet。NSF 规划建立了 15 个超级计算中心及国家教育科研网，用于支持科研和教育的全国性规模的计算机网络 NFSnet，并以此作为基础，实现同其他网络的连接。NSFnet 成为 Internet 上主要用于科研和教育的主干部分，代替了 ARPAnet 的骨干地位。

NSFnet 对 Internet 的最大贡献是使 Internet 向全社会开放，而不像以前的那样仅供计算机研究人员和政府机构使用。

1989 年，MILnet（由 ARPAnet 分离出来）实现和 NSFnet 连接后，就开始采用 Internet 这个名称。自此以后，其他部门的计算机网相继并入 Internet，ARPAnet 就宣告解散。

（3）Internet 的商业化阶段

20 世纪 90 年代初，商业机构开始进入 Internet，使 Internet 开始了商业化的新进程，也成为 Internet 大发展的强大推动力。商业机构一踏入 Internet 这一陌生世界，很快发现了它在通信、资料检索、客户服务等方面的巨大潜力。于是世界各地的无数企业纷纷涌入 Internet，带来了 Internet 发展史上的一个新的飞跃。

1995 年，NSFnet 停止运作，Internet 已彻底商业化了。

（4）Internet 2

从 1996 年起，美国开始了下一代互联网研究与建设。美国国家科学基金会设立了"下一代 Internet"研究计划（NGI），支持大学和科研单位建立了高速网络试验床 VBNS（Very High Speed Backbone Network Service），进行高速计算机网络及其应用的研究。1998 年，美国 100 多所大学联合成立 UCAID（University Corporation for Advanced Internet Development），从事 Internet2 研究计划。UCAID 建设了另一个独立的高速网络试验床 Abilene，并于 1999 年 1 月开始提供服务。

Internet2（I2）是由美国 120 多所大学、协会、公司和政府机构共同努力建设的网络，它的作用是满足高等教育与科研的需要，开发下一代互联网高级网络应用项目，它并不是要取代现有的互联网，也不是为普通用户新建另一个网络。

Internet 自诞生以来，尤其是 20 世纪 90 年代，得到了高速发展。根据 Internet World Stats 数据，截至 2009 年 3 月底，全世界网民达到 1596270108 人。

2010 年 7 月 15 日，中国互联网络信息中心在北京发布了《第 26 次中国互联网络发展状况统计报告》（简称《报告》）。《报告》显示，截至 2010 年 6 月底，中国网民规模达到4.2 亿，突破了 4 亿关口，较 2009 年底增加 3600 万人；互联网普及率攀升至 31.8%，较2009 年底提高 2.9 个百分点。我国 IPv4 地址达到 2.5 亿，半年增幅 7.7%。作为互联网上的"门牌号码"，IPv4 地址资源正临近枯竭，互联网向 IPv6 网络的过渡势在必行。我国域名总数下降为 1121 万，其中，".cn"域名 725 万，在域名总数中的比例从 80% 降至64.7%，网站数量下降到 279 万，.cn 下网站占网站整体的 73.7%。

我国网民的互联网应用表现出商务化程度迅速提高、娱乐化倾向继续保持、沟通和信息工具价值加深的特点。2010 年上半年，大部分网络应用在网民中更加普及，各类网络应用的用户规模持续扩大。其中，商务类应用表现尤其突出，网上支付、网络购物和网上银行半年用户增长率均在 30% 左右，远远超过其他类网络应用。社交网站、网络文学和搜索引擎用户增长也较快。

3.2.2 TCP/IP 参考模型

3.2.2.1 TCP/IP 参考模型简介

TCP/IP 参考模型也可称为 DOD 模型（Department Of Defense model，美国国防部模型），是世界上第一个计算机网络 ARPAnet 和其后继的 Internet 使用的参考模型。这个体系结构的形成在它的两个主要协议 TCP、IP 出现以后，所以称为 TCP/IP 参考模型（TCP/IP reference model）。

TCP/IP 协议（Transfer Control Protocol/Internet Protocol，传输控制/网际协议）是 Internet 最基本的协议，以它为基础组建的 Internet 是目前国际上规模最大的计算机网络，Internet 的广泛使用使得 TCP/IP 协议成了事实上的国际标准。

TCP/IP 是一个协议族，它包括上百个各种功能的协议，如 Telnet、FTP 和 SMTP 等，由于 TCP 协议和 IP 协议是保证数据完整传输的两个基本的重要协议，所以用 TCP/IP 协议代表整个协议族。

3.2.2.2 TCP/IP 参考模型结构

TCP/IP 是一个四层的体系结构，如图 3-1 所示，包括应用层、传输层、互联网络层和主机-网络层。

应用层	TELNET、FTP、SMTP、HTTP、DNS、SNMP、DHCP
传输层	TCP、UDP
互联网络层	ICMP、IGMP IP ARP、RARP
主机-网络层	以太网、令牌环网、X.25 等

图 3-1　TCP/IP 参考模型结构

3.2.2.3 TCP/IP 各层主要功能

（1）主机-网络层

主机-网络层是 TCP/IP 参考模型的最底层，负责接收 IP 数据报并通过网络将其发送，或者从网络上接收物理帧，抽出 IP 数据报，交给 IP 层。

在这一层，TCP/IP 参考模型没有定义协议，主机连入网络时使用多种现成的协议，如局域网的 Ethernet、令牌网、分组交换网的 X.25、帧中继、ATM 协议等。

（2）互联网络层

互联网络层负责将数据从源网络传输到目的网络。互联网络层的主要功能包括以下三点。

① 处理来自传输层的分组发送请求。在收到分组发送请求之后，将分组装入 IP 数据报，封装报头，选择发送路径，然后将数据报发送到相应的网络接口。

② 处理接收的数据报。在接收到其他主机发送的数据报之后，检查目的地址，如需要转发，则选择发送路径转发出去；如目的地址为本结点 IP 地址，则解封装报头，将分组交付传输层处理。

③ 处理互联的路径、流程与拥塞问题。

TCP/IP 参考模型互联网络层的核心协议是 IP 协议。IP 协议非常简单，是一种不可靠、无连接的数据报传送服务的协议，它提供的是一种"尽力而为"的服务，IP 协议的协议数据单元是 IP 分组。IP 协议得主要功能有无连接数据报传输、数据报路由选择和差错控制。

与 IP 协议配套使用的还有 ARP 地址解析协议、RARP 逆地址解析协议、ICMP Internet 报文协议、IGMPInternet 组管理协议。

（3）传输层

在 TCP/IP 参考模型中，传输层是最重要、最关键的一层，它的任务是给源结点和目的结点的两个进程实体提供可靠的端到端的数据传输。传输层提供了主机应用程序进程之间的端到端的服务，是唯一负责总体的数据传输和数据控制的一层。

TCP/IP 模型提供了两个传输层协议：传输控制协议 TCP（Transmission Control Protocol）和用户数据报协议 UDP（User Datagram Protocol）。

① TCP 协议是一种面向连接的、可靠的传输层协议。

② UDP 协议是一个面向无连接的、不可靠的传输层协议。UDP 协议采用无连接的方式，只提供有限的差错控制，因此协议简单，效率高，主要应用于对可靠性要求不高，但要求网络的延迟较小的场合，如话音和视频数据的传送。

（4）应用层

在 TCP/IP 参考模型中，应用层是参考模型的最高层。该层包括所有和应用程序协同工作，利用基础网络交换应用程序专用的数据的协议。常用的应用层协议有 TELnet（远程登录协议）、HTTP（Hypertext Transfer Protocol，超文本传输协议）、FTP（File Transfer Protocol，文件传输协议）、POP3（Post Office Protocol Version 3，邮局协议）、SMTP（Simple Mail Transfer Protocol，简单邮件传输协议）、DNS（Domain Name Service，域名服务）、SNMP（Simple Network Management Protocol，简单网络管理协议）、DHCP（Dynamic Host Configuration Protocol，动态主机配置协议）。

3.2.3　IP 地址

3.2.3.1　IP 地址概念

在 TCP/IP 体系中，IP（Internet Protocol）协议是最重要的网络层协议，是为计算机网络相互连接进行通信而设计的协议。

在使用 TCP/IP 协议的网络中，每台主机（Host）都有一个全网唯一的地址，即 IP 地址。所谓 IP 地址，就是给每个连接在 Internet 上的主机分配的地址。按照 TCP/IP 协议规定，IP 地址用二进制来表示，每个 IP 地址长 32b，换算成字节，就是 4 个字节。IP 地址的这种表示法叫"点分十进制表示法"，分为 4 段，每段 8 位，用十进制数字表示，每段数字范围为 0～255，段与段之间用句点隔开。互联网上的 IP 地址统一由一个叫 IANA（Internet Assigned Numbers Authority，互联网网络号分配机构）的组织来管理。

3.2.3.2　标准分类的 IP 地址

（1）IP 地址结构

IP 地址有两部分组成，一部分为网络地址，另一部分为主机地址。网络 ID 标识在同一个物理网络上的所有宿主机，主机 ID 标识该物理网络上的每一个宿主机。换一句话说，同一个物理网络上的所有机器都用同一个网络 ID，网络上的一个主机（包括网络上工作站，服务器和路由器等）有一个主机 ID 与其对应。

（2）IP 地址的分类

最初设计互联网络时，为了便于寻址以及层次化构造网络，每个 IP 地址包括两个标识码（ID），即网络 ID 和主机 ID。同一个物理网络上的所有主机都使用同一个网络 ID，网络上的一个主机（包括网络上工作站，服务器和路由器等）有一个主机 ID 与其对应。Internet委员会定义了五种 IP 地址类型，用于不同容量的网络，即 A 类～E 类，如图 3-2 所示。

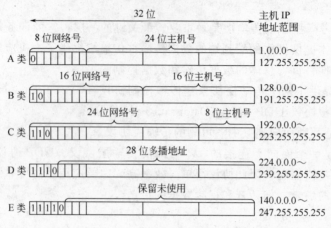

图 3-2　标准分类的 IP 地址

① A 类地址。A 类地址由 8 位网络号和 24 位主机号组成，网络地址的最高位必须是 0，即第一段数字范围为 1～127，地址范围范围为 1.0.0.1～126.255.255.255。每个 A 类地址理论上可连接 $2^{24}-2=16777214$ 台主机（主机号全 0 和全 1 用于特殊地址），Internet 有 126个可用的 A 类地址。A 类地址适用于有大量主机的大型网络，其中，127.0.0.0～127.255.255.255 是保留地址，用于循环测试；0.0.0.0～0.255.255.255 也是保留地址，用于表示所有的 IP 地址。

② B 类地址。B 类地址由 16 位网络号和 16 位主机号组成，网络地址的最高位必须是10，即第一段数字范围为 128～191。B 类地址的表示范围为 128.0.0.1～191.255.255.255，每个 B 类地址可连接 $2^{16}-2=65534$ 台主机，Internet 有 $2^{14}-1=16383$ 个 B 类地址（B 类地址 128.0.0.0 是不指派的）。B 类地址分配给一般的中型网络。

169.254.0.0～169.254.255.255 是保留地址。如果是自动获取的 IP 地址，而在网络上又没有找到可用的 DHCP 服务器，这时将会从 169.254.0.0～169.254.255.255 中临时获得一个 IP 地址。

③ C 类地址。一个 C 类地址是由 24 位网络号和 8 位主机号组成的，网络地址的最高位必须是"110"，即第一段数字范围为 192～223，C 类地址的表示范围为 192.0.0.1～223.255.255.255，每个 C 类地址可连接 $2^8=254$ 台主机，Internet 有 $2^{21}=2097152$ 个 C 类地址段，C 类地址可分配给小型网络。

④ D 类地址。D 类地址不分网络地址和主机地址，它的第 1 个字节的前四位固定为"1110"。D 类地址范围为 224.0.0.1～239.255.255.254 。D 类地址用于多点播送，称为广播地址，供特殊协议向选定的节点发送信息时用。

⑤ E 类地址。E 类地址保留给将来使用。

3.2.3.3　保留 IP 地址

RFC 1918 留出了 3 块 IP 地址空间（1 个 A 类地址段、16 个 B 类地址段、256 个 C 类地址段）作为私有的内部使用的地址。在这个范围内的 IP 地址不能被路由到 Internet 骨干网上，否则 Internet 路由器将丢弃该私有地址（A 类，10.0.0.0～10.255.255.255；B 类；

172.16.0.0～172.31.255.255；C类，192.168.0.0～192.168.255.255）)。

3.2.3.4　特殊的 IP 地址

（1）受限广播地址

网络号与主机号的 32 位全为 1 的地址为受限广播地址，也就是 255.255.255.255，用于 IP 数据报的目的地址。该地址用来将一个分组以广播方式发送给本网的所有主机，路由器不转发目的地址为受限的广播地址的数据报，这样的广播仅限于本地网段。

（2）直接广播地址

A 类、B 类与 C 类 IP 地址中，网络号是某一个值，主机号全 1 的地址为直接广播地址。只能作为分组中的目的地址，用来一个分组以广播方式发送给这个地址中网络号指定的特定网络上的所有主机。

（3）0.0.0.0

若 IP 地址全为 0，也就是 0.0.0.0，则这个 IP 地址在 IP 数据报中只能用作源 IP 地址，这发生在当设备启动时但又不知道自己的 IP 地址情况下，就可以引用设备所在的网络，网络号全 0 表示当前网络，在使用 DHCP 分配 IP 地址的网络环境中，这样的地址是很常见的，用户主机为了获得一个可用的 IP 地址，就给 DHCP 服务器发送 IP 分组，并用这样的地址作为源地址，目的地址为 255.255.255.255。

（4）网络号全为 0 的 IP 地址

IP 地址中，网络号全为 0，主机号为某一个值，为本网络上的某个特定的主机。当某个主机向同一网段上的其他主机发送报文时就可以使用这样的地址，分组也不会被路由器转发。

（5）环回地址

127 网段的所有地址都称为环回地址，主要用于网络软件测试以及本地机进程间通信，这些分组不会出现在网络上，直接在本地处理。

3.2.3.5　固定 IP 与动态 IP

固定 IP 地址是长期分配给一台计算机或网络设备使用的 IP 地址。对于一个设立了 Internet 服务的组织机构，由于其主机对外开放了诸如 www、FTP、E-mail 等访问服务，通常拥有固定的 IP 地址，以方便用户访问。

动态 IP 地址是通过 Modem、ISDN、ADSL、有线宽频、小区宽频等方式上网的计算机，每次上网所分配到的 IP 地址都不相同，这就是动态 IP 地址。

3.2.3.6　IPv6

（1）定义

IPv6（Internet Protocol Version 6）是 IETF（Internet Engineering Task Force 互联网工程任务组）设计的用于替代现行版本 IP 协议（IPv4）的下一代 IP 协议。目前 IP 协议的版本号是 4（简称为 IPv4），它的下一个版本就是 IPv6。

IPv6 是为了解决 IPv4 所存在的一些问题和不足而提出的，随着互联网的迅速发展，IPv4 定义的有限地址空间将被耗尽，而地址空间的不足必将妨碍互联网的进一步发展。为了扩大地址空间，拟通过 IPv6 以重新定义地址空间。IPv4 采用 32 位地址长度，只有大约 43 亿个地址，即将被分配完毕，而 IPv6 采用 128 位地址长度，几乎可以不受限制地提供地址。

（2）特点和优点

IPv6 与 IPv4 相比有以下特点和优点。

① 更大的地址空间。IPv4 中规定 IP 地址长度为 32 位，即有 $2^{32}-1$ 个地址；而 IPv6 中

IP 地址的长度为 128 位，即有 $2^{128}-1$ 个地址。夸张点说，如果 IPv6 被广泛应用，全世界的每一粒沙子都会有相对应的一个 IP 地址。

② 更小的路由表。IPv6 的地址分配一开始就遵循聚类（aggregation）的原则，这使得路由器能在路由表中用一条记录（entry）表示一片子网，大大减小了路由器中路由表的长度，提高了路由器转发数据包的速度。

③ 增强的组播（multicast）支持以及对流的支持（flow-control）。这使得网络上的多媒体应用有了长足发展的机会，为服务质量（QoS）控制提供了良好的网络平台。

④ 加入了对自动配置（auto-configuration）的支持。这是对 DHCP 协议的改进和扩展，使得网络（尤其是局域网）的管理更加方便和快捷。

⑤ 更高的安全性。在使用 IPv6 网络中，用户可以对网络层的数据进行加密并对 IP 报文进行校验，这极大地增强了网络安全。

（3）IPv6 编址

从 IPv4 到 IPv6 最显著的变化就是网络地址的长度。RFC 2373 和 RFC 2374 定义的 IPv6 地址有 128 位长。

IPv6 地址的表达形式一般采用 32 位十六进制数。IPv6 地址由两个部分组成：一个 64 位的网络前缀和一个 64 位的主机地址，主机地址通常根据物理地址自动生成，叫 EUI-64（或者 64-位扩展唯一标识）。

（4）IPv6 地址表示

① 冒号十六进制形式。IPv6 地址为 128 位长，按每 16 位划分为一个位段，每个位段转换为一个 4 位的十六进制数，并用冒号 ":" 隔开，共 8 组，称为冒号十六进制表示法，例如 2001：0db8：85a3：08d3：1319：8a2e：0370：7344

② 压缩形式。如果四个数字都是零，可以被省略，例如 2001：0db8：85a3：0000：1319：8a2e：0370：7344 等价于 2001：0db8：85a3：：1319：8a2e：0370：7344。遵从这个规则，如果因为省略而出现了两个以上的冒号的话，可以压缩为一个，但这种零压缩在地址中只能出现一次，例如 2001：：25de：：cade 是非法的（因为这样会搞不清楚每个压缩中有几个全零的分组），同时前导的零可以省略，因此 2001：0DB8：02de：：0e13 等价于 2001：DB8：2de：：e13。

③ 混合形式。如果这个地址实际上是 IPv4 的地址，后 32 位可以用 10 进制数表示，因此 ffff：192.168.89.9 等价于 ：：ffff：c0a8：5909，但不等价于 ：：192.168.89.9 和 ：：c0a8：5909。ffff：1.2.3.4 格式叫 IPv4 映像地址，是不建议使用的，而：：1.2.3.4 格式叫 IPv4 一致地址。IPv4 地址可以很容易的转化为 IPv6 格式。举例来说，如果 IPv4 的一个地址为 135.75.43.52（十六进制为 0x874B2B34），它可以被转化为 0000：0000：0000：0000：0000：0000：874B：2B34 或者：：874B：2B34。同时，还可以使用混合符号（IPv4-compatible address），则地址可以为：：135.75.43.52。

3.3 域名

3.3.1 域名的概念

IP 地址是 Internet 主机的作为路由寻址用的数字型标识，不容易记忆，因而产生了域名（domain name）这一种字符型标识。

域名是由一串用点分隔的名字组成的 Internet 上某一台计算机或计算机组的名称，用于在数据传输时标识计算机的电子方位（有时也指地理位置）。

企业、政府、非政府组织等机构或者个人在域名注册商上注册的名称，是互联网上企业或机构间相互联络的网络地址。

3.3.2　域名的名字空间

但随着 Internet 规模的扩大，网络上的主机数量也迅速增加。用非等级的名字空间来管理一个很大的而且是经常变化的名字集合是非常困难的。因此 Internet 后来就采用了层次树状结构的命名方法，其结构如图 3-3 所示。

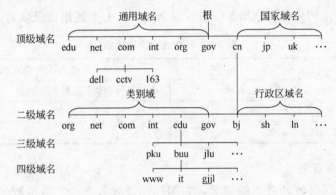

图 3-3　Internet 名称空间结构

Internet 名字空间的结构实际上是一个倒过来的树，树根在最上面而没有名字；树根下面一级的结点就是最高一级的顶级域结点，在顶级域结点下面的是二级域结点，最下面的叶结点就是单台计算机。采用这种命名方法，任何一个连接在 Internet 上的主机或路由器，都有一个唯一的层次结构的名字，即域名。这里，域（domain）是名字空间中一个可被管理的区域。域还可以继续划分为子域，如二级域、三级域等。

域名的结构由若干个分量组成，各分量之间用点隔开：

…. 三级域名 . 二级域名 . 顶级域名

各分量分别代表不同级别的域名。每一级的域名都由英文字母和数字组成（不超过 63 个字符，并且不区分大小写字母），级别最低的域名写在最左边，而级别最高的顶级域名则写在最右边。完整的域名不超过 255 个字符，域名系统既不规定一个域名需要包含多少个下级域名，也不规定每一级的域名代表什么意思。各级域名由其上一级的域名管理机构管理，而最高的顶级城名则由 Internet 的有关机构管理。用这种方法可使每一个名字都是唯一的，并且也容易设计出一种查找域名的机制。

3.3.2.1　顶级域名

顶级域名 TLD（Top Level Domain）有以下三类。

① 国家顶级域名（nTLD）。国家顶级域名的代码由 ISO3166 规定，比如 ".cn" 代表中国、".jp" 代表日本。我国在国际互联网络信息中心（Inter NIC）正式注册并运行的顶级域名是 ".cn"，这也是我国的一级域名。

② 国际顶级域名（iTLD），即 ".int"。国际联盟、国际组织可以在 .int 下注册，比如

世界知识产权组织的域名为 wipo. int。

③ 通用顶级域名（gTLD）。根据 1994 年 3 月公布的 RFC1591 规定，通用顶级域名是".com"（公司企业）、".net"（网络服务机构）、".org"（非盈利性组织）、".edu"（教育机构）、".gov"（政府部门）、".mil"（军事部门）。由于历史原因，IAHC 认为".edu"、".gov"、".mil"是特殊域名，作为美国专用，如表 3-1 所示。

表 3-1　通用顶级域名

com	公司企业	edu	教育机构
net	网络服务机构	gov	政府部门（美国专用）
org	非盈利性组织	mil	军事部门（美国专用）

由于 Internet 上用户的急剧增加，现在又新增加了七个通用顶级域名，如表 3-2 所示。

表 3-2　新增通用顶级域名

firm	公司企业	rec	突出消遣、娱乐活动的单位
shop	销售公司和企业（这个域名曾经是 store）	info	提供信息服务的单位
web	突出万维网活动的单位	nom	个人
arts	突出文化、娱乐活动的单位		

3.3.2.2　二级域名

二级域名是指顶级域名之下的域名，在国际顶级域名下，它是指域名注册人的网上名称，凡是在顶级域名 .com 下注册的单位都获得了一个二级域名，在国家顶级域名下，它是表示注册企业类别的符号。如图 3-3 所示列举了一些域名作为例子，如 dell（戴尔）、cctv（中央电视台）、163（网易）。

在国家顶级域名下注册的二级域名均由该国家自行确定，例如，荷兰就不再设二级域名，其所有机构均注册在顶级域名 nl 之下；又如顶级域名为".jp"的日本，将其教育和企业机构的二级域名定为 ac 和 co（而不用 edu 和 com）。

我国则将二级域名划分为类别域名和行政区域名两大类。其中，类别域名有六个，分别为 ac 表示科研机构；com 表示工、商、金融等企业；edu 表示教育机构；gov 表示政府部门；net 表示互联网络、接入网络的信息中心（NIC）和运行中心（NOC）；org 表示各种非盈利性的组织。行政区域名有 34 个，适用于我国的各省、自治区、直辖市，例如 bj 为北京市，sh 为上海市，jl 为吉林省等。在我国，在二级域名 edu 下申请注册三级域名则由中国教育和科研计算机网网络中心负责。二级域名 edu 以外的其他二级域名下申请注册三级域名的，则应向中国互联网络信息中心 CNNIC 申请。

3.3.2.3　三级域名

三级域名用字母（A～Z、a～z）、数字 0～9 和连接符（-）组成，各级域名之间用实点（.）连接，三级域名的长度不能超过 20 个字符。如无特殊原因，建议采用申请人的英文名（或者缩写）或者汉语拼音名（或者缩写）作为三级域名，以保持域名的清晰性和简洁性。

在某一个二级域名下注册的单位可以获得一个三级域名。如图 3-3 所示，在 edu 下面的三级域名有：北京大学（pku）、北京联合大学（buu）、吉林大学（jlu）等。

一旦某个单位拥有了一个域名，就可以决定是否要进一步划分其下属的子域，并且不必将这些子域的划分情况报告上级机构。

3.3.2.4　主机或资源名称

域名树的树叶就是单台计算机的名字，不能再继续往下划分子域了。

3.3.3　域名命名的一般规则

由于 Internet 上的各级域名是分别由不同机构管理的，所以各个机构管理域名的方式和域名命名的规则也有所不同。但域名的命名也有一些共同的规则，主要有以下三点。

3.3.3.1　域名中只能包含的字符

域名中只能包含以下字符。

① 26 个英文字母。

② 0～9 十个数字。

③ -（英文中的连词号）。

3.3.3.2　域名中字符的组合规则

① 在域名中，不区分英文字母的大小写。

② 对于一个域名的长度是有一定限制的。

3.3.3.3　cn 下域名命名的规则

（1）cn 下域名命名的规则

cn 域名在"."之前最长可以注册 63 个英文字母，命名可使用的字符包括：字母（A～Z，a～z，大小写等价）、数字（0～9）、连接符（-），不区分大小写。

（2）可以注册的域名

① 在 .cn 下直接注册域名，如：cnnic.cn。注册二级域名的优点是简短、更易于记忆并且能够突出体现中国概念。

② 在 .com.cn 或 .net.cn 等二级域下注册域名。

③ 三级域名可分为两类：类别域名和行政区划域名，如：buu.edu.cn。类别域名是依照申请机构的性质划分出来的域名，具体如表 3-3 所示。

表 3-3　.cn 下类别域名

ac	科研机构
com	工、商、金融等企业
edu	教育机构
gov	政府部门
net	互联网络、接入网络的信息中心（NIC）和运行中心（NOC）
org	各种非盈利性的组织
mil	军事单位

可以按照要注册机构性质选择适合单位使用的三级域名。

行政区划域名是按照中国的各个行政区划划分而成的，其划分标准依照原国家技术监督局发布的国家标准而定，包括行政区域名 34 个，适用于我国的各省、自治区、直辖市，例如北京的机构可以选择如 buu.bj.cn 的域名。

（3）注册和使用的域名

注册和使用的域名不得含有下列内容。

① 反对宪法所确定的基本原则的。

② 危害国家安全，泄露国家秘密，颠覆国家政权，破坏国家统一的。

③ 损害国家荣誉和利益的。

④ 煽动民族仇恨、民族歧视，破坏民族团结的。

⑤ 破坏国家宗教政策，宣扬邪教和封建迷信的。

⑥ 散布谣言，扰乱社会秩序，破坏社会稳定的。

⑦ 散布淫秽、色情、赌博、暴力、凶杀、恐怖或者教唆犯罪的。

⑧ 侮辱或者诽谤他人、侵害他人合法权益的。

⑨ 含有法律、行政法规禁止的其他内容的。

3.3.4 域名价值

3.3.4.1 域名的商业价值

域名是 Internet 上最基础的东西，也是一个稀有的全球性资源。域名具有重要的价值，是由其基本属性决定的。域名的商业价值表现如下。

首先，域名是一种有限的资源。在同一等级水平内的域名必须是唯一的，而顶级域名也是有限的，所以域名资源稀缺。稀缺的东西就有商业价值，所以域名本身就具有商业价值。

其次，域名具有专属性和唯一性。注册域名需要遵循先申请先注册的原则，管理机构对申请人提出的域名是否违反了第三方的权利不进行任何实质审查。同时，每一个域名的注册都是独一无二的、不可重复的。这一点和商标的规定是不同的，不同的行业、不同的企业可拥有相同的商标，而域名则具有专属性和唯一性，一个域名不能同时为两家企业所共有。

域名的商业价值还体现在其品牌价值上。好的域名在做品牌宣传时，将起到事半功倍的作用。好的域名可以让消费者深刻难忘，并可马上联想到这个公司，以及公司早已树立的形象。

3.3.4.2 域名价值评估

域名的价值是一个很抽象的概念，为了正确评估客户的域名价值，可以借鉴国际上的做法，并结合中国的国情提出以下评估模式。域名的价值可以由以下三个方面来评估。

（1）域名的长度

域名长度（不包括后缀名）的重要性是不容置疑的，短的域名不仅易记，而且输入方便，不易出错。根据域名的长度将域名分为以下五级。

① A 级，域名长度小于 5，如 ibm 等。

② B 级，域名长度在 6～10 之间，如 amazon 等。

③ C 级，域名长度在 11～15 之间，如 521school。

④ D 级，域名长度在 16～20 之间。

⑤ E 级，域名长度在 20 以上。

（2）域名的含义

域名的含义也是好域名价值的要素之一，如以一些常用的英文单词或中文拼音缩写来命名的域名比较有价值，据此可将其分为以下五个级别。

① A 级，以一些常用的有意义、简单的英文单词为域名，如 bank。

② B 级，以一些简短、明了的中文拼音或一些不常用但有意义的英文单词为域名，如

kaixin（开心网）、renren（人人网）、amazon（亚马逊网）等。

③ C 级，由两个词合成的域名，如 supermarket 等。

④ D 级，由三个词以上构成的域名，如 youcanmakeit 等。

⑤ E 级，无明显含义的域名，如 wtwewfddg。

（3）域名的后缀

对于商业应用来说，.com 域名无疑是最好的。而 .net 及 .org 域名就差得多了。依此可以分为以下四类。

① A 级，.com。

② C 级，.net。

③ D 级，.org 及其他顶级域名。

④ E 级，二级域名（如 .com.cn 允许转让的话）。

3.3.5　域名注册

3.3.5.1　域名管理机构

Internet 的域名管理机构经过了多次变化。最初由 Internet 网络信息中心 INTERNIC 负责。后来改成由 Internet 国际特别委员会 IAHC（Internet International Ad Hoc Committee）负责。但是 IAHC 于 1997 年 5 月 1 日解散，现由新成立的 gTLD-MoU 负责。gTLD-MoU（generic Top Level Domain Memorandum of Understanding）可译为通用顶级域名协定备忘录。参加 gTLD-MoU 活动的，除 Internet 的有关单位外，还有 IANA、ISOC（Internet SOCiety）、IAB（Internet Architecture Board）等，还有国际商标协会 ITA，世界知识产权组织 WIPO、国际电信联盟 ITU 等。

国际域名由美国商业部授权的 Internet 名称与数字地址分配机构（The Internet Corporation for Assigned Names and Numbers，ICANN）负责注册和管理，网址为 http://www.icann.org；而国内域名则由中国互联网络管理中心（China Internet Network Information Center，CNNIC）负责注册和管理，网址为 http://www.cnnic.net.cn。

3.3.5.2　域名注册策略

域名是企业在因特网上的名称，一个富有寓意、易读易记、具有较高知名度的域名无疑是企业的一项重要的无形资产。域名被视为企业的网上商标，是企业在网络世界上进行商业活动的前提与基础。所以，域名的命名、设计与选择必须审慎，注册一个好的域名是一个企业成功迈向 Internet 的第一步。在注册域名的时候需要考虑以下五个方面的问题。

（1）顶级域名的选择

顶级域分为国家顶级域名和通用顶级域名，企业在注册的时候，可以根据公司所在的地理位置和所从事的业务类型以及目标用户的居住地，来选择相应的顶级域名。如果企业的业务大部分都是跨国界的，就应该考虑注册国际域名，或者同时注册国际域名和国内域名，这样就可以保证国内、国外用户能较容易地通过因特网获得企业及其产品的信息。

（2）处理好域名与企业名称、品牌名称及产品名称的关系

从塑造企业网上与网下统一的形象和网站的推广角度来说，域名可以采用企业名称、品牌名称或产品名称的中英文字母，这些既有利于用户在网上、网下不同的营销环境中准确识别企业及其产品与服务，也有利于网上营销与网下营销的整合，使网下宣传与网上推广相互促进，目前大多数企业都采用这种方法。

（3）域名要简单、易读、易记、易用

域名不仅要易读、易记、容易识别，还应当简短、精练，便于使用。这是因为用户上网通常是通过在浏览器地址栏内输入域名来实现的，所以，域名作为企业在因特网上的地址，应该便于用户直接与企业站点进行信息交换，简单精练、易记易用的域名更便于顾客选择和访问企业的网站。如果域名过于复杂，很容易造成拼写错误，无形中增加了用户访问企业的难度，会降低用户使用域名访问企业网站的积极性与可能性。

（4）设计申请多个域名

对于知名企业或网站来说，往往需要注册更多的域名来作为保护。第一，为了避免其他网站的混淆，导致用户的错误识别，影响企业的整体形象，企业最好同时申请多个相近似的域名，以避免自己形象受损。第二，如果一个公司可以拥有多个商标名称，公司名也可能与商标名不一致，因此，除了以公司名申请域名外，还应该为每个商标名申请一个域名，第三，为拓展业务注册域名，在注册 .com 域名的同时，最好注册一个同样名称的 .net 域名，既可以为了将来业务的拓展，也可以避免其他公司注册该域名而引起混乱。第四，保持国际域名和国内域名的统一，假定一个公司叫 abc，那么至少应该注册 abc.com 和 abc.com.cn 两个域名，另外可以保护性地注册 abc.net 以及由汉语拼音组成的国际和国内域名。

（5）域名要具有国际性

由于因特网的开放性和国际性，用户可能遍布全世界，只要能上网的地方，就可能会有人浏览到企业的网站，就可能有人对企业的产品产生兴趣，进而成为企业潜在的用户。所以，域名的选择必须能使国内外大多数用户容易识别、记忆和接受。目前，因特网上的标准语言是英语，所以命名最好用英语，而网站内容则最好能用中英文两种语言。

3.3.5.3 域名争议的解决

任何机构或个人认为他人已注册的域名与该机构或个人的合法权益发生冲突的，均可以向争议解决机构提出投诉。可以与 CNNIC 认证的域名争议解决机构联系争议事宜，目前的争议解决机构有两家：中国国际经济贸易仲裁委员会域名争议解决中心和香港国际仲裁中心。

3.3.5.4 域名注册完成后的事项

① 按时续费。域名持有者需要向注册服务机构交纳域名运行管理费用，每年域名到期日同申请日、域名到期后的 45 日为自动续费期，如果域名持有者在上述期限内书面表示不续费，域名注册服务机构有权注销该域名；如果域名持有者在上述期限内未书面表示不续费，也未续费，域名注册服务机构有权在上述期限届满之日注销该域名。

② 如果注册信息发生变化，应当及时通知域名注册服务机构加以变更。

③ 注意保存注册服务机构提供的用于更改信息的密码和用于转移注册服务机构的密码。

3.4 Internet 的应用

Internet 的出现给人类生活带来了巨大变化，它拥有一个庞大的、实用的、可享受的信息源，世界各地的用户可以利用 Internet 进行信息交流、通信和资源共享，这些都是通过 Internet 提供的基本服务来实现。常用的 Internet 服务包括 www、E-mail、FTP、Telnet、博客和即时通信等。

3.4.1 WWW

3.4.1.1 什么是 WWW

WWW 是 World Wide Web（环球信息网）的缩写，也可以简称为 Web，中文名字为万维网，它起源于 1989 年 3 月，由欧洲粒子物理实验室 CERN（the European Laboratory for Particle Physics）所发展出来的分布式超媒体系统，其目的是为全球范围的科学家利用 Internet 进行方便地通信、信息交流和信息查询。通过万维网，人们只要通过使用简单的操作就可以很迅速、方便地取得丰富的信息资料。

WWW 系统的结构采用了客户/服务器模式。WWW 是以超文本标记语言 HTML（Hyper Markup Language）与超文本传输协议 HTTP（Hyper Text Transfer Protocol）为基础，能够提供面向 Internet 服务的、一致的用户界面的信息浏览系统。

信息资源以 Web 页的形式存储在 WWW 服务器中，用户通过 WWW 客户端浏览器程序浏览图、文、声并茂的 Web 页内容。通过 Web 页中的链接，用户可以方便地访问位于其他 WWW 服务器中的 Web 页，或是其他类型的网络信息资源。用户可以在 Internet 范围内的任意网站之间查询、检索、浏览及发布信息，并实现对各种信息资源透明地访问。

WWW 客户程序在 Internet 上被称为 WWW 浏览器（Browser），它是用来浏览 Internet 上 WWW 主页的软件。WWW 浏览器提供界面友好的信息查询接口，用户只需提出查询要求，至于到什么地方查询、如何查询，则由 WWW 自动完成。

WWW 的核心部分是由统一资源标识符（URI）、超文本传送协议（HTTP）和超文本标记语言（HTML）三个标准构成的。

3.4.1.2 统一资源定位器 URL

信息资源存储在世界各地的 WWW 服务器上，每个服务器又有很多页面。用户就是通过 URL 找到自己所需要的资源的。

统一资源定位符（Uniform Resource Locator，URL）也被称为网页地址，是因特网上标准的资源的地址。最初是由蒂姆·伯纳斯·李发明，用来作为万维网的地址。现在它已经被万维网联盟编制为因特网标准 RFC1738 了。

统一资源定位符 URL 是对可以从因特网上得到的资源的位置和访问方法的一种简洁的表示。URL 给资源的位置提供一种抽象的识别方法，并用这种方法给资源定位。只在资源能够定位，系统就可以对资源进行各种操作，如存取、更新、替换和查找其属性。这里的资源是指 Internet 上可以被访问的任何对象，包括文件、文档、图像、声音等以及与 Internet 相连的任何形式的数据。

URL 由三部分组成：协议类型、主机名和路径及文件名。

URL 的一般格式为（带方括号 [] 的为可选项）

protocol:// hostname[:port] / path / [;parameters][? query]#fragment

协议类型指定使用的传输协议，通过 URL 可以指定的主要有以下七种。

① file 资源是本地计算机上的文件，格式 file://。

② ftp 通过 FTP 访问资源，格式为 FTP://。

③ gopher 通过 Gopher 协议访问该资源。

④ http 通过 HTTP 访问该资源，格式为 HTTP://。

⑤ https 通过安全的 HTTPS 访问该资源，格式为 HTTPS：//。

⑥ mailto 资源为电子邮件地址，通过 SMTP 访问，格式为 mailto：。

⑦ MMS 通过 支持 MMS（流媒体）协议的播放该资源。（代表软件为 Windows Media Player），格式为 MMS：//。

a. 主机名。hostname（主机名）是指存放资源的服务器的域名系统（DNS）主机名或 IP 地址。有时，在主机名前也可以包含连接到服务器所需的用户名和密码（格式为 username：password）。

b. 端口号。port（端口号）为整数，可选，如果使用默认端口可省略时。各种传输协议都有默认的端口号，如 http 的默认端口为 80，如果输入时省略，则使用默认端口号。有时候出于安全或其他考虑，可以在服务器上对端口进行重定义，即采用非标准端口号，此时，URL 中就不能省略端口号这一项。

c. 路径及文件名。path（路径）由零或多个"/"符号隔开的字符串，一般用来表示主机上的一个目录或文件地址。

d. 参数。parameters（参数）：这是用于指定特殊参数的可选项。

e. 查询。query（查询）为可选，用于给动态网页（如使用 CGI、ISAPI、PHP/JSP/ASP/ASP. NET 等技术制作的网页）传递参数，可有多个参数，用"&"符号隔开，每个参数的名和值用"="符号隔开。

f. fragment。fragment 即信息片断，字符串，用于指定网络资源中的片断，例如一个网页中有多个名词解释，可使用 fragment 直接定位到某一名词解释。

典型的统一资源定位符看上去是这样的

　　　http://zh. wikipedia. org：80/wiki/Special：Search？search＝铁路 &go＝Go

其中，"http"是协议；"zh. wikipedia. org"是主机名；"80"是服务器上的网络端口号；"/wiki/Special：Search"是路径；"？search＝铁路 &go＝Go"是查询。

大多数网页浏览器不要求用户输入网页中"http://"的部分，因为绝大多数网页内容是超文本传输协议文件。同样，"80"是超文本传输协议文件的常用端口号，因此一般也不必写明。一般来说用户只要键入统一资源定位符的一部分（zh. wikipedia. org/wiki/铁路）就可以了。

3.4.1.3 超文本传送协议 (HTTP)

HTTP 协议（Hypertext Transfer Protocol，超文本传输协议）是用于从 www 服务器传输超文本到本地浏览器的传送协议。

HTTP 定义 Web 客户如何从 Web 服务器请求 Web 页面，以及服务器如何把 Web 页面传送给客户。HTTP 协议是基于请求/响应模式的。一个客户机与服务器建立连接后，发送一个请求给服务器，请求方式的格式为：统一资源标识符（URL）、协议版本号，后边是 MIME 信息（包括请求修饰符、客户机信息和可能的内容）。服务器接到请求后，给予相应的响应信息，其格式为一个状态行，包括信息的协议版本号、一个成功或错误的代码，后边是 MIME 信息包括服务器信息、实体信息和可能的内容。

3.4.1.4 超文本标记语言

HTML 是 www 的描述语言，由蒂姆·伯纳斯·李提出。HTML 是 www 上用于创建超文本链接的基本语言，可以定义 www 主页格式化的文本、色彩、图像与超文本链接；HTML 文档可以将声音、图像、视频等多媒体信息集成在一起。

HTML 文本是由 HTML 命令组成的描述性文本，HTML 命令可以说明文字、图形、动画、声音、表格、链接等。HTML 的结构包括头部（head）、主体（body）两大部分。头部描述浏览器所需的信息，主体包含所要说明的具体内容。

3.4.1.5　主页

主页（home page）是一种特殊的 Web 页面，是指包含个人或机构基本信息的页面，用于对个人或机构进行综合性介绍，是访问个人或机构详细信息的入口点。它包含了到同一 Web 站点上其他网页和其他站点的链接。一般首先打开的主页为 index. html 或 default. htm。

3.4.1.6　浏览器

www 浏览器是用来浏览 Internet 上主页的客户软件 ；用户只需 www 浏览器中给出要访问的网页 URL，www 浏览器会自动链接到该 URL 的 www 服务器，取回用户所需网页，在浏览器中显示其内容。

3.4.2　电子邮件

3.4.2.1　什么是电子邮件

电子邮件（E-mail）是 Internet 最基本、最重要的服务之一。它是利用电子手段提供信息交换的通信方式。E-mail 提供了一种简捷、快速的方法，通过 Internet 实现了文本、图形、声像等各种信息的传递、接收、存储等处理。知道了电子邮件的地址，即可与世界各地进行网络通信。

3.4.2.2　电子邮件地址

每一个申请 Internet 账号的用户都会有一个电子邮件地址。它是一个类似于用户家门牌号码的邮箱地址，或者更准确地说，相当于在邮局租用了一个邮箱。每个邮箱对应一个用户，该用户是电子邮件域的成员，用户的邮箱对应邮件存储区的一个目录，该目录用于在用户检索电子邮件之前存储这些电子邮件。

电子邮件地址的典型格式是：用户名@邮件服务器，用户名就是主机上使用的登录名。而@后面的是邮局方服务计算机的标识（域名），是由邮局方给定的，如 someone@example. com 即为一个邮件地址。

3.4.2.3　电子邮件系统的组成

POP3 电子邮件系统由三个组件组成：电子邮件客户端、电子邮件服务器、电子邮件使用的协议。

（1）POP3 电子邮件客户端

POP3 电子邮件客户端是用于读取、撰写以及管理电子邮件的软件。POP3 电子邮件客户端从邮件服务器检索电子邮件，并将其传送到用户的本地计算机上，然后由用户进行管理，例如 Microsoft Outlook Express 就是一种支持 POP3 协议的电子邮件客户端。

（2）协议

协议是为通过网络发送信息而制定的一组规则和约定。POP3 电子邮件系统使用 POP3 协议和 SMTP 协议。

① POP3 协议。邮局协议 3（POP3）是检索电子邮件的标准协议。POP3 协议控制 POP3 电子邮件客户端和存储电子邮件的服务器之间的连接。

② 简单邮件传输协议（SMTP）。控制电子邮件通过 Internet 传送到目标服务器的方式。SMTP 在服务器之间接收和发送电子邮件。

（3）邮件服务器

邮件服务器是安装 POP3 服务和 SMTP 服务的计算机。用户可以连接到邮件服务器来发送和检索电子邮件。

3.4.2.4 电子邮件系统的工作过程

电子邮件基于客户机/服务器模式。发件人使用电子邮件客户端创建和发送电子邮件，电子邮件客户端使用简单邮件传输协议 SMTP 把邮件发到发送者的 SMTP 邮件服务器，发送者的 SMTP 邮件服务器根据电子邮件收件人地址使用 SMTP 协议把邮件发送到接收者邮件服务器，放入收件人的邮箱（邮件存储区）。

收件人的电子邮件客户端使用 POP3 协议连接到运行 POP3 服务的邮件服务器来检查电子邮件。运行 POP3 服务的邮件服务器根据用户和密码身份验证凭据进行验证，如果连接成功，收件人所有的电子邮件（存储在邮件存储区），将从邮件服务器下载到该用户的本地计算机上。

3.4.3 文件传输协议 FTP

3.4.3.1 文件传输协议

FTP（File Transfer Protocol）是文件传输协议的简称，是 Internet 传统的服务之一。FTP 使用户能在两个联网的计算机之间传输文件，它是 Internet 传递文件最主要的方法。

通过 FTP 协议，可以进行文件的上传（upload）或下载（download）等操作。下载文件是从远程主机拷贝文件至自己的计算机上；上载文件就是将文件从自己的计算机中拷贝至远程主机上。

FTP 采用客户机/服务器方式，用户通过一个客户机程序连接至在远程计算机上运行的服务器程序。依照 FTP 协议提供服务，进行文件传送的计算机就是 FTP 服务器，而连接FTP 服务器、遵循 FTP 协议与服务器传送文件的电脑就是 FTP 客户端。

3.4.3.2 匿名 FTP

要连上 FTP 服务器（即登录），必须要有该 FTP 服务器的账号。如果是该服务器主机的注册客户，将会有一个 FTP 登录账号和密码，凭这个账号、密码就连上该服务器。

Internet 上有很大一部分 FTP 服务器被称为匿名（Anonymous）FTP 服务器，用户使用特殊的用户名 anonymous 和 guest 就可有限制地访问远程主机上公开的文件，现在许多系统要求用户将 E-mail 地址作为口令。这类服务器的作用是向公众提供文件下载服务，因此，不要求用户事先在该服务器进行登记注册。

3.4.3.3 FTP 客户端程序

常用的 FTP 客户端程序通常有三种类型：传统的 FTP 命令行、浏览器方式与 FTP 下载工具。

（1）传统的 FTP 命令行

传统的 FTP 命令行是最早的 FTP 客户端程序，运行 ftp. exe。

单击开始、运行，在运行文本框中输入 cmd，然后单击确定，打开命令提示符窗口。

在提示符下输入 ftp 域名或 IP 地址，例如：ftp ftp. pku. edu. cn，然后按 Enter，连接到北京大学 FTP 服务器，使用 FTP 命令进行操作，如图 3-4 所示。

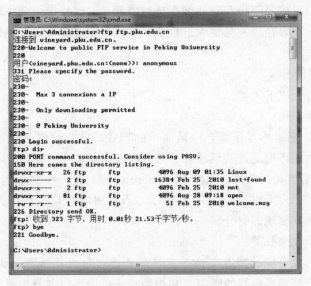

图 3-4　FTP 命令窗口

（2）浏览器方式

浏览器方式只要在浏览器的地址栏中输入相应的 FTP 服务 URL 即可，例如 ftp：//
ftp. pku. edu. cn，如图 3-5 所示。

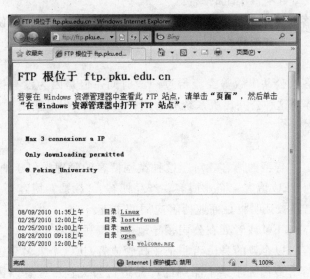

图 3-5　北京大学 FTP 服务器

（3）FTP 下载工具

也可使用 FTP 下载工具，如 CuteFTP 等。

3.4.4　博客

3.4.4.1　博客

博客（weblog）按字面解释就是网志或网络日记，weblog 的缩写为 blog 是私人性和公
共性的有效结合，它绝不仅仅是纯粹个人思想的表达和日常琐事的记录，它所提供的内容可
以用来进行交流和为他人提供帮助，是可以包容整个互联网的，具有极高的共享精神和价

值。博客的内容一般是按照年份和日期倒序排列的就是以网络作为载体，简易迅速便捷地发布自己的心得，及时有效轻松地与他人进行交流，再集丰富多彩的个性化展示于一体的综合性平台。

3.4.4.2 博客的分类

博客主要可以分为以下大类。

（1）按功能分类

① 基本的博客。基本博客是博客中最简单的形式。单个的作者对于特定的话题提供相关的资源，发表简短的评论。这些话题几乎可以涉及人类的所有领域。

② 微博，即微型博客、微博、微博客（microblog），是一个基于用户关系的信息分享、传播以及获取平台，用户可以通过 Web、Wap 以及各种客户端组件个人社区，以 140 字左右的文字更新信息，并实现即时分享。

（2）以个人和企业来分类

按照博客主人的知名度、博客文章受欢迎的程度，可以将博客分为名人博客、一般博客、热门博客等。按照博客内容的来源、知识版权还可以将博客分为原创博客、非商业用途的转载性质的博客以及两者兼而有之的博客。

① 个人博客。

a. 亲朋之间的博客（家庭博客）。这种类型博客的成员主要由亲属或朋友构成，是一种生活圈、一个家庭或一群项目小组的成员。

b. 协作式的博客。与小组博客相似，其主要目的是通过共同讨论使得参与者在某些方法或问题上达成一致，通常把协作式的博客定义为允许任何人参与、发表言论、讨论问题的博客日志。

c. 公共社区博客。公共出版曾经流行过一段时间，但是因为没有持久有效的商业模型而销声匿迹了。博客与这种公共出版系统有着同样的目标，但是使用更方便，所花的费用更少，所以也更容易生存。

② 企业博客。

a. 商业、企业、广告型的博客。对于这种类型博客的管理类似于通常网站的 Web 广告管理。商业博客分为 CEO 博客、企业博客、产品博客、"领袖"博客等。以公关和营销传播为核心的博客应用已经被证明将是商业博客应用的主流。

b. CEO 博客。由 CEO 或者处在公司领导地位者撰写的博客。

c. 企业高管博客。以企业的身份而非企业高管或者 CEO 个人名义进行博客写作。

d. 企业产品博客。专门为了某个品牌的产品进行公关宣传或者以为客户服务为目的所推出的博客。

e. "领袖"博客。除了企业自身建立博客进行公关传播，一些企业也注意到了博客群体作为意见领袖的特点，尝试通过博客进行品牌渗透和再传播。

f. 知识库博客，或者 K-LOG。基于博客的知识管理将越来越广泛，使得企业可以有效控制和管理那些原来只是由部分工作人员拥有的、保存在文件档案或者个人电脑中的信息资料。知识库博客提供给了新闻机构、教育单位、商业企业和个人一种重要的内部管理工具。

（3）按博客存在的方式分类。

① 托管博客。无需注册域名、租用空间和编制网页，只要免费注册申请即可拥有自己

的博客空间，是最"多快好省"的方式。

② 自建独立网站的博客。有自己的域名、空间和页面风格，需要一定的条件，例如需要会网页制作、懂得网络知识，当然，自己域名的博客更自由，有最大限度的管理权限。

③ 附属博客。将自己的博客作为某一个网站的一部分，如一个栏目、一个频道或者一个地址。

这三类之间可以演变，甚至可以兼得，一人拥有多种博客网站。

3.4.4.3 博客的作用

（1）对于个人

博客对每个人的作用都不一样，博客作为 WEB2.0 重要的产物，给网络个人带来了很多便利。就普遍来说，博客有以下的作用。

① 网络日志。这是博客最初的最基本的功能，就是发表个人网络日志。

② 个人文集。可以作为自己的个人文集，把自己的写的文章按照一定的时间顺序、目录或者标签发表到自己的博客上。

③ 个性展示。博客是完全以个人为中心的，每个人的博客都是不同的，从每个人的博客中可以看出一个人个性。

④ 结交博友。通过博客、文章，可以结交到很多志同道合的博友。

⑤ 提高个人影响力。博客是一个很好的自我展示和交流的平台，通过这个平台，可以结交很多的博友，并在博友之间提高自己的影响力。

（2）对于企业

① 展示企业风采。

② 更详细地展示最新产品和功能。

③ 发布公司动态。

④ 和客户交流的平台。

⑤ 公司对外发布信息的平台，如通知、招聘等。

3.4.4.4 博客经营诀窍

（1）时常更新

时常更新不仅对博客有利，也是成功的必备条件。如果没有做到每天至少更新一次，就没有充分利用博客的潜力。时常更新不仅是因为读者喜欢新鲜的内容，还因为可以增加搜索引擎的偏好度。搜索引擎喜欢新的内容，网站越常更新，搜索引擎便越常造访，如此可以让的博客经常被列入搜索的结果中。不断更新，一旦让搜索引擎信赖，便能提高博客搜索结果中的排名。

（2）积极回应评论

在每篇文章的下面提供评论框，可以鼓励读者评论的文章。要通过电子邮件或在自己的评论框回应读者评论，以进一步讨论，让访问者意识到其意见得到了重视。

（3）多和其他博主交流，多留言，参与讨论

建立利益同盟（community of interest）是企业或个人成功经营博客的关键。对大部分企业而言，这个同盟中混杂着现有的博客写手、新资源以及业界有影响力的人士，以及员工、合作伙伴、供货商及顾客等。对个人而言，利益同盟中是朋友和与有相同兴趣爱好的人，是感兴趣的同盟加上对方感兴趣的同盟。在利益同盟中留言可以让博客写手及其读者了解他们可能会对哪些博客感兴趣。最常发现新博客的一种方式就是通过共同的链接，如果可

以参与其间，便能获得更多的流量，就能与其他博客写手及其读者建立关系。

（4）向搜索引擎和网址站提交的博客网站

① 向搜索引擎提交。搜索引擎，如 Google 等都喜欢博客，但是，不是所有的搜索引擎都容易发现的博客。所以，还要人工呈递来补充。

② 向博客搜索引擎提交。随着博客的兴起，各大搜索引擎纷纷推出了博客搜索功能。如果的博客能被抓取到各大搜索引擎博客搜索的索引库中的话，那将会给的博客带来更多的访问量。

③ 向博客目录网站提交。

3.4.5 即时通信

3.4.5.1 即时通信的概念

即时通信（IM）是指能够即时发送和接收互联网消息等的业务。自 1998 年面世以来，特别是近几年的迅速发展，即时通信的功能日益丰富，逐渐集成了电子邮件、博客、音乐、电视、游戏和搜索等多种功能。即时通信已不再是一个单纯的聊天工具，它已经发展成集交流、资讯、娱乐、搜索、电子商务、办公协作和企业客户服务等为一体的综合化信息平台。即时通信起源自 ICQ。

3.4.5.2 即时通信的应用

（1）个人即时通信

主要是以个人（自然）用户使用为主，开放式的会员资料，非盈利目的，方便聊天、交友、娱乐，如 QQ、雅虎通、网易 POPO、新浪 UC、百度 HI、盛大圈圈、移动飞信等。

（2）商务即时通信

商务即时通信的主要是实现了寻找客户资源或便于商务联系，以低成本实现商务交流或工作交流。此类以中小企业、个人实现买卖为主，外企方便跨地域工作交流为主。

（3）企业即时通信

企业即时通信，一种是以企业内部办公为主，建立员工交流平台；另一种是以即时通信为基础，整合系统边缘功能，由于企业对信息类软件的需求还在探索与尝试阶段，所以会导致很多系统不能互通，这也成了即时通信软件的一个使命。

（4）行业即时通信

主要局限于某些行业或领域使用的即时通信软件，不被大众所知，如盛大圈圈、奥博即时通信，螺丝通等。也包括行业网站所推出的即时通信软件，如化工网或类似网站推出的即时通信软件。

（5）网页即时通信

在社区、论坛和普通网页中加入即时聊天功能，用户进入网站后可以通过右下角的聊天窗口跟同时访问网站的用户进行即时交流，从而提高了网站用户的活跃度、访问时间、用户黏度。把即时通信功能整合到网站上是未来的一种趋势，这是一个新兴的产业，已逐渐引起各方关注。

（6）泛即时通信

一些软件带有即时通信软件的基本功能，但以其他使用为主，如视频会议。

3.4.5.3 常用即时通信软件

根据推出的网民连续用户行为研究系统 iUserTracker 最新数据显示，2010 年 1 月，即时通信软件总日均覆盖人数 1.6 亿人，环比下降 2.6%。主流即时通信软件 2010 年 1 月日均覆盖人数如表 3-4 所示。

表 3-4　2010 年 1 月即时通信软件日均覆盖人数排名

排名	即时通信工具	日均覆盖人数/万人	日均网民到达率/%
1	QQ	14449	76.1
2	飞信	2091	11.0
3	阿里旺旺	1972	10.4
4	MSN	1749	9.2
5	……	……	……

（1）ICQ

IM 软件领域的缔造者。1996 年 7 月成立的 Mirabilis 公司于同年 11 月推出了全世界第一款即时通信软件 ICQ（目前 ICQ 已经归 AOL 旗下所有），取意为我在找你，即 I Seek You，简称 ICQ。

ICQ 是世界上最流行的聊天工具、网上寻呼机。它是一个新的、用户友好的通信程序，它支持在 Internet 上聊天、发送消息和文件等。

（2）QQ

QQ 是深圳市腾讯计算机系统有限公司开发的一款基于 Internet 的即时通信（IM）软件。

腾讯 QQ 支持在线聊天、视频电话、点对点断点续传文件、共享文件、网络硬盘、自定义面板、QQ 邮箱等多种功能。并可与移动通信终端等多种通信方式相连。1999 年 2 月，腾讯正式推出第一个即时通信软件——腾讯 QQ（简称 QQ），QQ 在线用户由 1999 年的 2 人到现在已经发展到上亿用户了，在线人数超过一亿，是目前使用最广泛的聊天软件之一。

（3）飞信

飞信是中国移动推出的综合通信服务，即融合语音（IVR）、GPRS、短信等多种通信方式，覆盖三种不同形态（完全实时、准实时和非实时）的客户通信需求，实现互联网和移动网间的无缝通信服务。

飞信不但可以免费从 PC 给手机发短信，而且不受任何限制，能够随时随地与好友开始语聊，并享受超低语聊资费。

飞信实现无缝链接的多端信息接收，MP3、图片和普通 Office 文件都能随时随地任意传输，随时随地与好友保持畅快、有效的沟通，工作效率高。

（4）阿里旺旺

阿里旺旺是将原先的淘宝旺旺与阿里巴巴贸易通整合在一起的新品牌，是淘宝网和阿里巴巴为商人量身定做的免费网上商务沟通软件。它能使用者轻松找客户；发布、管理商业信息；及时把握商机，随时洽谈做生意。用户可以通过阿里旺旺寻找自己感兴趣的人、交朋友、谈买卖，及时又方便。阿里旺旺大多还是用作淘宝与阿里巴巴买家、卖家交流之用。

（5）MSN

MSN（Windows Live Messenger）是微软公司推出的即时消息软件，可以与亲人、朋友、工作伙伴进行文字聊天、语音对话、视频会议等即时交流。MSN 的全球用户量居前。

3.5 Internet 接入

Internet 接入服务是指利用接入服务器和相应的软硬件资源建立业务节点，并利用公用电信基础设施将业务节点与 Internet 骨干网相连接，为各类用户提供接入 Internet 的服务。用户可以利用公用电话网或其他接入手段连接到其业务节点，并通过该节点接入 Internet。

我国提供增值业务的 ISP 大致可分为两类：一类是以接入服务为主的 IAP（Internet Access Provider，网络接入提供商）；另一类是以提供信息内容服务的 ICP（Internet Content Provider，网络内容提供商）。两者的服务范围已呈现相互交叉的趋势。

3.5.1 ISP

3.5.1.1 ISP

ISP 即互联网服务提供商，向广大用户综合提供互联网接入业务、信息业务和增值业务的电信运营商。ISP 是经国家主管部门批准的正式运营企业，享受国家法律保护。

ISP 所提供的服务很广泛。除了为一般企业及私人互联网浏览所提供的拨号连线、综合业务数字网（ISDN）、DSL、缆线调制解调器、专线等上网服务外，还可以包括主机托管、电子邮件、虚拟主机等服务。

3.5.1.2 ICP

ICP（Internet Content Provider）即互联网内容提供商，向广大用户综合提供互联网信息业务和增值业务的电信运营商。ICP 同样是经国家主管部门批准的正式运营企业，享受国家法律保护。国内知名 ICP 有新浪、搜狐、163、21CN 等。

目前按照主营的业务划分，中国 ICP 主要有以下四类。

（1）搜索引擎 ICP

2009 年，中国搜索引擎运营商市场规模达到 71.5 亿元人民币，同比增长 38.8%。搜索引擎提供的搜索服务越来越丰富，包括地图搜索、论坛搜索、博客搜索等越来越多的细分服务。

（2）即时通信 ICP

即时通信 ICP 主要提供基于互联网和基于移动互联网的即时通信业务。由于即时通信的 ICP 自己掌握用户资源，因此在即时通信的业务价值链中，即时通信 ICP 能起到主导作用。这在同运营商合作的商业模式中非常少见。

（3）移动互联网业务 ICP

移动互联网业务 ICP 主要提供移动互联网服务，包括 Wap 上网服务、移动即时通信服务、信息下载服务等。

（4）门户 ICP

门户 ICP 以向公众提供各种信息为主业，具有稳定的用户群。门户 ICP 的收入来源比较广，包括在线广告、移动业务、网络游戏及其他业务。门户 CIP 有新浪、搜狐、网易和雅虎等门户网站（包括行业门户）。

3.5.1.3 **我国主要的 ISP**

（1）中国三大基础运营商

① 中国电信。拨号上网、ADSL、1X、EVDO。

② 中国移动。GPRS 及 EDGE 无线上网、FTTx。

③ 中国联通。GPRS 及 CDMA 无线上网、拨号上网、ADSL、FTTx。

电信重组之后，中国网通并入中国联通，组成新联通；中国铁通并入中国移动，组成新移动；中国联通 CDMA 并入中国电信，组成新电信。

（2）其他

① 北京歌华有线宽带。有线电视线路。

② 长城宽带。宽频（覆盖北京、天津、广东、武汉、福建、四川、上海）。

③ 创威宽带（北京市，光纤到楼、专线接入）。

④ 东南网络。福建有线电视线路（最终出口在网通主干路由）。

⑤ E 家宽。宽频。

⑥ 方正宽带。宽频。

⑦ 广电宽带。

⑧ 广东有线视讯宽带网。有线电视线路（中国网通广州分公司以及中国电信广州分公司双出口）

⑨ 海泰宽带。

⑩ 柳州视通宽带。宽频（中国电信广州分公司出口）。

⑪ 深圳天威视讯。有线电视线路。

⑫ 有线通。全国各地的有线电视网络。

⑬ 教育和科研计算机网。宽频。

⑭ 中国科技网（隶属于中国科学院计算机网络信息中心）。宽频。

⑮ 中海宽带。宽频。

⑯ 珠江宽频。有线电视线路（中国电信广州分公司出口）。

3.5.1.4 如何选择 ISP

用户接入 Internet 选择 ISP 时，应该考虑以下三方面因素。

（1）出口带宽

出口带宽指的是 ISP 与 Internet 之间通信线路的容量，即 ISP 以多快的速率与 Internet 连接。出口带宽数据，尤其是国际出口带宽，可反映出 ISP 本身被以多高的速率连接到 Internet 或其上级 ISP，是体现该 ISP 接入能力的一个关键参数，所以应是越大越好。国内主要 ISP 国际出口带宽如表 3-5 所示（资料来源于第 26 次中国互联网络发展状况统计报告）。

表 3-5 主要骨干网络国际出口带宽数

主要骨干网络	国际出口带宽数/Mbps	主要骨干网络	国际出口带宽数/Mbps
中国电信	616703.45	中国移动互联网	30559
中国联通	330599	中国国际经济贸易互联网	2
中国科技网	10422	合计	998217.45
中国教育与科研计算机网	9932		

（2）接入速率

就是 ISP 提供的拨号联网端口速度，这个速度越高，访问速度就越快，对查询信息越有利。

用户使用的 Modem 的接入速度为 56kbps 或更高。通过宽带接入的用户，ISP 提供 1～8Mbps 的互联网接入速率。通过专线上网业务用户，ISP 提供 2M～2.5G 多种互联网接入速率。

（3）费用

ISP 的收费方法多种多样，除申请时一般需要一定费用（开户费）外，使用中的收费大体可分为以下三种。

① 每月基本费＋超时通信费。适合使用 Internet 通信和信息查询作为日常工作的单位和个人。

② 固定包月（包年）。适合以在 Internet 网上大量查询信息为日常工作的单位和个人。

③ 按使用时间收费。适合以电子邮件通信为日常工作，偶尔进行 Internet 网络查询的个人。

除了以上三点之外，在选择 ISP 时还应该注意的有技术支持能力、提供信息量、是否具备有升级扩容能力等。

3.5.2 Internet 接入方式

近年来，随着通信行业的发展，Internet 接入方式也不断的增多，目前可供选择的 Internet 接入方式除了最常见的拨号接入外，主要有宽带接入技术，主要包括以现有电话网铜线为基础的 xDSL 接入技术、以电缆电视为基础的混合光纤同轴（HFC）接入技术、以太网接入、光纤接入技术等多种有线接入技术以及无线接入技术。

3.5.2.1 PSTN 拨号接入

PSTN（Published Switched Telephone Network，公用电话交换网）技术是利用 PSTN 通过调制解调器拨号实现用户接入的方式。是个人用户接入 Internet 最早使用的方式。理论上只能提供 33.6kbps 的上行速率和 56kbps 的下行速率，目前最高的速率为 56kbps。

PSTN 接入非常简单，只需一个调制解调器、一根电话线即可。PST 接入简单、方便，但速度慢，应用单一，上网时不能打电话，只能接一个终端，可能出现线路繁忙、中途断线等。由于宽带的发展和普及，这种接入方式已经被淘汰，主要用于临时性接入或无其他宽带接入场所的使用。

3.5.2.2 专线接入

对于上网计算机较多、业务量大的企业用户，可以采用租用电信专线的方式接入 Internet。

我国现有的基础数据通信网络——中国公用数字数据网（chinaDDN）、中国公用分组交换数据网（chinaPAC）、中国公用帧中继宽带业务网（chinaFRN）、无线数据通信网（chinaWDN）均可提供线路租用业务。因而广义上专线接入就是指通过 DDN、帧中继、X.25、数字专用线路、卫星专线等数据通信线路与 ISP 相连，借助 ISP 与 Internet 骨干网的连接通路访问 Internet 的接入方式。

其中，DDN（Digital Data Network）专线接入最为常见，应用较广。DDN 是利用数字传输通道（光纤、数字微波、卫星）和数字交叉复用节点组成的数字数据传输网，可以为客户提供各种速率的高质量数字专用电路和其他新业务，以满足客户多媒体通信和组建中高速计算机通信网的需要。

DDN 区别于传统的模拟电话专线，其显著特点是采用数字电路、传输质量高、时延小、传输速率高、可靠性高，可以一线多用，即可以通话、传真、传送数据。还可以组建会议电视系统、开放帧中继业务、做多媒体服务或组建虚拟专网、设立网管中心，由客户管理自己的网络。

DDN 专线接入特别适用于金融、证券、保险业、外资及合资企业、交通运输行业、政府机关等。

3.5.2.3　ISDN 接入

ISDN 接入技术俗称"一线通"，它采用数字传输和数字交换技术，将电话、传真、数据、图像等多种业务综合在一个统一的数字网络中进行传输和处理。用户利用一条 ISDN 用户线路，可以在上网的同时拨打电话、收发传真，就像两条电话线一样。ISDN 基本速率接口有两条 64kbps 的信息通路和一条 16kbps 的信令通路，简称 2B＋D，当有电话拨入时，它会自动释放一个 B 信道来进行电话接听。

与普通拨号上网要使用 Modem 一样，用户使用 ISDN 也需要专用的终端设备，主要由网络终端 NT1 和 ISDN 适配器组成。

ISDN 的传输是纯数字过程，数字信号传输质量好，线路可靠性高。使用 ISDN 最高数据传输速率可达 128kbps。从发展趋势来看，窄带 ISDN 也退出使用，不作为用户接入方式。

3.5.2.4　xDSL 接入

xDSL 是各种类型 DSL（Digital Subscriber Line）数字用户线路的总称，包括 ADSL、RADSL、VDSL、SDSL、IDSL 和 HDSL 等，xDSL 中，x 表任意字符或字符串，根据采取不同的调制方式，获得的信号传输速率和距离不同以及上行信道和下行信道的对称性不同。

xDSL 是一种新的传输技术，在现有的铜质电话线路上采用较高的频率及相应调制技术，即利用在模拟线路中加入或获取更多的数字数据的信号处理技术来获得高传输速率（理论值可达到 52Mbps）。各种 DSL 技术最大的区别体现在信号传输速率和距离不同，以及上行信道和下行信道的对称性不同两个方面。

xDSL 技术可分为对称和非对称技术两种模式。对称 DSL 技术指上、下行双向传输速率相同的 DSL 技术，方式有 HDSL、SDSL、IDSL 等；非对称 DSL 技术为上、下行传输速率不同，上行较慢，下行较快的 DSL 技术，主要有 ADSL、VDSL、RADSL 等，适用于对双向带宽要求不一样的应用，如 Web 浏览、多媒体点播、信息发布、视频点播 VOD 等，是 Internet 接入中很重要的一种方式，目前最常用的是 ADSL 技术。

（1）ADSL

ADSL（Asymmetrical Digital Subscriber Line）是在无中继的用户环路上使用由负载电话线提供高速数字接入的传输技术，是非对称 DSL 技术的一种，可在现有电话线上传输数据，误码率低。ADSL 技术为家庭和小型业务提供了宽带、高速接入 Internet 的方式。

在普通电话双绞线上，ADSL 典型的上行速率为 512kbps～1Mbps，下行速率为 1.544～8.192Mbps，传输距离为 3～5km。有关 ADSL 的标准，现在比较成熟的有 G.DMT 和 G.Lite。一个基本的 ADSL 系统由局端收发机和用户端收发机两部分组成，收发机实际上是一种高速调制解调器（ADSL modem），由其产生上下行的不同速率。

ADSL 用途十分广泛，对于商业用户来说，可组建局域网共享 ADSL 上网，还可以实现远程办公、家庭办公等高速数据应用，获取高速低价的极高性价比。对于公益事业来说，ADSL 可以实现高速远程医疗、教学、视频会议的即时传送，达到以前所不能及的效果。

（2）VDSL 技术

VDSL（Very-high-bit-rate Digital Subscriber Loop，甚高速数字用户环路），简单来说，VDSL 就是 ADSL 的快速版本。

使用 VDSL，短距离内的最大下传速率可达 55Mbps，上传速率可达 19.2Mbps，甚至更高。传输距离受限，目前 VDSL 线路收发器一般能支持最远不超过 1.5km 的信号传输。

（3）RADSL 技术

RADSL 是 ADSL 的一种变型，工作开始时调制解调器先测试线路，把工作速率调到线路所能处理的最高速率。RADSL（Rate Adaptive DSL，速率自适应 DSL）是一个以信号质量为基础调整速度的 ADSL 版本，利用一对双绞线传输；支持同步和非同步传输方式；速率自适应，下行速率为 1.5～8Mbps，上行速率为 16～640kbps；支持同时传数据和语音，特别适用于下雨，气温特别高的反常天气环境。

（4）HDSL 技术

HDSL（High-speed Digital Subscriber Line，高速率数字用户线路）是 ADSL 的对称式产品，其上行和下行数据带宽相同。它的编码技术和 ISDN 标准兼容，在电话局侧可以和 ISDN 交换机连接。HDSL 采用多对双绞线进行并行传输，即将 1.5～2Mbps 的数据流分开在两对或三对双绞线上传输，减低每线对上的传信率，增加传输距离。在每对双绞线上通过回声抵消技术实现全双工传输。由于 HDSL 在两对或三对双绞线的传输率和 T1 或 E1 线传输率相同，所以一般用来作为中继 T1/E1 的替代方案。HDSL 实现起来较简单，成本也较低，大约为 ADSL 的 1/5。

（5）SDSL 技术

SDSL（Symmetric Digital Subscriber Line，对称数字用户线路）指上、下行最高传输速率相同的数字用户线路。也指只需一对铜线的单线 DSL。SDSL（Symmetric DSL，对称 DSL）是 HDSL 的一种变化形式。它只使用一条电缆线对，可提供 144kbps～1.5Mbps 的速度，传输速度为 2304kbps 时，传输距离为 3.5km（0.5mm）；传输速度为 256kbps 时，传输距离为 7km（0.5mm）。SDSL 是速率自适应技术，和 HDSL 一样，SDSL 也不能同模拟电话共用线路。

3.5.2.5　HFC 接入

HFC 网（光纤同轴电缆混合接入）是从有线电视（CATV）网发展起来的。有线电视网经过近年来的升级改造，正逐步从传统的同轴电缆网升级到以光纤为主干的双向 HFC 网。利用 HFC 网络大大提高了网络传输的可靠性、稳定性，而且扩展了网络传输带宽。HFC 数字通信系统通过电缆调制解调器（Cable Modem）系统实现 Internet 的高速接入。

HFC 接入技术是以有线电视网为基础，采用模拟频分复用技术，综合应用模拟和数字传输技术、射频技术和计算机技术所产生的一种宽带接入网技术。以这种方式接入 Internet 可以实现 10～40Mbps 的带宽，用户可享受的平均速度是 200～500kbps，最快可达 1500kbps，用它可以非常舒心地享受宽带多媒体业务，并且可以绑定独立 IP。

3.5.2.6　光纤接入

光纤接入技术实际就是在接入网中全部或部分采用光纤传输介质，构成光纤用户环路（Fiber In The Loop，FITL），实现用户高性能宽带接入的一种方案。

光纤接入可以分为有源光接入和无源光接入。光纤用户网的主要技术是光波传输技术。

光纤接入网（OAN）是采用光纤传输技术的接入网，即本地交换局和用户之间全部或部分采用光纤传输的通信系统。光纤具有宽带、远距离传输能力强、保密性好、抗干扰能力强等优点，是未来接入网的主要实现技术。目前有很多种光纤接入方式。

(1) FTTC

光纤到路边。FTTC 结构主要适用于点到点或点到多点的树形分支拓扑，多为居民住宅用户和小型企事业用户使用，是一种光缆/铜缆混合系统。

(2) FTTB

光纤到办公大楼。FTTB 可以看成是 FTTC 的一种变形，最后一段接到用户终端的部分要用多对双绞线。FTTB 是一种点到多点结构，光纤敷设到楼，因而更适于高密度用户区，也更接近于长远发展目标。

(3) FTTZ

光纤到用户小区。

(4) FTTH

光纤到用户家庭。在 FTTB 的基础上 ONU 进一步向用户端延伸，进入到用户家即为 FTTH 结构。FTTO 与 FTT 同类，两者都是一种全光纤连接网络，即从本地交换机一直到用户全部为光连接，中间没有任何铜缆，也没有有源电子设备，是真正全透明网络，也是用户接入网发展的长远目标。

这几种接入方式没什么大的区别。FTTB 主要面向商业用户，FTTZ 则可以和 LAN 接入实现真正的无缝连接。而 FTTH 的方式虽然是最具诱惑的，随着设备成本和使用费用降低，逐步成为普通用户 Internet 接入的主要方式。

3.5.2.7　无线接入

无线接入技术是指从业务节点到用户终端之间的全部或部分传输设施采用无线手段，向用户提供固定和移动接入服务的技术。

(1) 无线接入的分类

无线接入按接入方式和终端特征通常分为固定接入和移动接入两大类。

① 固定无线接入指从业务节点到固定用户终端采用无线技术的接入方式，用户终端不含或仅含有限的移动性。此方式是用户上网浏览及传输大量数据时的必然选择，主要包括卫星、微波、扩频微波、无线光传输和特高频。

② 移动无线接入指用户终端移动时的接入，包括移动蜂窝通信网（GSM、CDMA、TDMA、CDPD）、无线寻呼网、无绳电话网、集群电话网、卫星全球移动通信网以及个人通信网等，是当前接入研究和应用中很活跃的一个领域。

(2) 无线接入方法

无线接入是本地有线接入的延伸、补充或临时应急方式，接入方法主要有以下四种。

① 卫星通信接入。利用卫星的宽带 IP 多媒体广播可解决 Internet 带宽的瓶颈问题，由于卫星广播具有覆盖面大、传输距离远、不受地理条件限制等优点，利用卫星通信作为宽带接入网技术，在我国复杂的地理条件下，是一种有效方案并且有很大的发展前景。

目前，应用卫星通信接入 Internet 主要有两种方案，全球宽带卫星通信系统和数字直播卫星接入技术。

a. 全球宽带卫星通信系统。将静止轨道卫星（Geosynchronous Earth Orbit，GEO）系统的多点广播功能和低轨道卫星（Low Earth Orbit，LEO）系统的灵活性和实时性结合起来，可为固定用户提供 Internet 高速接入、会议电视、可视电话、远程应用等多种高速的交互式业务。

b. 数字直播卫星接入（Direct Broadcasting Satellite，DBS）。利用位于地球同步轨道的通信卫星将高速广播数据送到用户的接收天线，所以一般也称为高轨卫星通信。DBS 广播速率最高可达 12Mbps，通常下行速率为 400kbps，上行速率为 33.6kbps，比传统 Modem 高出 8 倍，为用户节省 60％以上的上网时间，还可以享受视频、音频多点传送、点播服务。

② LMDS 接入技术。本地多点分配业务（Local Multipoint Distribution Service，LMDS）传输容量可与光纤比拟，同时又兼有无线通信经济和易于实施等优点。作为一种新兴的宽带无线接入技术，LMDS 为交互式多媒体应用以及大量电信服务提供经济和简便的解决方案，并且可以提供高速 Internet 接入、远程教育、远程计算、远程医疗和用于局域网互联等。

LMDS 上行速率为 1.544～2Mbps，下行可达 51.84～155.52Mbps。LMDS 实现了无线光纤到楼，是最后 1km 光纤的灵活替代技术。

LMDS 的缺点是信号易受干扰，覆盖范围有限，并且受气候影响大，抗雨水性能差。

③ WLAN 技术。WLAN（Wireless Local Area Network，无线局域网）是利用无线通信技术在一定的局部范围内建立的网络，是计算机网络与无线通信技术相结合的产物，能够使用户真正实现随时、随地、随意的宽带网络接入，如 IEEE802.11 WLAN、Bluetooth、HomeRF 等。

作为有线网络无线延伸，WLAN 具有易安装、易扩展、易管理、易维护、高移动性、保密性强、抗干扰等特点，WLAN 可以广泛应用在生活、办公大楼、校园、企事业等单位实现移动办公。

④ 移动蜂窝接入。蜂窝移动通信技术从发展到现在主要经历了三个阶段，第一代蜂窝移动通信技术是模拟蜂窝移动通信技术，第二代移动通信技术是数字移动通信系统，第三代移动通信系统是宽带数字通信系统。

移动蜂窝 Internet 接入主要包括基于第一代模拟蜂窝系统的 CDPD 技术、基于第二代数字蜂窝系统的 GSM 和 GPRS，以及在此基础上的改进数据率 GSM 服务（Enhanced Datarate for GSM Evolution，EDGE）技术，目前已经进入第三代蜂窝系统（the third Generation，3G）时代。

GSM 在我国已得到了广泛应用，GPRS 可提供 115.2kbps，甚至 230.4kbps 的传输速率，称为 2.5 代。EDGE 则被称为 2.75 代，技术理论数据传输速率可高达 384～473.6kbps，与 GPRS 相比大大提高了用户数据接入速率。

相比第二代的移动通信技术，WCDMA 技术能为用户带来了最高 2Mbps 的数据传输速率，WCDMA 具有更大的系统容量、更优的话音质量、更快的数据速率的技术优势。WCDMA 通过有效的利用宽频带，能够顺畅的处理声音、图像数据，与 Internet 快速连接。

3.5.2.8　电力线接入

电力线通信是接入网的一种替代方案，因为电话线、有线电视网相对于电力线，其线路覆盖范围要小得多。在室内组网方面，计算机、打印机、电话和各种智能控制设备都可通过普通电源插座，由电力线连接起来，组成局域网。现有的各种网络应用，如语音、电视、多媒体业务、远程教育等，都可通过电力线向用户提供。

采用高速电力线接入通信产品，利用 220V/380V 低压电力线路以 14Mbps 速率为终端用户提供宽带网络接入，实现住宅小区的宽带上网工程，或用于组建家庭、办公宽带局域网，与其他接入方式相比，有以下明显的优势。

（1）节约投资

利用既有的室内和楼内配电线路，任何一个插座都能成为通信节点。一方面避免了大规模综合布线造成的大量投资；另一方面避免了开通率不高或信息点布设不合理造成的投资沉淀浪费，同时，只在用户需要接入的时候部署局端和接入设备，投资目的性强、滚动性好。

（2）工程实施简单

充分利用现有的低压配电网络基础设施，无需任何室内布线，无需挖沟和穿墙打洞，避免了对建筑物和公用设施的破坏，大大加快了工程实施的进度。

（3）使用更加方便

实现高速 PLC（Power Line Communication，电力线通信）接入的终端用户可在家庭任何一个电源插座上宽带访问互联网，与通常只有一个接口的以太网或 ADSL 相比，更加方便。14Mbps 带宽足够承载语音、数据、图像等综合业务。

（4）同时支持多种应用

可以为用户提供价格低廉的高速因特网访问服务、宽带电话服务，从而使用户上网和打电话增加了新的选择，有利于同其他电信服务商的竞争。

（5）支持家庭联网

具有多个 PLC 终端设备的家庭，可以实现家庭内部联网，使人们可以尽享由 PLC 技术带来的家庭音、视频网络、多人对抗游戏等娱乐，提高了该设备对最终用户的使用价值。

（6）提供新业务的平台

利用 PLC 的永久在线连接构建的防火、防盗、防有毒气体泄漏等的保安监控系统，让上班族高枕无忧；构建的医疗急救系统，让家有老人、孩子和病人的家庭倍感方便。为电信新业务的开展，提供了一个全新的思路和技术平台。

（7）创造经济和社会效益

实现数据、话音、视频、电力四网合一，创造巨大的经济和社会效益。

3.6　小结

本章介绍了计算机网络的概念、功能、组成及分类，Internet 的形成、发展以及 Internet 的工作原理，Internet 提供的基本服务以及 Internet 的接入方式。

计算机网络是计算机技术与通信技术相结合的学科，是利用通信设备和通信线路将位于不同地理位置、功能独立的两个或两个以上计算机系统连接起来，在网络操作系统、网络管理软件及网络通信协议的管理和协调下，实现资源共享和信息传递的计算机系统。计算机网络的主要功能是资源共享和数据通信。一个典型的计算机网络主要由计算机系统、数据通信系统、网络软件及协议三大部分组成。按网络的覆盖范围，计算机网络可以分为三种基本类型：局域网、城域网和广域网。

Internet 是在美国较早的军用计算机网 ARPAnet 的基础上经过不断发展变化而形成的。在 Internet 中使用的是 TCP/IP 参考模型，TCP/IP 参考模型是一个四层的体系结构，包括应用层、传输层、互联网络层和主机-网络层。在使用 TCP/IP 协议的网络中，每台主机

（Host）都有一个全网唯一的地址，即 IP 地址。IP 地址是 Internet 主机的作为路由寻址用的数字型标识，人不容易记忆，因而产生了域名（domain name）这一种字符型标识。域名（Domain Name），是由一串用点分隔的名字组成的 Internet 上某一台计算机或计算机组的名称，用于在数据传输时标识计算机的电子方位（有时也指地理位置）。Internet 的域名结构采用的是层次树状结构的命名方法。

常用的 Internet 服务包括 www、E-mail、FIP、博客和即时通信等。

目前可供选择的 Internet 接入方式除了拨号接入外，主流的是宽带接入技术，主要包括以现有电话网铜线为基础的 xDSL 接入技术，以电缆电视为基础的混合光纤同轴（HFC）接入技术、以太网接入、光纤接入技术和电力线接入等多种有线接入技术以及无线接入技术。

【思考题】

1. 一个典型的计算机网络由哪几部分组成，请简要说明。
2. TCP/IP 参考模型由几层组成，每层的主要功能是什么？
3. 什么是 IP 地址？
4. 什么是域名？请画图说明 Internet 域名空间结构。
5. 域名的商业价值表现在什么方面？
6. 域名的价值可以由几个方面来评估？
7. 什么是 www？
8. 请说明 URL 及 URL 的结构。
9. 电子邮件系统由哪几部分组成，请分别简单说明。
10. 什么是 FTP？
11. 什么是博客？博客对个人及企业有什么作用？
12. 什么是即时通信？常用的即时通信软件有哪些？
13. 即时通信有哪些应用？
14. 什么是 ISP？ISP 提供的服务有哪些？
15. 用户接入 Internet 选择 ISP 时，应该考虑哪些因素？
16. 目前 Internet 接入方式有哪些？

【实践题】

1. 访问访问三大基础运营商——中国电信、中国移动、中国联通及其他 ISP 网站，查看其主要的接入方式，并进行对比选择。
2. 选择某一公司，为其他选择合适的域名，并进行域名注册的实践操作。

第4章 电子商务安全技术

【学习目标】

➢ 了解电子商务安全要素及安全措施、密码技术的基本知识、认证技术、数字证书、SSL 协议及 SET 协议的概念。

➢ 理解对称密码体制及非对称密码体制、SSL 协议及 SET 协议的功能及重要特征。

➢ 掌握防火墙的关键技术及系统设计、对称密码体制及非对称密码体制的加密算法、数字证书的原理、SSL 协议的分层结构及安全机制、SET 协议的安全性、SSL 协议及 SET 协议采用的加密和认证技术、SSL 与 SET 协议的差异。

【引导案例】

在互联网早期，电子邮件是最常用的服务之一。在电子邮件出现后，人们一直担心电子邮件信息会被竞争者获取，从而对自己不利；公司的员工会担心与工作无关的邮件被公司或上司读到后会对自身不利。这些都曾是很现实的问题。

1988 年 11 月 3 日，美国的康奈尔大学 23 岁的研究生小罗伯特•英里斯在网上放了一个互联网蠕虫，制造了互联网历史上一起最轰动的攻击事件，美国数千台计算机速度极慢或干脆不工作。蠕虫侵入和感染了 6200 多台计算机（约占当时互联网上计算机的 10%），导致大面积的停机事件。由于媒体对这次事件大肆渲染，一些未被感染的网站也干脆切断了互联网连接，停机引起的相关损失无法准确计算。

2000 年，居住在俄罗斯车里雅宾斯克的 24 岁的瓦西里•戈尔什科夫和 21 岁的阿列克谢•伊万诺夫在当地用自己的计算机上网时，找到了业务系统有薄弱环节的美国公司，他们先闯入目标公司的计算机系统，然后向公司发电子邮件，以散布或破坏包括财务记录在内的敏感资料作为交换条件进行敲诈。2000 年 11 月 10 日，当黑客戈尔什科夫操作 Invita 公司的计算机时，FBI 用一个名叫"嗅探器"的秘密程序记录下戈尔什科夫每一次敲击计算机键盘的内容。利用从这个秘密程序得到的密码，FBI 成功进入戈尔什科夫在俄罗斯用来保存资料和下载各种信息的计算机。FBI 指控他利用计算机网络进行欺诈达 20 次，戈尔什科夫被判刑 3 年，还得赔偿西雅图 Speakeasy Network 公司和加利福尼亚 Pay Pal of Palo Alto 公司 69 万美元，以补偿他借助 Internet 犯罪给这两家公司造成的损失。

随着 Internet 的高速发展，其开放性、国际性和自由性在增加应用自由度的同时，也使安全成为一个日益重要的问题，随之而来的电子商务的安全问题也变得越来越突出。世界调查公司曾对电子商务的应用做过在线调查，当问到人们为什么不愿意进行在线支付时，大多数人的回答是因为担心受到电脑黑客的侵袭而导致信用卡信息失窃。据统计，美国每年因电子商务安全问题所造成的经济损失约达 75 亿美元。如何建立一个安全、便捷的电子商务应用环境，对信息提供足够的保护，已经成为商家和客户都十分关心的话题。

电子商务安全就是保护在电子商务系统里的企业或个人资产（物理的和电子化的）不受未经授权的访问、使用、篡改或破坏。电子商务安全覆盖整个电子商务链的各个环节，是电子商务的关键和核心。

4.1 电子商务安全概述

4.1.1 电子商务安全要素

电子商务安全要素涉及面广，在使用电子商务的过程中，主要涉及的安全要素有以下四方面。

（1）真实性

真实性是指网上交易双方身份信息和交易信息要真实有效。双方交换信息之前，通过数字签名、身份认证以及数字证书来辨别参与者身份的真伪，防止伪装攻击；进行交易时，对提供的交易信息要保证其真实性，防止欺骗交易行为。

（2）保密性

信息的保密性要求信息在传输过程或存储中不被他人窃取。电子商务作为贸易的一种手段，其信息直接代表着个人、企业或国家商业信息，有些可能已经是商业机密。传统的纸面贸易都是通过邮寄封装的信件或通过可靠的通信渠道发送商业报文来达到保守机密的目的。电子商务建立在开放的网络环境之上，并且功能越是强大的电子商务系统，其开放性越强，在这样的开放环境下，如何维护商业机密是电子商务全面推广应用的重要保障。

（3）完整性

信息的完整性包括信息传输和存储两个方面。在存储时，要防止非法篡改和破坏网站上的信息；在传输过程中，接收端收到的信息与发送的信息完全一样，说明在传输过程中信息没有遭到破坏。电子商务简化了贸易过程，减少了人为的干预，同时也带来维护贸易各方商业信息完整性和统一性的问题。由于数据输入时的意外差错或欺诈行为，可能导致贸易各方信息的差异。此外，数据传输过程中信息的丢失、信息重复或信息传送的次序差异也会导致贸易各方信息的不同。贸易各方信息的完整性将影响到贸易各方的交易和经营策略，保持贸易各方信息的完整性是电子商务应用的基础。

（4）不可否认性

在传统的纸面贸易中，贸易双方通过在交易合同、契约或贸易单据等书面文件上手写签名或加盖印章来鉴别贸易伙伴，确定合同、契约、单据等的可靠性并预防抵赖行为的发生，这也就是人们常说的白纸黑字。在无纸化的电子商务模式下，通过手写签名和加盖印章进行贸易方的鉴别已是不可能的。因此，要在交易信息的传输过程中为参与交易的个人、企业或国家提供可靠的标识，这种标识信息用来保证信息的发送方不能否认已发送的信息，接收方不能否认已收到的信息，身份的不可否认性常采用数字签名来实现。

4.1.2 电子商务安全措施

电子商务中的安全措施包括以下五类。

（1）保证交易双方身份的真实性

保证交易双方身份真实性的常用技术是身份认证。一般依赖某个可信赖的机构（CA 认证中心）发放数字证书，并以此识别对方。目的是保证身份的真实性，分辨参与者身份的真伪，防止伪装攻击。

（2）保证信息的机密性

常用数据加密和解密技术来保护信息不被泄露给未经授权的人或组织，其安全性依赖于使用的算法种类和密钥长度。常见的加密方法有对称密钥加密技术（如 DES，AES 算法）和公有密钥加密技术（如 RSA、ElGamal 算法）。

（3）保证信息的完整性

常用散列函数（也叫哈希函数、Hash 函数）来实现。通过对信息实行散列算法，以生成的散列码（任意信息改动，散列码就会不一样）来证明数据的完整性。典型的散列算法为 MD5、SHA-1 和 RIPEMD-160。

（4）保证信息的真实性、不可否认性

常用的处理手段是数字签名技术，目的是为了解决通信双方相互之间可能的欺诈，如发送方对其所发送信息的否认、接收方对其收到信息的否认等，其基础是公有密钥加密技术。数字签名也可以作为一种简单的身份认证技术实现身份认证。目前，可用的数字签名算法较多，如 RSA 数字签名、ElGamal 数字签名等。

（5）保证信息存储、传输的安全性

规范内部管理，使用访问控制和日志，以及敏感信息的加密存储等。当使用 www 服务器支持电子商务活动时，应注意数据的备份和恢复，并采用防火墙技术保护内部网络的安全性。

4.2　防火墙技术

4.2.1　防火墙概述

4.2.1.1　防火墙的定义

防火墙是介于企业内部网络和不可信任的外部网络之间的一系列部件的组合，它是不同网络或网络安全域之间信息的唯一出入口，根据企业的总体安全策略控制（如允许、拒绝）出入企业内部可信任网络的信息流，而且防火墙本身具备很强的抗攻击能力，是提供信息安全服务和实现网络及信息安全的基础设施。

在逻辑上，防火墙是一个过滤器、限制器，而且还是一个智能分析器。在安全策略的指导和保证网络畅通的前提下，从逻辑上有效隔离内部网络和外部网络之间的活动，尽可能保证内部网络的安全。图 4-1 示出的是防火墙的逻辑位置。

从防火墙的逻辑位置可知，在考虑企业内部网的网络安全时，首先要考虑企业边界网络的安全。防火墙并不是真正的墙，它是一类安全防范措施的总称，是一种有效的网络安全模型，是机构总

图 4-1　防火墙的逻辑位置

体安全策略的一部分。防火墙根据企业的安全策略控制出入网络的信息流，提供信息安全服务，实现网络和信息的安全。

防火墙是在安全策略指导下的一种安全防御措施，策略是防火墙的核心。防火墙具有两种默认的策略，在策略的指导下实施安全服务，它们是默认禁止策略和默认允许策略。

① 默认禁止策略。拒绝所有的流量，特殊指定能够进入和出去的流量的一些类型。

② 默认允许策略。允许所有的流量，特殊指定要拒绝的流量的类型。

从安全性角度考虑，一般采用默认禁止策略，但是要根据企业自身的网络状况来决定。

4.2.1.2 防火墙的功能

通常应用防火墙的目的有以下四方面：限制他人进入内部网络；过滤掉不安全的服务和非法用户；防止入侵者接近的防御设施；限定人们访问特殊站点；为监视局域网安全提供方便。所以，一个成功的防火墙产品应该具有以下基本功能。

（1）强化公司的安全策略

公司的网络情况不一样，经营的业务也不同，网络中存在的应用系统也不一样，这样，每一个公司在使用网络安全系统之前都会根据安全需求、业务需求等来规划网络安全策略，要实现这些策略，就需要有防火墙，并设置相应的防火墙安全规则和策略，让公司的安全策略真正落实到实处，从安全技术上得以实现。

（2）实现网络安全的集中控制

如果没有防火墙，则整个内部网络的安全性都依赖于每一台主机和服务器，那么要使网络达到一定的安全程度，所有的主机和服务器都必须同时达到很高的安全性。也就是说，该网络的安全水平由安全性能最低的那台主机来决定，这就是著名的"木桶原理"，木桶能装多少水由高度最低的地方来决定。由此可知，网络越大，需要管理的主机就越多，这样，使网络达到一定的安全水平就越不容易。但是有了防火墙，就可以解决该问题。防火墙介于可信任网络和不可信任网络之间，内部网络不再直接暴露给外部不可信任网络，防火墙的安全水平决定了该网络的安全水平。这样，对网络所有主机的安全管理变成单一对防火墙的安全管理，从而实现了由分散的安全管理到集中的安全管理的改变，使安全管理变得更加方便，易于控制，也使网络更加安全。

（3）实现网络边界安全

防火墙物理隔离了可信任网络和不可信任网络，是可信任网络和不可信任网络之间数据包唯一的出入口，从而强制所有在这两个网络之间的数据流必须经过防火墙，并且受到防火墙的检查，保证只有安全的数据流才能通过，最终实现边界网络的安全。

（4）记录网络之间的数据包

防火墙还有一个重要的作用，就是把所有进出的数据包实时记录下来，并保存到日志当中。有了日志，网络管理员就可以在任何时候判断是否有无不安全的数据包进入到可信任网络中，而且能够从不同的角度统计出网络的使用状况。尤其是防火墙的日志系统，能针对不同的权限的管理人员，智能地给出不同详细程度的报告。

4.2.1.3 防火墙的分类

根据分类标准的不同，防火墙可以分成很多的类别。从防火墙实现技术方式来分，可以分为数据包过滤型防火墙、代理服务器型防火墙和状态检测型防火墙。

从物理形态来分，可以分为软件防火墙和硬件防火墙。软件防火墙就是将防火墙软件系统安装在流行的操作系统平台，如 Windows 操作系统、Unix 操作系统等上，在利用这些操作系统的时候，需要对它进行安全加固处理，删除不必要的服务。微软的 ISA2004 防火墙、CheckPoint 防火墙等都是目前流行的软件防火端。硬件防火墙将防火墙安装在专用的硬件平台和专用的操作系统上，以硬件形式出现，有些还使用一些专用的 ASIC 硬件芯片实现数据包的过滤。硬件防火墙可以很好的减少系统的漏洞，性能更好。Cisco 公司的 PIX 防火墙就是硬件防火墙。

4.2.2 防火墙的关键技术

防火墙技术可根据防范的方式和侧重点的不同而分为很多种类型，但总体来讲可分为三类：分组过滤技术、代理服务器技术和状态检测技术。同时，代理服务器技术根据工作层次的不同，又可以分为应用层代理和电路层代理。

4.2.2.1 分组过滤技术

分组过滤技术工作在 OSI 模型网络层，根据网络层分组报头存储的信息来控制网络的通信。当防火墙接收到数据分组后，会自动把分组中存储的数据属性和自己的访问控制策略来比对，从而决定分组是丢弃还是通过，如图 4-2 所示。

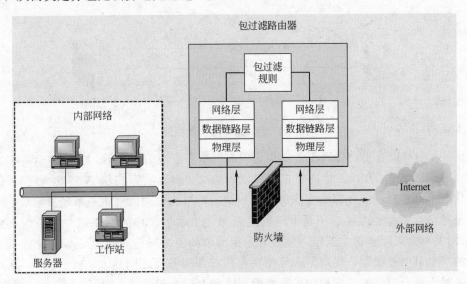

图 4-2 分组过滤防火墙

一般使用数据包目标 IP 地址、数据包源 IP 地址、TCP/UDP 目标端口、TCP/UDP 源端口和数据包的标志位信息（一般只用于 TCP 连接，UDP 没有连接信息）信息资源作为组成访问控制列表（ACL）的元素。

包过滤操作通常在选择路由的同时对数据包进行过滤（通常是对从互联网到内部网络的包进行过滤）。用户可以设定一系列的规则，每一条规则包含明确的条目来决定如何处理进出的数据包，如指定允许哪些类型的数据包可以流入或流出内部网络、哪些类型的数据包应该被拦截。规则的集合组成防火墙系统的访问控制列表（ACL）。

一条规则由多个字段构成，如规则序号、操作、源 IP 地址、目标 IP 地址、源端口、目标端口和协议等特定的操作要由特定的字段信息来过滤数据包。

4.2.2.2 代理服务器技术

代理就是可信任网络边界的一个"实体"。它全权代替内部网络实体去和外部网络连接。代理对于防火墙应该是非常重要的，因为代理把内部网络 IP 地址替换成其他的暂时的地址。这种行为对于互联网来说有效隐藏了真正的内部网络 IP 地址，因此保护了整个内部网络。

代理主要有三种基本类型 Web 代理、应用层代理（应用层网关）、电路层代理（电路层网关）。

(1) Web 代理

Web 代理服务的最大好处就是能提高访问 Internet 的速度：一旦一个 Web 代理服务器配置了足够的缓存，它就可以从这些缓存里对请求提供服务，而 Web 代理客户端则可以得到快速的响应。Web 代理的第二个好处是使客户端无需直接连接 Internet，所以避免成为被攻击的目标。

(2) 应用层代理

应用层代理服务器工作在 TCP/IP 模型的应用层，且针对特定的应用层协议（如 FTP 协议、HTTP 协议等），防止在受信任服务器和客户机与不受信任的主机间直接建立联系。应用级网关能够理解应用层上的协议，能够做复杂一些的访问控制和精细的注册。但每一种协议需要相应的代理软件，使用时工作量大，效果不如网络级防火墙。代理服务器工作原理如图 4-3 所示。

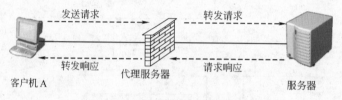

图 4-3　代理服务器工作原理

从图 4-3 中可以看出，代理服务器作为内部网络客户端的服务器，拦截住所有要求（如拦截真实客户机 A 的请求），也向客户端转发响应（如向真实客户机 A 转发响应）。代理客户负责代表内部客户端向外部真实服务器发出请求，当然也向代理服务器转发响应。

当某用户（不管是远程的还是本地的）想和一个运行代理的网络建立联系时，此代理（应用层网关）会先阻止这个连接，然后对连接请求的各个域进行检查。如果此连接请求符合预定的安全策略或规则，代理防火墙便会在用户和服务器之间建立一个"桥"，从而保证其通信，对不符合预定的安全规则的，则阻止或抛弃。换句话说，"桥"上设置了很多控制。

4.2.2.3　状态检测技术

状态检测防火墙试图跟踪通过其的网络连接和分组，这样防火墙就可以使用一组附加的标准以确定是否允许通信。它是在使用了基本包过滤防火墙的通信上应用一些技术来做到这点的。

一个有状态包检查的防火墙跟踪的不仅是包中包含的信息，为了跟踪包的状态，防火墙还记录有用的信息以帮助识别包，如已有的网络连接、数据的传出请求等，例如，如果传入的分组包含有视频数据流，而防火墙可能已经记录了有关信息，则关于位于特定 IP 地址的应用程序最近向发出包的源地址请求视频信号的信息；如果传入的分组是要传给发出请求的相同系统，防火墙就动态打开相应的端口，包分组就可以被允许通过，连接结束后自动关闭端口，从而可以充分保证系统的安全。

4.2.3　防火墙系统的设计

用户选择了一种防火墙产品后，关键就是如何合理地在企业环境中设计防火墙体系结构和部署防火墙系统。目前，防火墙的体系结构一般有四种：屏蔽路由器体系结构、双重宿主主机体系结构、被屏蔽主机体系结构和被屏蔽子网体系结构。

4.2.3.1 屏蔽路由器体系结构

屏蔽路由器体系结构是防火墙最基本的体系结构，它可以由厂家专门生产的路由器实现。由包过滤路由器担任网络最前沿的第一道防线。屏蔽路由器作为内外连接的唯一通道，要求所有的报文都必须在此通过检查。
屏蔽路由器体系结构如图4-4所示。

图 4-4 屏蔽路由器体系结构

屏蔽路由器主要依赖本身的访问控制列表来工作。访问控制列表 ACL 是应用在路由器接口的指令列表，这些指令列表用来告诉路由器哪些数据包可以接收、哪些数据包需要拒绝。至于数据包是被接收还是被拒绝，可以由类似于源地址、目的地址、端口号、协议等特定指示条件来决定。ACL 可以当成一种网络控制的有力工具，用来过滤流入和流出路由器接口的数据包。

利用包过滤路由器实现防火墙的功能十分经济有效，过滤的速度非常快，且对用户而言是透明的。

4.2.3.2 双重宿主主机体系结构

双重宿主主机体系结构是围绕具有双重宿主的主机计算机而构筑的，该计算机至少有两个网络接口。这样的主机可以充当与这些接口相连的网络之间的路由器，它能够从一个网络向另一个网络发送 IP 数据包。防火墙内部的系统能与双重宿主主机通信，同时防火墙外部的系统（在互联网上）能与双重宿主主机通信，但是这些系统不能直接互相通信，它们之间的 IP 通信被完全阻止。双重宿主主机体系结构如图 4-5 所示。

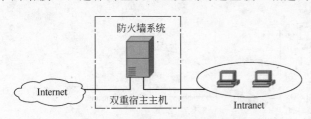

图 4-5 双重宿主主机体系结构

双重宿主主机体系结构优于屏蔽路由器的地方是：双重宿主主机创建了一个完全的物理隔断，它的系统软件可用于维护系统日志、硬件复制日志或远程日志，这对于日后的检查很有用，但不能帮助网络管理者确认内网中哪些主机可能已被黑客入侵。

4.2.3.3 被屏蔽主机体系结构

被屏蔽主机体系结构易于实现，也很安全，因此应用广泛。一般被屏蔽主机体系结构由屏蔽路由器和堡垒主机构成，如图 4-6 所示。一个外部包过滤路由器连接外部网络，同时一个堡垒主机安装在内部网络上，通常在路由器上设立过滤规则，并使这个堡垒主机成为从外部网络唯一可直接到达的主机，这确保了内部网络不受未被授权的外部用户的攻击。

被屏蔽主机体系结构是针对所有进出的信息都要经过堡垒主机而设计的。屏蔽路由器配置成把所有进来的流量路由到堡垒主机上。这种路由允许堡垒主机在把流量代理到内部网络前对所有的流量进行分析。屏蔽路由器还可以配置路由仅从堡垒主机出去的流量，这种方式配置路由不允许内部节点重新配置它们的计算机以绕过堡垒主机，通过仅接受从堡垒主机送出的流量，内部主机必须符合代理服务器所做的限制。堡垒主机配置成拒绝不能接受的流量和代理可接受的流量。

当然，对于内部用户对外部网络的访问，可以针对不同的服务混合使用这些手段。某些

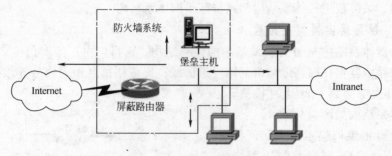

图 4-6　被屏蔽主机体系结构

服务可以被允许直接经由数据包过滤，而其他服务可以被允许仅间接经过代理。这完全取决于用户实现的安全策略。被屏蔽主机体系结构的优点是提高了网络的安全性，但是同时又增加了整个防火墙系统的成本和系统结构的复杂度。

4.2.3.4　被屏蔽子网体系结构

被屏蔽子网体系结构如图 4-7 所示，用两台屏蔽过滤路由器来增加周边子网，通过周边子网将内部网络和外部网络分开。周边子网是一个被隔离的独立子网，充当了内部网络和外部网络的缓冲区，在内部网络和外部网络之间形成一条"隔离带"，这就是所谓的非军事化区（DMZ 区）。

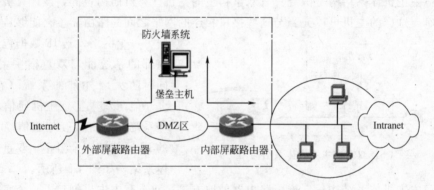

图 4-7　被屏蔽子网体系结构

被屏蔽子网体系结构是四种防火墙类型中最安全的一种，主要是因为它利用一台既支持电路层网关也支持应用级网关的堡垒主机定义一个非军事区。在这种配置下，所有的公共访问设备，包括 Modem 和其他类似的资源被放在这个区域中。DMZ 是在 Internet 和内部网之间的小型的独立的网络。这种配置使用了外部屏蔽路由器，而且都配置成流量通过堡垒主机。

如果攻击者试图完全破坏防火墙，则必须重新配置连接三个网的路由器，既不切断连接，又不要把自己锁在外面，同时又不使自己被发现。但若禁止网络访问路由器或只允许内网中的某些主机访问它，则攻击会变得很困难。在这种情况下，攻击者必须先侵入堡垒主机，然后进入内网主机，再返回来破坏屏蔽路由器，整个过程中不能引发警报。由于攻击这种防火墙体系结构非常困难，故具有很高的安全性，所以被广泛采用。被屏蔽子网体系结构具有以下优点。

① 想要访问内部网必须攻破三个单独的设备（两个屏蔽路由器和一个堡垒生机）而不被发现。

② 内部网对 Internet 来说是有效不可见的，而且也只有处于 DMZ 区的服务器才对外部

网络开放。

③ 内部用户只能看见周边子网（DMZ 区）的存在，内部用户不能直接连接外部网络，必须通过堡垒主机才能访问外部网络。

被屏蔽子网体系结构的缺点主要是因为体系结构复杂，从而造成防火墙系统的实施和管理相对比较复杂。

建造防火墙时，一般很少采用单一的技术，通常是多种解决不同问题的技术的组合。这种组合主要取决于网管中心向用户提供什么样的服务，以及网管中心能接受什么等级的风险。另外，采用哪种技术还取决于经费、投资的大小或技术人员的技术、时间等因素。

4.3　加密技术

4.3.1　密码技术的基本知识

4.3.1.1　密码系统的组成

一个密码系统由明文空间、密文空间、密码方案和密钥空间组成。

① 明文空间。加密的信息称为明文。明文的全体称为明文空间。一般情况下，明文用 M 或 P 表示。明文是信源编码符号，可能是文本文件、位图、数字化存储的语音流或其他的数字视频图像的比特流。可以简单地认为明文是有意义的字符流或比特流。

② 密文空间。密文是经过伪装后的明文。全体可能出现的密文集合称为密文空间。一般情况下，密文用 C 表示，它也可以被认为是字符流或比特流。

③ 密码方案。密码方案确切地描述了加密和解密变换的具体规则。这种描述一般包括对明文进行加密时所使用的规则［称为加密算法，其对明文实施的变换过程称为加密变换，简称为加密，记为 E（X），这里，X 为明文］的描述，以及对密文进行还原时所使用的规则［称为解密算法，其对密文进行还原过程称为解密变换，简称为解密，记为 D（X），这里，X 为加密后的密文］的描述。

④ 密钥空间。加密和解密算法的操作在称为密钥的元素（分别称为加密密钥与解密密钥）控制下进行。密钥的全体称为密钥空间。一般情况下，密钥用 K 表示。密码设计中，各密钥符号一般是独立、等概率出现的，也就是说，密钥一般是随机序列。

4.3.1.2　密码体制的分类

密码体制的分类方法有很多，常见的四种分类方法如下。

① 根据密码的发展历史，可将密码可分为古典密码和近现代密码。

② 根据加密算法和解密算法所使用的密钥的不同，或是否能简单地由加密密钥推导出解密密钥，可将密码体制分为对称密钥密码体制（也叫单钥密码体制、秘密密钥密码体制）和非对称密钥密码体制（也叫双钥密码体制、公开密钥密码体制）。

如果一个密码系统的加密密钥和解密密钥相同，或者虽不相同，但由其中的任意一个密钥可以很容易得知另外一个，则该系统所采用的就是对称密钥密码体制，如 DES、IDEA、AES 等都是对称密码体制的加密算法。反之，如果一个密码系统把加密和解密分开，加密和解密分别用两个不同的密钥实现，并且由加密密钥推导出解密密钥在计算上是困难的，则该系统所采用的就是非对称密码体制。采用非对称密码体制的每个用户都有一对选定的密钥，其中一个是可以公开的，称为公钥，另一个由用户自己秘密保存，称为私钥。RSA、ELGamal、椭圆曲线密码等都是非对称密码体制的典型代表。

③ 根据密码算法对明文信息的加密方式，可分为流密码和分组密码。流密码逐位加密明文消息字符（如二进制数），典型的流密码算法为 A5、SEAL；分组密码将明文消息分组（每个分组含有多个字符），逐组进行加密，典型的分组密码算法为 DES、IDES、AES。

④ 按照是否能进行可逆的加密变换，可将密码体制分为单向函数密码体制和双向变换密码体制。单向函数是一类特殊的密码体制，其性质是可以容易地把明文转换成密文，但再把密文转换成原来的明文却很困难（有时甚至是不可能的）。典型的单向函数包括 MD4、MD5、SHA-1 等。

4.3.2 对称密码体制

对称密码体制也叫单钥密码体制或秘密密钥密码体制，即加密密钥与解密密钥相同的密码体制。在这种体制中，只要知道加（解）密算法，就可以反推解（加）密算法。早期使用的加密算法大多是对称密码体制。对称密码体制的优点是具有很高的保密强度，但它的密钥必须通过安全可靠的途径传递。

4.3.2.1 对称密码算法

对称加解密过程如图 4-8 所示。

① 发送方用自己的私钥对要发送的信息进行加密。

② 发送方将加密后的信息通过网络传送给接收方。

③ 接收方用发送方进行加密的那把私钥对接收到的加密信息进行解密，得到信息明文。

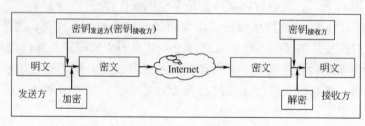

图 4-8　对称加密和解密过程

4.3.2.2 对称密码分类

对称密码体制按照对明文数据的加密方式不同，可分为流密码（又叫系列密码）和分组密码两类。分组密码（block cipher）对明文进行加密时，首先需要对明文进行分组，每组的长度都相同，然后对每组明文分别加密得到等长的密文，分组密码的特点是加密密钥与解密密钥相同。分组密码的安全性主要依赖于密钥，而不依赖于对加密算法和解密算法的保密性，因此，分组密码的加密和解密算法可以公开。流密码（stream cipher）将消息分成连续的符号或比特，用密钥流对信息进行加密。其中，密钥流（也叫序列密码）是由种子密钥通过密钥流生成器得到的。

分组密码体制与流密码体制相比，在设计上的自由度比较小，但它具有容易检测出对信息的篡改、不需要密钥同步等优点，使其具有很强的适应性和广泛的用途。

（1）流密码

流密码采用密钥生成器，由原始密钥生成一系列密钥流，用来加密信息，每个明文可以选用不同的密钥加密。流密码目前应用领域主要是军事和外交等部门。

（2）分组密码

分组密码体制是目前商业领域中比较重要而流行的一种加密体制，它广泛应用于数据的保密传输、加密存储等应用场合。分组密码（block cipher）对明文进行加密时，首先需要对明文进行分组，每组的长度都相同，然后对每组明文分别加密得到等长的密文，分组密码的特点是加密密钥与解密密钥相同。分组密码的安全性主要依赖于密钥，而不依赖于对加密算法和解密算法的保密，因此，分组密码的加密和解密算法可以公开。

分组密码算法实际上就是在密钥的控制下简单而迅速地找到一个置换，用来对明文分组进行加密变换，一般情况下对密码算法的要求如下。

① 分组长度 m 足够大。当分组长度 m 较小时，分组密码很类似于某些古典密码，如弗吉尼亚密码、希尔密码和置换密码，它仍然有效保留了明文中的统计信息，但这种统计信息将给攻击者留下可乘之机，攻击者可以有效穷举明文空间，得到密码变换本身。

② 密钥空间足够大。分组密码的密钥所确定的密码变换只是所有置换中极小的一部分。如果分组密码的密钥所确定的密码变换这一部分足够小，攻击者可以有效通过穷举密钥确定所有的置换。到达一定时间，攻击者就可以对密文进行解密，以得到有意义的明文。

③ 密码变换必须足够复杂。使密码攻击者除了穷举法攻击以外，找不到其他简洁的数学破译方法。

4.3.2.3 古典密码

古典密码的加密方法一般是文字置换，使用手工或机械变换的方式实现。古典密码系统已经初步体现出近代密码系统的雏形，它比古代加密方法复杂，变化较小。

古典密码的代表密码体制主要有：单表代替密码、多表代替密码及转轮密码。Caesar密码就是一种典型的单表加密体制；多表代替密码有 Vigenere 密码、Hill 密码；著名的Enigma 密码就是第二次世界大战中使用的转轮密码。

（1）单表代替密码（移位密码）

用一组密文字母来代替一组明文字母，以隐藏明文，同时保持明文字母的位置不变。移位密码将明文在明文空间中循环移 k 位而成密文，K 是循环移位密码的密钥。典型的移位密码是恺撒密码。公元前 50 年，古罗马的恺撒大帝在高卢战争中采用的加密方法。恺撒密码算法是把 A 换成 D，B 换成 E，C 换成 F，…，Z 换成 C，也就是密文字母相对于明文字母循环前移了 3 位。

恺撒密码替代映射表如表 4-1 所示。

表 4-1 恺撒密码替代映射表

明文	A	B	C	D	E	F	G	H	I	J	K	L	M	N	O	P	Q	R	S	T	U	V	W	X	Y	Z
密文	D	E	F	G	H	I	J	K	L	M	N	O	P	Q	R	S	T	U	V	W	X	Y	Z	A	B	C

例如：明文 COMPUTER SYSTEM，使用恺撒密码加密后的密文是 FRPSXWHU VBVWHP。

移位密码的明文空间 M、密文空间 E 和密钥空间 K_m 相同，即：$M = E = K_m = Z_m$，可以取模 m 为 26，已知明文 x，密文 $y \in Z_{26}$，则定义加密算法为：$e_k(x) = (x + k) \bmod 26$；解密算法为：$d_k(y) = (y - k) \bmod 26$。

使用上面的移位密码可以用来加密含有 26 个字母的英文信息，首先建立英文字母和模剩余之间的一一对应关系，这里大写和小写字母对应的数字是一样的，如表 4-2 所示。

表 4-2 移位密码替换表

A	B	C	D	E	F	G	H	I	J	K	L	M	N	O	P	Q	R	S	T	U	V	W	X	Y	Z
0	1	2	3	4	5	6	7	8	9	10	11	12	13	14	15	16	17	18	19	20	21	22	23	24	25

有了移位密码替换表，再确定 k，就可以加密和解密信息了，如加密明文信息 COM-PUTER SYSTEM，取 k=3。可采取以下步骤得到密文。

首先按移位密码替换表将明文字母替换成相应的数字，如 2 14 12 15 20 19 4 17 18 24 18 19 4 12。

按 $e_k(x)=(x+3)\bmod 26$ 计算，也就是每个数与 3 相加后，再对其和取模 26 运算，可得：5 17 15 18 23 22 7 20 21 1 21 22 7 15，得到相应的密文为：FRPSXWHU VBVWHP。

反之，可将上述密文对应的数字按照解密算法 $d_k(y)=(y-3)\bmod 26$ 进行解密。

仿射密码通过一定的变换来对明文进行变换。具体定义为：令 $M=E=Z_m$，取模 $m=26$，密钥空间为：$K=\{(a, b)\in Z_{26}\times Z_{26}: \gcd(a, 26)=1\}$，对任意的密钥 $k=(a, b)\in K$，已知明文 $x\in Z_{26}$，密文 $y\in Z_{26}$，定义加/解密算法为

$$e_k(x)=(ax+b)\bmod 26, d_k(y)=a^{-1}(y-b)\bmod 26$$

这里 a^{-1} 为 a 的逆变换，gcd (a, 26) =1 表示 a 和 26 的最大公约数为 1，即 a 和 26 互为素数。

仿射密码中明文空间和密文空间 E 为 26 个字母，加密和解密都是在 Z_{26} 上的代数运算，加密时根据密钥 $k=$ (a, b) $\in K$ 来实现线性运算。

例如，密钥 $k=(7,3)$，用仿射密码加密信息 study hard。

解：$e_k(x)=(7x+3)\bmod 26$

首先，加密信息。将信息 stady hard 中明文字母写成对应的数字，即 18 19 20 3 24　7 0 17 3。

按加密变换公式计算加密的数字为

$$(7\times 18+3)\bmod 26=129\bmod 26=25$$
$$(7\times 19+3)\bmod 26=136\bmod 26=6$$
$$(7\times 20+3)\bmod 26=143\bmod 26=13$$
$$(7\times 3+3)\bmod 26=24\bmod 26=24$$
$$(7\times 24+3)\bmod 26=171\bmod 26=15$$
$$(7\times 7+3)\bmod 26=52\bmod 26=0$$
$$(7\times 0+3)\bmod 26=3\bmod 26=3$$
$$(7\times 17+3)\bmod 26=122\bmod 26=18$$
$$(7\times 3+3)\bmod 26=24\bmod 26=24$$

得到密文数字为：25 6 13 24 15 0 3 18 24。

对应密文字母为：z g n y p a d s y。

然后，求 a^{-1}。根据逆变换法则，当 $m\geqslant 1$ 时，(a,m)=1，则存在 c，使得 $ca\equiv 1\pmod{m}$，c 称为 a 对模 m 的逆，记为 $a^{-1}\pmod m$，当 $a\in Z_m$ 时，记为 a^{-1}。

由 $m=26>1$，(7,26)=1，得到 $7c\equiv 1\bmod 26$，可算出 7c=26k+1，当 k=1 时，c=27/7（舍去）；当 k=2 时，c=53/7（舍去）；当 k=3 时，c=79/7（舍去）；当 k=4 时，c=15，即 $a^{-1}=15$。

由此得到解密变换公式 $d_k(y)=15(y-3)\bmod 26$。

(2) 多表代替密码

弗吉尼亚密码是一种多表代换密码，一个字母可以代换成密钥空间的多个字母。具体定义为：m 是一个正整数，令 $M=E=K=(Z_{26})^k$，对任意的 $K=(k_1，k_2，\cdots，k_m)$，其加/解密算法为

$$e_k(x_1,x_2,\cdots,x_m)=(x_1+k_1,x_2+k_2,\cdots,x_m+k_m)$$
$$d_k(y_1,y_2,\cdots,y_m)=(y_1-k_1,y_2-k_2,\cdots,y_m-k_m)$$

这种密码每次将 m 个字母对应的数字进行变换，其加减法运算是在 Z_{26} 下进行的，即

$$y_i=(x_i+k_i)\bmod 26,x_i=(y_i-k_i)\bmod 26\ (i=1,2,\cdots,m)$$

采用弗吉尼亚密码加密时需将明文分组加密，密钥循环使用。

例如，m＝3，密钥字为 help，用弗吉尼亚密码加密信息 do me a favor。

首先，密钥字对应的数字串 $K=(7，4，11，15)$。加密时将明文分组加密，密钥循环使用，操作如下。

明文对应的数字为：3 14 12　4 0 5　0 21 14 17

加密密钥为：7　4　11　15　7　4　11 15　7　4

相加变换后：10 18　23　19　7　9　11 10 21 21

密文为：k　s　x　t　h　j　l　k　v　v

信息加密后得到密文为 ksxthjlkvv。

从算法中可以看出，弗吉尼亚密码的密钥空间大小为 26^m。因而，即使 m 的值很小，使用穷尽密钥搜索方法也需很长的时间。当 m＝5 时，密钥空间超过 1.1×10^7，这样的密钥量已经无法使用手算法进行穷举密钥搜索了。一般多表代替密码比单表代替密码更安全。

4.3.3 非对称密码体制

4.3.3.1 非对称密码体制的概念

非对称密码体制（也称公钥密码体制）对信息的加密和解密使用不同的密钥，即需要两个密钥：公开密钥，简称公钥（public key）和私有密钥，简称私钥（private key）。如果用公钥对数据进行加密，只有用对应的私钥才能进行解密；如果用私钥对数据进行加密，那么只有用对应的公钥才能解密。

公钥密码技术使用的加密公钥和解密私钥是不同的，这样，公开加密密钥不会危及解密密钥的安全性。公钥密码体制从根本上克服了传统密钥密码体制的缺陷，解决了密钥分发、管理以及消息认证等问题，特别适用于计算机网络系统。

公钥密码体制的基本思想是利用求解某些数学难题的困难性，由于用户的加密密钥和解密密钥是不同的，而且从加密密钥求解解密密钥是很困难的。因此，用户加密密钥可以公开，登记在网络的密钥数据库中，就像把自己的电话号码公开在电话簿上一样。任何人如果想要与某个用户 A 通信，只要在公开的密钥数据库中查询用户 A 的加密密钥，用此加密密钥把明文加密成密文，将此密文传送给指定的用户，任何人如果没有解密密钥，都无法恢复出明文。

4.3.3.2 非对称密码体制算法

（1）RSA 算法

1978 年，Rivest、Shamir 和 Adleman 提出了一个安全性能良好的公钥密码体制，这种密码体制算法以三人名字的缩写命名，即著名的 RSA 算法。RSA 公钥密码体制是基于大整

数分解的非对称密钥密码体制。大整数分解问题是已知整数 n、n 是两个素数的乘积，即有 n＝p×q，求解 p 和 q 的值。

① 密钥的生成。

a. 任选两个秘密的大素数 p 和 q，计算 n＝p×q。计算 n 的欧拉函数为 $\phi(n)＝(p-1)(q-1)$。

b. 随机地选择一个与 $\phi(n)$ 互素的整数 e 作为某用户的公钥。由 e 求出相对应的私钥 d，满足 $ed\equiv1mod\phi(n)$。公钥和私钥是成对出现的。RSA 算法中，分别使用两个正整数作为加密密钥与解密密钥，即加密密钥 e 和 n(e, n)，解密密钥 d 和 n(d, n)，其中，e 和 n 的值公开，d 的值保密。

② 加密过程。对消息 M 进行加密前，若 M 较长，要将 M 分解成为消息比特串，分组长度 L 保证 $2^L\leq n$，m 是分组后消息的十进制表示，则有 $0\leq m<n$，C 为加密后的密文。加密算法为 $c＝E(m)＝m^e mod\ n$。

③ 解密过程。解密算法为 $m＝D(c)＝c^d mod\ n$。

RSA 公钥密码体制可以简单描述如下。

a. 生成两个大素数 p 和 q。

b. 计算这两个素数的乘积 n＝p×q。

c. 计算小于 n 并且与 n 互质的整数的个数，即欧拉函数 $\phi(n)＝(p-1)(q-1)$。

d. 选择一个随机数，满足 $1<e<\phi(n)$，并且 e 和 $\phi(n)$ 互质，即 $gcd[e,\phi(n)]＝1$，d 和 $\phi(n)$ 的最大公约数是 1。

e. 找到一个数 d，使得 $ed\equiv1\ mod\ \phi(n)$。

f. 保密 d、p 和 q，公开 n 和 e。

（2）PGP 算法

良好隐私加密算法（Pretty Good Privacy，PGP）加密技术是 Internet 上应用最为广泛的一种基于 RSA 公钥密码体制的混合加密算法。它采用 IDEA 进行数据加密，采用 RSA 进行密钥管理和数字签名。

发件人用 PGP 随机生成一个密钥，再用 IDEA 算法对明文加密，然后用 RSA 算法对密钥加密；收件人用 RSA 解出随机密钥，再用 IDEA 解出原文。这样的链式加密既有 RSA 算法的保密性（privacy）和认证性（authentication），又有 IDEA 算法的快捷性。

使用 PGP 可以对邮件保密，以防止非授权者阅读；还可以在邮件上数字签名，从而使收信人能确认邮件的发送者，并可以确信邮件没有被篡改。PGP 提供了一个安全的通信方式，且事先并不需要任何保密的渠道用来传送密钥。

PGP 加密算法的功能如下。

① 加密文件。PGP 采用一个 IDEA 算法加密文件，对于采用直接攻击法的解密者来说，IDEA 是 PGP 密文的第一道防线，只有知道加密密钥的人才可以解密文件。IDEA 是目前公开的最强的一个分组加密算法。

② 密钥生成。PGP 可以生成私有密钥和公开密钥，有 512 位、767 位、1024 位三种长度可供选择。PGP 采用了 RSA 公钥密码体制，其安全性基于大整数因子分解的困难性。

③ 密钥管理。PGP 有生成密钥、删除密钥、查看密钥、编辑密钥和对密钥签名等功能。

④ 收发电子邮件。利用 PGP 对收发的邮件进行加密和解密，使通过电子邮件传输的数据文件更为安全。

⑤ 数字签名。PGP 可以用来作为数字签名，也可以校验别人的签名。

⑥ 认证密钥。PGP 可以给别人的公开密钥作数字签名。

4.3.4 典型加密技术

4.3.4.1 数字摘要

数字摘要采用散列算法（Hash 函数）将需加密的明文"摘要"成一串 128b 的密文，这一串密文也称为数字指纹。

散列算法并不是加密算法，但却能产生信息的数字"指纹"，主要用途是确保信息没有被篡改或发生变化，以维护信息的完整性。

散列函数的性质如下。

① 散列函数易于实现。对任何给定的输入 M，输出 H（M）是相对易于计算（硬件和软件易于实现），且固定长度的数值。

② 散列函数具有单向性。已知散列函数的输出散列码 H（M），计算其输入 M 是很困难的，即已知 C=H(M)，求 M 是很难的。

③ 散列函数具有防伪造性（又称弱抗冲突性）。已知 C_1=H(M_1)，构造不等于 M_1 的 M_2，使得 H(M_1)=H(M_2) 是很困难的。

④ 散列函数具有很好的抵抗攻击能力（又称强抗冲突性）。对任何 M_1，寻找不等于 M_1 的 M_2，使得 H(M_2)=H(M_1)在计算上是不可行的。

散列函数是公开的，对处理的过程无需保密，散列函数的安全性源于它的单向性。散列函数算法目前主要有 MD5、SHA-1 和 RIPEMD-160。MD5 的散列码长度是 128b，可在 24h 找到一个冲突，使得不同的输入得到相同的结果，因此该算法已经过时。而 SHA-1 和 RIPEMD-160 散列码长度为 160b，理论上需要 4000 年才能找到一个冲突，因而被认为是安全性极好的散列算法。

4.3.4.2 数字信封

数字信封中采用了对称密码体制和公钥密码体制。数字信封的功能类似于普通信封，普通信封在法律的约束下保证只有收信人才能阅读信的内容；数字信封则采用密码技术保证只有规定的接收人才能阅读信息的内容。其基本思想是信息发送者首先利用随机产生的对称密钥加密信息，再利用接收者的公钥加密对称密钥，被公钥加密后的对称密钥称为数字信封。在传递信息时，信息发送者将数字信封和加密后的信息一起发送给接收者，信息接收者若要解密信息，必须先用自己的私钥解密数字信封，得到对称密钥，然后利用对称密钥解密所得到的信息，这样就保证了数据传输的真实性和完整性。图 4-9 为数字信封工作原理示意图。

数字信封主要包括数字信封打包和数字信封拆解，数字信封打包是使用对方的公钥将通信密密钥进行加密的过程，只有对方的私钥才能将加密后的通信密钥还原；数字信封拆解是使用通信密钥将加密过的数据解密的过程。

数字信封本身需要两个加密、解密过程，即文件本身的加密、解密和密钥的加密、解密。首先，用对称加密算法对要发送的信息进行一次加密；然后，用非对称加密算法对对称加密的密钥加密。

4.3.4.3 数字签名

数字签名是通过一个单向函数对要传送的报文进行处理得到的用来认证报文来源并核实报文是否发生变化的一个字符数字串。用这个字符串来代替书写签名或印章，起到与书写签

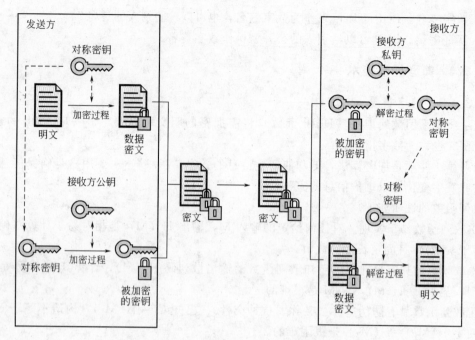

图 4-9　数字信封工作原理示意图

名或印章同样的法律效用。数字签名具有法律效力，签名者一旦签名，便需要对自己的签名负责，接收者通过验证签名来确认信息来源的正确性、完整性和可靠性。

（1）单一的数字签名原理

公钥密码体制实现数字签名的基本原理很简单，假设 A 要发送一个电子文件给 B，A、B 双方进行数字签名只需要经过下面三个步骤。

① A 用其私钥加密文件，这便是签名过程。

② A 将加密的文件送到 B。

③ B 用 A 的公钥解开 A 送来的文件。

这样的签名方法是符合可靠性原则的，即签名是可以确认的；签名是无法伪造的；签名是无法重复使用的；文件被签名以后是无法被篡改的；签名具有不可否认性。

（2）具有数字摘要的数字签名

实现数字签名有很多方法，目前数字签名采用较多的是公钥加密技术和散列算法相结合的一种数字签名方式。数字签名和验证工作过程如下。

① 发送者使用单向散列函数对要发送的明文进行运算，生成数字摘要。

② 发送者使用私钥，利用非对称加密算法对生成的数字摘要进行数字签名。

③ 发送者通过公开的网络将信息本身和已经进行数字签名的数字摘要发送给信息接收者。

④ 接收者使用发送者的公钥对接收的数字签名进行解密，得到解密后的数字摘要。

⑤ 接收者使用与发送者相同的单向散列函数对收到的信息进行运算，生成新的数字摘要。

⑥ 将解密得到的数字摘要与重新生成的数字摘要进行比较，以判断信息在传输送过程中是否被篡改，如果两个数字签名一致，说明在文件在传输过程中没有被破坏。

数字签名的加密和解密过程与加密密钥的加密和解密过程虽然都利用了公钥密码体制，

但实现的过程却是相反的，使用的密钥也是不同的。数字签名使用的是发送者的密钥对，发送者用自己的私钥加密，接收者用发送者的公钥解密，任何拥有发送者公钥的人都可以验证数字签名的正确性。加密密钥的加密和解密使用接收者的密钥对，这就保证了任何知道接收者公钥的人都可以向接收者发送加密信息，但是只有唯一拥有接收者私钥的人才能对信息进行解密。

4.4 认证技术与数字证书

4.4.1 认证技术

认证技术是解决电子商务活动中的安全问题的技术基础。认证采用对称密码、公钥加密、散列算法等技术为电子商务活动中的信息完整性、不可否认性以及电子商务实体的身份真实性提供技术保障。

认证是信息安全中的一个重要内容，认证可分为消息认证（也称数据源认证）和身份认证。消息认证用于保证信息的完整性与抗否认性，身份认证则用于鉴别用户身份。在电子商务系统中，有时候认证技术可能比信息加密本身更加重要，比如在网上购物和支付系统中，用户往往对购物信息的保密性不是很看重，而对网上商店的身份的真实性备加关注（这就需要身份认证）。本节将重点对数字签名和身份认证技术作介绍，对数字签名和身份认证中的相关技术（如数字时间戳技术、散列算法等）进行简要介绍，并介绍相关技术的实现方案。

4.4.1.1 数字签名技术

数字签名从传统的手写签名衍生而来，它可以提供一些基本的密码服务，如数据的完整性、真实性以及不可否认性。数字签名是实现电子交易安全的核心技术之一，它在身份认证、数据完整性、不可否认性以及匿名性等方面有着重要的应用，如文件的制造者可以在电子文件上签一个可信、不可伪造、不可更改、不可抵赖的数字签名；电子商务实体可以向对方发送自己的身份识别码、用户名、口令等身份信息的数字签名来进行身份验证。

简单来说，数字签名就是通过一个单向函数对要传送的报文进行处理，得到用于认证报文来源并核实报文是否发生变化的一个字母数字串，用这个字符串来代替书写签名或印章，起到与书写签名或印章同样的法律效用。数字签名具有法律效力，签名者一旦签名，便需要对自己的签名负责，接收者通过验证签名来确认信息来源的正确性、完整性和可靠性。数字签名必须能保证接收者能够核实发送者对报文的签名、发送者事后不能抵赖对报文的签名和接收者不能伪造对报文的签名。

4.4.1.2 身份认证技术

身份认证又叫身份识别，它是通信和数据系统正确识别通信用户或终端个人身份的重要途径。目前，身份认证的方法形形色色，从身份认证过程中系统的通信次数分，有一次认证、两次认证和多次认证，从身份认证所应用的系统来分，有单机系统身份认证和网络系统身份认证；从身份认证的基本原理上来分，身份认证可以分为静态身份认证和动态身份认证。

（1）时间戳技术

电子交易文件中，时间是十分重要的信息。在书面合同中，文件签署的日期和签名一样，均是十分重要的防止文件被伪造和篡改的关键性内容。时间戳服务在电子商务中应用时，要求交易结果对于参与双方应该是有约束力的，参与方不能否认其行为。这需要在经过数字签名的交易上打上一个可信赖的时间戳，从而解决一系列的实际问题和法律问题。

数字时间戳是一种时间同步技术。由于用户桌面时间很容易改变，由该时间产生的时间戳不可信赖，因此需要一个可信任的第三方——时间戳权威（time stamp authority，TSA），来提供可信赖的且不可抵赖的时间戳服务。TSA 的主要功能是提供可靠的时间信息，证明某份文件（或某条信息）在某个时间（或以前）存在，防止用户在这个时间后伪造数据，进行欺骗活动。时间戳（time stamp）是一个经加密后形成的凭证文档，它包括三个部分。

① 需加时间戳的文件的摘要。

② DTS 收到文件的日期和时间。

③ DTS 的数字签名。

时间戳产生的一般过程为：用户首先将需要加时间戳的文件用 Hash 函数处理，形成摘要，然后将该摘要发送到 DTS，DTS 将收到文件摘要的日期和时间信息加入到文件中，再对该文件加密（数字签名），然后送回用户。

在现实中，时间戳分为两种：一种是绝对的时间戳；一种是相对的时间戳。绝对时间戳给电子文档包含一个和现实生活中一样的真实时间；相对时间戳只要证明某个电子文档早于另一个文档即可。由于从技术上很难保证用户的时间同步令牌在时间上和中心认证系统严格同步，而且数据在网络上传输和处理都有一定的延迟。当时间误差超过允许值时，对正常用户的登录认证失败，攻击者也可能利用这个时间差进行欺骗活动。同时，基于时间同步机制的技术无法防范"假中心"的安全隐患。

（2）持证认证

持证认证利用授权用户持有物，例如用身份证、护照、信用卡、USB Key 等作为访问控制的认证技术，它的作用类似于钥匙，用于启动电子设备。使用比较多的是一种嵌有磁条的塑料卡，磁条上记录用于机器识别的个人信息，这类卡通常和个人识别号（PIN）一起使用。

（3）生物识别认证

依据人类自身所固有的生理或行为特征进行识别。生理特征与生俱来，多为先天性的，如指纹、眼睛虹膜、脸像、DNA 等；行为特征则是习惯使然，多为后天性的，如笔迹、步态等。生物识别因此包括指纹识别、虹膜识别、脸像识别、掌纹识别、声音识别、签名识别、笔迹识别、手形识别、步态识别及多种生物特征融合识别等诸多种类，其中，虹膜和指纹识别被公认为是最可靠的生物识别方式。

4.4.2 数字证书

4.4.2.1 数字证书的概念

数字证书就是网络通信中标志通信各方身份信息的一系列数据，提供了一种在 Internet 上验证身份的方式，其作用类似于驾驶员的驾驶执照或日常生活中的身份证。它是由一个权威机构——CA，又称为证书授权中心发行的，人们可以在交往中用它来识别对方的身份。

数字证书是一个经证书授权中心数字签名的包含公开密钥拥有者信息以及公开密钥的文件。最简单的证书包含一个公开密钥、名称以及证书授权中心的数字签名。一般情况下证书中还包括密钥的有效时间、发证机关的名称、该证书的序列号等信息，证书的格式遵循ITUTX.509 数字证书标准。

一个标准的 X.509 数字证书包含以下内容。

① 证书的版本信息。

② 证书的序列号。每个证书都有一个唯一的序列号。

③ 证书所使用的签名算法。

④ 证书的发行机构名称。命名规则一般采用 X.500 格式。

⑤ 证书的有效期。现在通用的证书一般采用 UTC 时间格式，它的计时范围为 1950～2049。

⑥ 证书所有人的名称。命名规则一般采用 X.500 格式。

⑦ 证书所有人的公开密钥。

⑧ 证书发行者对证书的签名。

4.4.2.2　数字证书的作用

Internet 电子商务系统技术使在网上购物的顾客能够极其方便、轻松地获得商家和企业的信息，但同时也增加了对某些敏感或有价值的数据被滥用的风险。买方和卖方在因特网上进行的一切金融交易、运作都必须是真实可靠的，因而因特网电子商务系统必须保证具有十分可靠的安全保密技术。也就是说，必须保证网络安全的四大要素，即信息的保密性、信息的完整性、信息的不可否认性和交易者身份的确定性。

(1) 信息的保密性

交易中的商务信息均有保密的要求，如信用卡的账号和用户名被人知悉，就可能被盗用；订货和付款的信息被竞争对手获悉，就可能丧失商机。因此，在电子商务的信息传播中，一般都有加密的要求。

(2) 信息的完整性

信息的完整性是从信息传输和存储两个方面来看的。在存储时，要防止非法篡改和破坏网站上的信息；在传输过程中，若接收端收到的信息与发送的信息完全一样，则说明信息在传输过程中没有遭到破坏，即使信息是加密之后进行传输，能保证第三方看不到真正的信息，也并不能保证信息的完整性。

(3) 信息的不可否认性

由于商情的千变万化，交易一旦达成，是不能被否认的。否则，必然会损害一方的利益，例如订购黄金，订货时金价较低，但收到订单后，金价上涨了，如收单方否认收到订单的实际时间，甚至否认收到订单的事实，则订货方就会蒙受损失。因此，电子交易通信过程的各个环节都必须是不可否认的。

(4) 交易者身份的确定性

网上交易的双方很可能素昧平生，相隔千里，要使交易成功，首先要能确认对方的身份，因此，能方便而可靠地确认对方身份是交易的前提。对于为顾客或用户开展服务的银行、信用卡公司和销售商店，为了做到安全、保密、可靠地开展服务活动，都要进行身份认证的工作。有关的销售商店不知道顾客所用的信用卡的信息，商店只能把信用卡的确认工作完全交给银行来完成。银行和信用卡公司可以采用各种保密与识别方法，确认顾客的身份是否合法，同时还要防止发生拒付款问题以及确认订货和订货收据信息等。

4.4.2.3　数字证书的原理

数字证书采用公钥体制，即利用一对互相匹配的密钥进行加密、解密。每个用户自己设定一把特定的，仅为本人所知的私有密钥（私钥），用它进行解密和签名；同时设定一把公共密钥（公钥），并由本人公开，为一组用户所共享，用于加密和验证签名。当发送一份保密文件时，发送方使用接收方的公钥对数据加密，而接收方则使用自己的私钥解密，这样信息就可以安全无误地到达目的地了。通过数字的手段保证加密过程是一个不可逆过程，即只有用私有密钥才能解密。在公开密钥密码体制中，常用的一种是 RSA 体制，其数学原理是将一个大数分解成两个质数的乘积，加密和解密用的是两个不同的密钥，即便已知明文、密文和加密密钥（公开密钥），想要推导出解密密钥（私密密钥），在计算上也是不可能的。按现在的计算机技术水平，要破解 1024 位 RSA 密钥，需要上千年的计算时间。公开密钥技术解决了密钥发布的管理问题，商户可以公开其公开密钥，而保留其私有密钥。购物者可以用人人皆知的公开密钥对发送的信息进行加密，安全传送给商户，然后由商户用自己的私有密钥进行解密。

用户也可以采用自己的私钥对信息加以处理，由于密钥仅为用户本人所有，这样就产生了别人无法生成的文件，也就形成了数字签名。采用数字签名能够确认以下两点。

① 保证信息是由签名者自己签名发送的，签名者不能否认或难以否认。

② 保证信息自签发后到收到为止未曾进行过任何修改，签发的文件是真实文件。

数字签名具体做法如下。

① 将报文按双方约定的 Hash 算法计算得到一个固定位数的报文摘要。在数学上保证只要改动报文中任何一位，重新计算出的报文摘要值就会与原先的值不相符，这样就保证了报文的不可更改性。

② 将该报文摘要值用发送者的私钥加密，然后连同原报文一起发送给接收者，而产生的报文即数字签名。

③ 接收方收到数字签名后，用同样的 Hash 算法对报文计算摘要值，然后与用发送者的公钥进行解密，并与解开的报文摘要值相比较，如相等，则说明报文确实来自所称的发送者。

4.4.2.4 数字证书的用途

数字证书可以应用于公众网络上的商务活动和行政作业活动，包括支付型和非支付型电子商务活动，其应用范围涉及需要身份认证及保证数据安全的各个行业，包括传统的商业、制造业、流通业的网上交易，以及公共事业、金融服务业、工商税务海关、政府行政办公、教育科研单位、保险和医疗等网上作业系统。

上海市电子商务安全证书管理中心有限公司（SHECA）现已完成证书系统的建设，面向用户发放数字证书。其中，SET 证书已应用在东方航空公司网上售票，整个交易流程符合 SET 协议，与国际接轨。通用证书已在网上购物、企业与企业的电子贸易、安全电子邮件、网上证券交易和网上银行等方面得到应用。为了配合社会保障工作，方便百姓，SHE-CA 将根据用户的需要，把个人数字证书存放在社会保障卡内，为个人网上安全作业提供便利。SHECA 还与上海市企业代码证中心合作，将企业代码证和企业数字证书一体化，为企业网上交易、网上报税、网上报关及网上作业奠定基础。

4.4.2.5 数字证书的申请流程

不同认证中心提供的数字证书的申请流程一般都大同小异，例如，广东省电子商务认证中心为方便客户，支持两种证书申请流程（如图 4-10 所示）。其中，"可选流程 A" 和 "可选流程 B" 的区别在于 "可选流程 A" 的用户无需填写网上申请表，只需要填写书面的申请表，其业务受理号由业务代理点在身份审核后提供给用户。

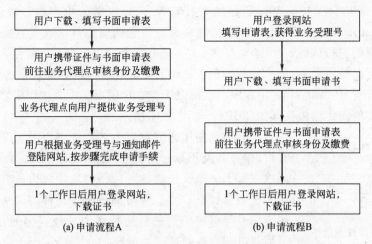

图 4-10 广东省电子商务认证中心提供的证书申请流程

值得一提的是，有些认证中心向用户提供免费的试用型数字证书（又称测试证书）。测试证书是为了方便用户测试和学习数字证书的用法而发放的临时证书，其申请过程即时在网上完成，并可以立即投入使用。测试证书与正式证书的功能基本相同，不过有效期限一般比较短（如 30 天）。目前，国内向用户提供测试证书的认证中心主要有以下五家。

① 中国金融认证中心，网址为：http：//www.cfca.com.cn。

② 广东省电子商务认证中心，网址为：http：//www.cnca.net。

③ 深圳市电子证书认证中心，网址为：http：//www.szca.gov.cn。

④ 天威诚信数字证书认证中心，网址为：http：//www.itrus.com.cn。

⑤ 中国数字认证网，网址为：http：//www.ca365.com。

4.5 安全协议

网络安全是电子商务发展的基本前提。电子商务中的信息交换往往需要通过公开的 Internet 传输，为了保护 Internet 上任意两点之间信息交换的安全，出现了各种用于加强 Internet 通信安全性的协议。

目前，国际上流行的电子商务所采用的协议主要有用于接入控制的安全套接层协议（secure sockets layer，SSL）、基于信用卡交易的安全电子协议（secure electronic transaction，SET）、安全 HTTP（S-HTTP）协议、安全电子邮件协议（PEM、S/MIME 等）。

4.5.1 SSL 协议

SSL 协议是一种国际标准的加密及身份认证通信协议，最初是由美国 Netscape 公司为互联网上保密文档传送而研究开发的，后来成为了 Internet 上安全通信与交易的标准。

4.5.1.1 SSL 协议提供的服务及实现步骤

SSL 协议最早由 Netscape 公司于 1994 年 11 月提出并率先实现，即 SSL V2.0 Internet-Draft 版本，随后该版本经历了 5 次修改。近年来，SSL 的应用领域不断被拓宽，许多在网络上传输的敏感信息（如电子商务、金融业务中的信用卡号或 PIN 码等机密信息）都纷纷采用 SSL 来进行安全保护。SSL 通过加密传输来确保数据的机密性，通过信息验证码（message authentication codes，MAC）机制来保护信息的完整性，通过数字证书来对发送者和接收者的身份进行认证。

SSL 协议可以被总结为：一个保证任何安装了安全套接层的客户和服务器间事务安全的协议，它涉及所有 TCP/IP 应用程序。该协议工作在传输层之上、应用层之下，其底层是基于传输层可靠的流传输协议（如 TCP），如图 4-11 所示。

HTTP	Telnet	SMTP	FTP
SSL			
TCP			
IP			

图 4-11　SSL 协议在网络层次中的位置

SSL 协议使用通信双方的客户证书以及 CA 根证书，允许客户/服务器应用以一种不能被偷听的方式通信，在通信双方间建立起了一条安全的、可信任的通信通道。该协议使用密钥对传送数据加密，许多网站都是通过这种协议从客户端接收信用卡编号等保密信息的。它被认为是最安全的在线交易模式，目前在电子商务领域应用很广。

SSL 提供的安全通道具有三个特征。

① 私密性。当握手协议定义了双方会话的专有密钥后，在安全通道里传输的所有信息都要经过加密处理，以保证数据的安全性和完整性不遭到破坏。

② 确认性。在身份认证方面，虽然客户端的认证是可选的，但是服务器端始终是被认证的。

③ 可靠性。通过 MAC 对传输的信息进行信息完整性检查。

每个 SSL 安全通道使用的加密算法和连接密钥都是在该次对话前，交易双方通过协商认定并验证的。在为上层提供的安全传输通道上，可以透明的加载任何高层的应用层协议，比如 HTTP、LDAP、LMAP 等，并保证应用层数据传输的安全。SSL 协议的实现是比较简单的，并且还独立于应用层协议，所以现在网上的大部分 B2C 交易都是使用 SSL 协议来传输用户的信用卡有关信息。

SSL 安全协议主要提供以下三方面的服务。

① 客户和服务器的合法性认证。认证客户和服务器的合法性，使得它们能够确信数据将被发送到正确的客户机和服务器上。客户机和服务器都有各自的识别号，这些识别号由公钥进行编号，为了验证客户是否合法，SSL 要求在握手交换数据时进行数字认证，以此来确保客户的合法性。

② 加密数据，即隐藏被传送的数据。SSL 所采用的加密技术既有对称密钥技术，也有公开密钥技术。在客户机与服务器进行数据交换之前，交换 SSL 初始握手信息，在 SSL 握手信息中采用了各种加密技术对其加密，以保证其机密性和数据的完整性，并且用数字证书进行鉴别，这样就可以防止非法客户进行破译。

③ 保护数据的完整性。SSL 采用 Hash 算法和机密共享的方法来提供信息的完整性服务，建立客户机与服务器之间的安全通道，使所有经过 SSL 处理的业务在传输过程中能全部完整准确无误地到达目的地。

SSL 协议是在 Internet 基础上提供的一种保证私密性的安全协议。它能使 client/server 应用之间的通信不被第三方窃听，并且始终对服务器进行认证，还可选择对客户进行认证。SSL 协议可用于保护正常运行于 TCP 之上的任何应用协议，如 HTTP、FTP、SMTP 或 Telnet 的通信，最常见的是用 SSL 来保护 HTTP 的通信。SSL 协议的优点在于它与应用层协议无关。高层的应用协议（如 HTTP、FTP、Telnet 等）能透明地建立于 SSL 协议之上。

SSL 协议在应用层协议之前就已经完成加密算法、通信密钥的协商以及服务器的认证工作。在此之后应用层协议所传送的数据都会被加密，从而保证通信的安全性。

SSL 是一个保证计算机通信安全的协议，对通信对话过程进行安全保护，其实现过程主要经过以下六个阶段。

① 接通阶段。客户机通过网络向服务器打招呼，服务器回应。

② 密码交换阶段。客户机与服务器之间交换双方认可的密码，一般选用 RSA 密码算法。

③ 会谈密码阶段。客户机与服务器之间产生用于交谈的会谈密码。

④ 检验阶段。客户机检验服务器取得的密码。

⑤ 客户认证阶段。服务器验证客户机的可信度。

⑥ 结束阶段。客户机与服务器之间相互交换结束的信息。

当上述动作完成之后，客户机与服务器两者间传送的资料就会被加密，一方收到资料后，再将编码资料还原。即使盗窃者在网络上取得编码后的资料，如果没有原先编制的密码算法，也不能获得可读的有用资料。

SSL 在数据发送时用对称密钥加密信息，用非对称算法加密对称密钥，再把两个包绑在一起传送过去。接收过程与发送过程正好相反，先打开有对称密钥的加密包，再用对称密钥解密信息。

4.5.1.2　SSL 协议的分层结构

SSL 不是单一的协议，而是由两层协议组成，其底层是 SSL 记录协议层（SSL Record Protocol Layer），简称记录层；其高层是 SSL 握手协议层（SSL Handshake Protocol Layer），简称握手层。

握手层允许通信实体在应用 SSL 协议传送数据之前相互验证身份、协商加密算法、生成密钥等。记录层则封装各种高层协议，具体实施压缩与解压缩、加密与解密、计算与验证消息验证码等与安全有关的操作。

（1）SSL 握手协议（SSL handshake protocol）

SSL 握手协议为 SSL 中最复杂的一部分。这个协议主要用来让客户端及服务器确认彼此的身份。除此之外，为了保护 SSL 记录包中传送的数据，SSL 握手协议还能协助双方选择连接时所使用的加密算法（MAC 算法及相关密钥）。在传送应用程序的数据前，必须使用 SSL 握手协议来完成上述事项。

（2）SSL 记录协议（SSL record protocol）

SSL 记录协议为每一个 SSL 连接提供以下两种服务。

① 机密性（confidentiality）。SSL 记录协议会协助双方产生一把共有的密钥，利用这把密钥来对 SSL 所传送的数据做传统式加密。

② 消息完整性（message integrity）。SSL 记录协议会协助双方产生另一把共有的密钥，利用这把密钥来计算出消息认证码。

4.5.1.3　SSL 协议的加密和认证算法

（1）加密算法

SSL 协议 V2 和 V3 支持的加密算法包括 RC4、RC2、IDEA 和 DES，而加密算法所用到的密钥由消息散列函数 MD5 产生。RC4、RC2 是由 RSA 定义的，其中，RC2 适用于块加密，RC4 适用于流加密。

（2）认证算法

认证算法采用 X.509 电子证书标准，通过使用 RSA 算法进行数字签名来实现。

① 服务器的认证。服务器方的写密钥和客户方的读密钥、客户方的写密钥和服务器方的读密钥分别是一对私有、公有密钥。对服务器进行认证时，只有用正确的服务器方写密钥加密 client_hello 消息形成的数字签名才能被客户正确的解密，从而验证服务器的身份。

若通信双方不需要新的密钥，则它们各自所拥有的密钥已经符合上述条件。若通信双方需要新的密钥，首先服务器方在 server_hello 消息中的服务器证书中提供了服务器的公有密钥，服务器用其私有密钥才能正确解密由客户方使用服务器的公有密钥加密的 master_key，从而获得服务器方的读密钥和写密钥。

② 客户的认证。同上，只有用正确的客户方写密钥加密的内容才能被服务器方用其读密钥正确的解开。当客户收到服务器方发出的消息时，首先使用 MD5 消息散列函数获得服务器方信息的摘要，然后客户使用自己的读密钥加密摘要形成数字签名，从而被服务器认证。

（3）会话层的密钥分配协议

IETF（Internet Engineering Task Force）要求对任何 TCP/IP 都要支持密钥分配，目前已经有的三个主要协议如下。

① SKEIP（Simple Key Exchange for Internet Protocol）。由公钥证书来实现两个通信实体间的长期单钥的交换。证书通过用户数据协议 UDP 得到。

② Photuris。SKEIP 有其不利的一面，若某人能得到长期 SKEIP 密钥，他就能解出所有以前用此密钥加密的信息，而 Photuris 只用长期密钥认证会话密钥，则无此问题，但 Photuris 效率没有 SKEIP 高。

③ ISAKMP（Internet 安全协会的密钥管理协议）。和前两者不同，ISAKMP 只提供密钥管理的一般框架，而不限定密钥管理协议，也不限定密钥算法或协议，因此在使用和策略上更为灵活。

4.5.1.4　SSL 协议的安全机制分析

SSL 协议可以被用来建立一个在客户端和服务器之间安全的 TCP 连接。它可以鉴别服务器（有选择地鉴别客户）、执行密钥交换、提供消息鉴别，提供在 TCP 协议之上的任意应用协议数据的完整性和机密性服务。其安全机制包括以下四个方面。

（1）加密机制

混合密码体制的使用提供了会话和数据传输的加密性保护。在进行 SSL 握手过程中，双方使用非对称密码体制协商出本次将要使用的会话密钥，并选择一种对称加密算法，来保证此后的数据传输的机密性。其中，非对称密码体制的使用保证了会话密钥协商过程的安全，而对称加密算法的使用可以克服非对称加密的速度缺陷，提高数据交换的时效性。另外，由 SSL 使用的加密算法和会话密钥可适时变更，如果某种算法被新的网络攻击方法识破，只要选择另外的算法就可以了。

（2）鉴别机制

SSL 协议通过使用公开密钥技术和数字证书可以实现客户端和服务器的身份鉴别。采用 SSL 协议建立会话时，客户端（也是 TCP 的客户端）在 TCP 连接建立之后，发出一个 Client_Hello 发起握手，这个消息里面包含了其可实现的算法列表和其他一些需要的消息，SSL 的服务器会回应一个 Server_Hello，里面确定了这次通信所需要的算法，然后发送其证书（里面包含了身份和自己的公钥）。默认情况下，客户端可以根据该证书的相关内容对其认证链路进行确认，最终实现对服务器身份的鉴别，同样在需要时也可以采用类似的方法对客户端进行身份鉴别。

（3）完整性机制

SSL 握手协议还定义了共享的、可以用来形成报文鉴别码（信息验证码）MAC 的密钥。SSL 在对所传输的数据进行分片压缩后，使用单向散列函数（如 MD5、SHA-1）产生一个 MAC，加密后置于数据包的后部，并且再一次和数据一起被加密，然后加上 SSL 记录头进行网络传输。这样，如果数据被修改，其散列值就无法和原来的 MAC 相匹配，从而保证了数据的完整性。

（4）抗重放攻击

SSL 使用序列号来保护通信方免受报文重放攻击，这个序列号被加密后作为数据包的负载。在整个 SSL 握手中，都有一个唯一的随机数来标记这个 SSL 握手，这样重放便无机可乘，此序列号还可以防止攻击者记录数据包并以不同的次序发送。

4.5.2 SET 协议

4.5.2.1 SET 协议的功能及其重要特征

SET 协议是由 Visa 和 Master Card 两大信用卡公司联合推出的规范。SET 主要是为了用户、商家和银行之间通过信用卡支付的交易而设计的，以保证支付命令的机密、支付过程的完整、商户及持卡人的合法身份，以及可操作性。SET 中的核心技术主要有公开密钥加密、数字签名、数字信封、数字安全证书等。

SET 是在开放网络环境中的卡支付安全协议，它采用公钥密码体制（PKI）和 X.509 电子证书标准，通过相应软件、电子证书、数字签名和加密技术在电子交易环节上提供更大的信任度、更完整的交易信息、更高的安全性和更少受欺诈的可能性。SET 协议用以支持 B2C 类型的电子商务模式，即消费者持卡在网上购物与交易的模式。

SET 交易分为三个阶段：第一阶段为购买请求阶段，持卡人与商家确定所用支付方式的细节；第二阶段是支付的认定阶段，商家与银行核实，随着交易的进行，商家将得到支付；第三阶段为受款阶段，商家向银行出示所有交易的细节，然后银行以适当方式转移贷款。

SET 是一个基于可信的第三方认证中心的方案，它要实现的主要目标如下。

① 保证信息在互联网上安全传输，防止数据被黑客或被内部人员窃取。

② 保证电子商务参与者信息的相互隔离。客户的资料加密或打包后通过商家到达银行，但是商家不能看到客户的账户和密码信息。

③ 解决多方认证问题。不仅要对消费者的信用卡认证，而且要对在线商店的信誉程度认证，同时还有消费者、在线商店与银行间的认证。

④ 保证网上交易的实时性，使所有的支付过程都是在线的。

⑤ 效仿 KDI 贸易的形式，规范协议和消息格式，促使不同厂家开发的软件具有兼容性和互操作功能，并且可以运行在不同的硬件和操作系统平台上。

SET 协议保证了电子交易的机密性、数据完整性、身份的合法性和不可否认性。

（1）机密性

SET 协议采用先进的公开密钥算法来保证传输信息的机密性，以避免 Internet 上任何无关方的窥探。公开密钥算法允许任何人使用接收者的公钥将加密信息发送给指定的接收者，接收者收到密文后，用私钥对这个信息解密，因此，只有指定的接收者才能解读这个信息，从而保证信息的机密性。

SET 协议也可通过双重签名的方法将信用卡信息直接从客户方通过商家发送到商家的开户行，而不允许商家访问客户的账号信息，这样客户在消费时可以确信其信用卡号没有在传输过程中被窥探，而接收 SET 交易的商家因为没有访问信用卡信息，故免去了在其数据库中保存信用卡号的责任。

（2）数据完整性

通过 SET 协议发送的所有信息加密后，将为之产生一个唯一的报文信息摘要值，一旦有人企图篡改报文中包含的数据，该数值就会改变，这个数值的改变被检测到，这就保证了信息的完整性。

（3）身份验证

SET 协议可使用数字证书来确认交易涉及的各方（包括商家、持卡客户、收单银行和支付网关）的身份，为在线交易提供一个完整的可信赖的环境。

（4）不可否认性

SET 交易中数字证书的发布过程也包含了商家和客户在交易中存在的信息。因此，如果客户用 SET 发出一个商品订单，在收到货物后，客户不能否认发出过这个订单；同样，商家也不能否认收到过这个订单。

除此以外，SET 协议还要求软件遵循相同的协议和报文格式，使不同厂家开发的软件具有兼容和互操作功能，并且可以运行在不同的硬件和操作系统平台上。

4.5.2.2 SET 交易的参与者

在 SET 规范的交易模式中，参与的个体包括持卡人、商家、发卡行、收单行、支付网关、认证中心等，通过这些成员和相关软件，即可在 Internet 上构成符合 SET 标准的安全支付系统。

（1）持卡人

指使用付款卡在网络上实现支付的用户。在电子商务环境中，消费者通过计算机与商家交流，持卡人通过由发卡机构颁发的付款卡（如信用卡、借记卡）进行结算。在持卡人和商家的会话中，SET 可以保证持卡人的个人账号信息不被泄露。

（2）发卡银行

指发行信用卡给持卡人的银行，并在持卡人申请 SET 数字证书时，对持卡人进行核实。其主要职能是向持卡人发行各种银行卡，并通过提供各类相关的银行卡服务收取一定费用。

（3）商家

指在网络上提供商品或销售服务的服务提供者。商家负责提供商品或服务，使用 SET 协议，就可以保证持卡人个人信息的安全。接受卡支付的商家必须和信用卡收单银行建立关系，在该银行建立账户，才可以接受信用卡。在开始交易前，还必须到认证中心申请数字证书。

（4）收单银行

指商家建立账户的金融机构，在商家申请 SET 数字证书时，对商家进行核实确认。在线交易的商家在银行建立的账户，并且处理支付卡的认证和支付。

（5）支付网关

实现支付信息从 Internet 到银行专用网络的转换，其主要作用是完成两者之间的通信、协议转换和进行数据加解密，以保护银行内部网络的安全。支付网关将 Internet 传来的数据包解密，并按照银行系统内部的通信协议将数据重新打包；接收银行系统内部反馈的响应消息，将数据转换为 Internet 传送的数据格式，并对其进行加密。支付网关由收单银行或特定的第三者来操作，处理商家支付交易的信息。支付网关介于 SET 和现有的信用卡支付网络之间，负责认证和支付功能。

（6）认证中心（CA）

在基于 SET 的电子商务体系结构中，认证中心作为权威的、可信赖的、公正的第三方机构，签发数字证书给持卡人、商家和支付网关，让持卡人、商家和支付网关之间通过数字证书进行认证。认证中心用 X.509V3 公开密钥，对持卡人、商家和支付网关做认证。认证中心是电子商务体系中的核心环节，是电子交易中信赖的基础。它通过自身的注册审核体系检查核实进行证书申请的用户身份和各项相关信息，使网上交易的用户属性客观真实性与证书的真实性一致。

4.5.2.3　SET 协议采用的加密和认证技术

SET 协议的加密和认证技术有对称密钥加密技术、公钥加密技术、Hash 算法、数字签名技术、数字信封技术及双重签名技术。下面重点介绍双重签名技术。

双重签名首先生成两条消息的摘要，将两个摘要连接起来，生成一个新的摘要（称为双重签名），然后用签发者的私有密钥加密，为了让接收者验证双重签名，还必须将另外一条消息的摘要一起传过去。这样，任何一个消息的接收者都可以通过以下方法验证消息的真实性：生成消息摘要，将它和另外一个消息摘要连接起来，生成新的摘要，如果它与解密后的双重签名相等，就可以确定消息是真实的，举例来说，假设持卡人 C 从商家 M 购买商品，他不希望商家看到他的信用卡信息，也不希望银行 B 看到他有关商品的信息，于是他采用双重签名，流程如图 4-12 所示。

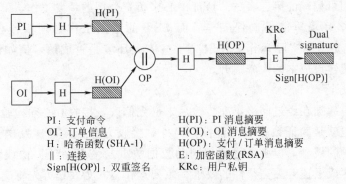

PI：支付命令　　　　　　　H(PI)：PI 消息摘要
OI：订单信息　　　　　　　H(OI)：OI 消息摘要
H：哈希函数 (SHA-1)　　　 H(OP)：支付 / 订单消息摘要
‖：连接　　　　　　　　　E：加密函数 (RSA)
Sign[H(OP)]：双重签名　　 KRc：用户私钥

图 4-12　双重签名流程

首先，C 产生发往 M 的订购信息 OI 和发往 B 的支付信息 PI，并通过单向哈希函数分别产生 OI 和 PI 的摘要 H(OI) 和 H(PI)；连接 H(OI) 和 H(PI) 得到 OP，通过单向哈希函数产生 H(OP)；用 C 的 RSA 私钥 Krc-priv 签名 H(OP)，得到双重签名 sign[H(OP)]，然后，C 将 OI、H(PI) 和 sign[H(OP)] 发给 M，将 PI、H(OI) 和 sign[H(OP)] 发给 B。在验证双重签名时，接收者 M/B 分别创建信息摘要，M 生成 H(OI)，B 生成 H(PI)，再分别将 H(OI)/H(PI) 与另一接收到的摘要 H(PI)/H(OI) 连接，生成 OP 及其摘要 H(OP)'，接受者 M/B 用 C 的 RSA 公钥 Krc-pub 解开 sign[H(OP)]，得到 H(OP)。比较 H(OP)' 与

H(OP)，如果相同，则表示数据完整且未被篡改。

4.5.2.4 SET 协议的安全性分析

（1）机密性安全

机密性服务是指防止未经授权的信息泄露行为。SET 协议在信息交换的过程里采用了对称性与非对称密码系统来确保交易信息的机密性。

一般来说，对称密码系统不适用于一群素不相识的人在开放的网络里交换信息，因为对一家商店来说，它必须分别指定每一顾客所需的唯一密钥，并且经过安全的通道传送给顾客，这种做法在开放的 Internet 中毫无效率可言。同样的情况，如果使用非对称性密码系统，则同一家商店仅需要建立一对公开与私人密钥并且公布公开密钥，如此一来，它允许顾客们使用这把公开密钥将信息安全地传送给商家，而这就是 SET 在进行信息交换时采用公钥密码技术的原因。为了提供更高的安全保护，也就是防止他人根据算法或环境等相关信息重新制造加密密钥，所以使用了数字信封的加密方式，即在信息交换之前先随机产生会话密钥（即对称密钥来加密信息），然后再用接收者的公钥将这把对称密钥加密，得到数字信封，最后才将用对称密钥加密后的信息及数字信封传送给接收者。

由于每一次交易双方建立新的连接就是一次通信，而每次通信都会产生新的通信密钥。也就是说，每个通信密钥的有效期为通信期间，而通信期间通常都不长。基于这些特性，长期使用同一把密钥加密时，就算某次的通信密钥遭到破解，也不会影响到其他交易数据的安全性。

（2）鉴别安全

这项服务主要是为了验证交易参与者确实是自己所声称的个体。SET 协议使用数字签名与证书的技术来达到身份识别的目的。主要进行的方式为：发送方（如顾客）使用自己的密钥将交易信息加密而产生数字签名，然后接收方（如商店）先使用认证中心的公钥来检验对方证书的真伪，确定无误后再取出证书中的公钥，进行签名验证，如此可达到身份鉴别的功能。尤其，采用可信赖的第三者——认证中心来负责公钥的签发工作，可使得身份鉴别的工作在开放的网络环境里能够确保安全。而 SET 的鉴别工作必须依赖公钥的运作体系（PKI），使得系统是否能实际运作必须取决于整体大环境是否成熟，例如认证体系的建立等，这将导致系统建设成本的大幅提升。

（3）完整性安全

为了确保交易数据在经过网络媒介传输后未遭到修改，接收方必须检验收到的数据是否与原数据相同，也就是验证数据的完整性；另外，接收方也必须确定发送方能够对数据负责，即签字、盖章的概念，也必须避免相同的数据被重复使用。SET 协议使用数字签名与哈希函数技术来达成上述有关完整性的要求。主要运作方式为发送方先将交易信息经过哈希函数的计算产生消息摘要后，再使用发送方的私钥加密产生签名。这里将两种技术结合使用，可以得到较简易的算法、较快的签名速度等。SET 使用的哈希函数算法是 SHA-1，其产生的消息摘要长度为 160 位，平均来说，只要更改消息中任意一位，将导致一半的消息摘要位改变，故提升了签名的安全性。再者，每一位 SET 使用者持有两对非对称密钥，分别用于密钥交换及签名上，这增加了系统破解的复杂度，同时系统安全也相对提高。

（4）抗抵赖性

一般来说，人们对于日常生活中的交易持较为放心及信赖的态度，这种现象源于消费者眼见为实的心态。而在因特网环境的商务活动中，参与交易者并不是直接面对面，因此可信赖安全环境更为重要。抗抵赖性提供了一种交易承诺的保障，其功能是在交易的过程中保留证据，除了能够约束交易参与者正确、合法的行为外，同时也解决随后可能发生的争议。

　　基本上，SET 协议可以利用数字签名技术来产生不可否认的证据，其中双重签名隐含了这个功能。基于银行对于商店不信任的假设，银行可利用商店转交持卡人的支付信息以及请求授权信息来防止商店否认与使用者协议的交易内容。SET 没有提及应该如何处理这些交易记录，即将相关的记录连接成为完整的证据，因此零散的记录散置在各处。同时，SET 也没有明确要求当事人存储这些记录，而将这部分的工作交给各个系统开发者自行设计。即使个别的交易参与者将这些记录存储起来，也缺少适当的管理方法，使得证据不够完整，这将无法发挥应有的效果。另外，SET 安全交易说明书在业务叙述的部分，也清楚提到了现阶段的 SET 协议在使用密码技术提供的服务里，并没有包括交易的抗抵赖性方面的服务。

　　（5）隐私权的安全保护

　　电子支付系统对交易个体信任关系假设的差异导致交易协议采取不同的安全保障方法，也因此产生了不同程度的隐私保护。SET 协议使用了双重签名技术保护消费者隐私权，它根据信息分离的方式将交易信息分开，使得商店取得订购信息而银行接收支付信息；另外，为了避免日后可能发生购买金额与商品内容的争议，两笔信息间必须要具有连接关系，采用一般人工操作的处理方式时，在两份文件上盖上同一个戳记；而应用计算机作业时，则采用双重签名来完成。

　　就协议设计的角度来看，SET 协议是从银行的角度来考虑的，所以对于隐私的保护是建立在信任银行的假设上。事实上，银行可能汇集持卡人个别交易的支付信息，如果缺乏适当的防范措施，将导致持卡人隐私泄露。总括来说，SET 协议在个别交易层次提供了个人秘密数据的保护，即双重签名，但是并没有考虑日后银行进行资料汇集处理可能侵犯的个人隐私问题，一旦出现问题，其严重性甚于单笔加密信息的泄露，所以机密性只是隐私权的一部分，而两者并不能完全画上等号。

4.5.3　SSL 与 SET 协议的比较

　　电子商务具有商务性、服务性、协调性、集成性、可扩展性及安全性等特点，为满足这些要求，当前电子商务交易大多采用信用卡支付，这类系统主要基于 SSL 和 SET，但两者在网上安全支付中是有差别的。

4.5.3.1　协议层次和功能

　　SSL 属于传输层的安全技术规范，它不具备电子商务的商务性、协调性和集成性功能。而 SET 协议位于应用层，它不仅规范了整个商务活动的流程，而且制定了严格的加密和认证标准，具备商务性、协调性和集成性功能。SSL 位于传输层与应用层之间，因此 SSL 可以很好地封装应用层数据，不用改变位于应用层的应用程序，对用户是透明的。同时，SSL 只需要通过一次握手就可以建立客户与服务器之间的一条安全通信通道，保证传输数据的安全。因此，SSL 被广泛应用于电子商务领域中，但是，SSI 并不是专为支持电子商务而设计的，它只支持双方认证，商家完全掌握消费者的账户信息。SET 协议是专为电子商务系统设计的，位于应用层，其认证体系十分完善，可以实现多方认证，SET 协议中，消费者账户信息对商家来说是保密的。但是 SET 协议十分复杂，交易数据需要进行多次验证，用到多个密钥以及多次加密、解密，它规范了整个商务活动的流程，从持卡人到商家、到支付网关、到认证中心及信用卡结算中心之间的信息流走向和所采用的加密、认证都制定了严密的标准，从而最大限度保证了商务性、服务性、协调性和集成性。

4.5.3.2　安全性

安全性是网上交易中最关键的问题。SET 协议由于采用了公钥加密、信息摘要和数字签名，可以确保信息的保密性、可鉴别性、完整性和不可否认性，且 SET 协议采用了双重签名来保证各参与方信息的相互隔离，使商家只能看到持卡人的订购数据，而银行只能取得持卡人的信用卡信息。SSL 协议虽也采用了公钥加密、信息摘要和 MAC 检测，可以提供保密性、完整性和一定程度的身份鉴别功能，但缺乏一套完整的认证体系，不能提供完备的防抵赖功能。因此，从网上安全结算这一角度来看，显然 SET 比 SSL 针对性更强，更受顾客青睐。

SET 在信用卡账号在网上交易安全性方面控制远比 SSL 严密，它的针对性远比 SSL 强。SET 与 SSL 最大的不同在于它引入了一套完整的认证体系，其中，CA 就是该体系的重要执行者。与此同时，它还明确规定了整套协议中信息流的加密、验证乃至整个交易的处理过程。它不仅可以实现客户的身份鉴别，同时也最大限度确保了客户信息保密性。在电子商务系统中建立完整的认证体系是 SET 在信用卡结算方面安全性较高的重要原因。

4.5.3.3　认证要求

早期的 SSL 协议并没有提供身份认证机制，虽然在 SSL3.0 中可以通过数字签名和数字证书实现浏览器和 Web 服务器之间的身份验证，但仍不能实现多方认证，而且 SSL 中只有商家服务器的认证是必须的，客户端认证则是可选的。相比之下，SET 协议的认证要求较高，所有参与 SET 交易的成员都必须申请数字证书，并且解决了客户与银行、客户与商家、商家与银行之间的多方认证问题。

4.5.3.4　加密机制

从加密机制来看，SET 和 SSL 都采用了 RSA 公钥算法，除此之外，两者在技术方面没有任何相似之处，被用来实现不同的安全目标。由于 SSL 对网上传输的所有信息都加密，因此每次传输速度相对较慢，尤其是当网页中图片较多时；而 SET 对网上传输的信息进行加密是有选择的，它只对敏感信息加密，比如只对 Form 中输入的信用卡账号加密。由于 SSL 是基于传输层加密，SSL 为高层提供了特定接口，使得应用层无需了解传输层情况，对用户完全透明；但 SSL 大都采用 40 位密钥。SET 的加密过程不同于 SSL，在很大程度上加密对它而言只是一种普及的技术手段，而不像 SSL 把加密看成一种重要组成部分。SET 中广泛使用了数字信封等技术，并采用严密的系统约束来保证数据传输的安全性。

4.5.3.5　处理速度

SET 协议非常复杂、庞大，处理速度慢。一个典型的 SET 交易过程需验证电子证书 9 次，数字签名 6 次，传递证书 7 次，进行 5 次签名、4 次对称加密和 4 次非对称加密，整个交易过程可能需花 1.5～2min；而 SSL 协议则简单得多，处理速度比 SET 协议快。

4.5.3.6　用户接口

SSL 协议已被浏览器和 WEB 服务器内置，无需安装专门的软件；而 SET 协议中，客户端需安装专门的电子钱包软件，在商家服务器和银行网络上也需安装相应的软件。

由于 SSL 协议的成本低、速度快、使用简单，对现有网络系统不需进行大的修改，因而目前取得了广泛的应用。但随着电子商务规模的扩大，网络欺诈的风险性不断提高，在未来的电子商务中，SET 协议将会逐步占据主导地位。

4.6 小结

电子商务安全是电子商务的关键和核心。它覆盖整个电子商务链的各个环节，由客户机到通信通道到电子商务服务器，以及相关的企业后端信息系统的安全等。本章介绍了电子商务安全要素及安全措施、防火墙技术、密码技术、认证技术、数字证书、SSL 协议及 SET 协议。重点阐述了防火墙的关键技术及系统设计、对称密码体制与非对称密码体制及其相关的加密算法、数字证书的原理、SSL 协议的分层结构及安全机制、SET 协议的安全性、SSL 协议及 SET 协议采用的加密认证技术，介绍了 SSL 与 SET 协议的区别。

【思考题】

1. 防火墙采用了哪些关键技术？
2. 防火墙系统设计的方案有哪些？
3. 密码系统的组成部分有哪些？
4. 简述对称密码体制及非对称密码体制的加解密原理。
5. SSL 协议可提供哪些方面的服务？
6. SSL 协议采用哪些加密和认证技术？
7. SET 协议采用哪些加密和认证技术？
8. 数字信封技术采用了什么原理？
9. 双重签名技术采用了什么原理？
10. SSL 与 SET 协议有何差异？

【实践题】

1. 设密钥 k＝（7，3），用仿射密码加密信息 work together。
2. 设 m＝3，密钥字为 old，用弗吉尼亚密码加密信息 give me the ticket。
3. PGP 的应用操作。采用 PGP 创建信息和密钥/备份密钥；对 A 文件进行签名及验证签名操作；对 B 文件进行加密/解密操作；用 PGP 加密和签名电子邮件。
4. 配置 Outlook，申请数字证书。

第 5 章　电子商务与物流

【学习目标】
➢了解电子商务与物流的关系。
➢理解电子商务环境下物流发展的主要模式及发展方向。
➢掌握物流的基本概念、分类及主要的物流技术。

【引导案例】

　　戴尔公司是商用桌面 PC 市场的第二大供应商，其销售额每年以 40％的增长率递增，是该行业平均增长率的两倍。年营业收入达 100 亿美元的业绩，使它位居康柏、IBM、苹果和 NEC 之后，位居第五位。戴尔公司每天通过网络售出的电脑系统价值逾 1200 万美元，面对骄人的业绩，总裁迈克尔·戴尔简言地说，这归因于物流电子商务化的巧妙运用。

　　戴尔公司的日销量超过 1200 万美元，但其销售全是通过国际互联网和企业内部网进行的。在日常的经营中戴尔公司仅保持两个星期的库存（行业的标准是刚超过 60 天），存货一年周转 30 次以上。基于这些数字，戴尔公司的毛利率和资本回报率分别是 21％和 106％。戴尔公司实施电子商务化物流后取得的物流效果是 1998 年成品库存为零、零部件仅有 2.5 亿美元的库存量（其盈利为 168 亿美元）、年库存周转次数为 50 次、库存期平均为 7 天、增长速度为市场成长速度的四倍、增长速度为竞争对手的两倍。

　　戴尔的物流从确认订货开始。确认订货是以收到货款为标志的，在收到用户的货款之前，物流过程并没有开始，收到货款之后需要两天时间进行生产准备、生产、测试、包装、发运准备等。戴尔在我国的福建厦门设厂，其产品的销售物流由国内的一家货运公司承担。由于用户分布面广，戴尔向货运公司发出的发货通知可能十分零星和分散，但戴尔承诺在款到后 2～5 天送货上门，同时，在中国对某些偏远地区的用户每台计算机还加收 200～300 元的运费。

　　如果将电子商务的物流需求仅仅理解为门到门运输、免费送货或保证所订的货物都送货的话，那就错了。因为电子商务需要的不是普通的运输和仓储服务，它需要的是物流服务。而物流与仓储运输存在比较大的差别，正是因为传统的储运服务无法全方位地为电子商务服务，才使得电子商务经营者感到物流服务不到位、太落后等。

5.1　物流的概述

　　物流活动作为物质资料的流通活动，伴随着商品经济的产生而产生，同时随着商品经济的发展而飞速发展。在经济全球化和信息技术的今天，现代物流作为"第三利润源泉"和提高企业竞争力的主要手段，受到了经济界和企业界的广泛关注。

物流作为一个现代概念，其本质体现的是一种新的思维模式和管理方式，准确把握物流的产生和发展过程，有助于理解物流的基本概念和重要性，以便更好地学习物流管理的理论和方法。

5.1.1 物流的产生和发展

5.1.1.1 物流的产生

物流最原始、最根本的含义是物的实体流动，物流活动是随流通的产生而产生的，早在20世纪初期，美国就提出了 physical distribution 的概念（以下简称 PD），原意就是实物分配，其含义通常是指与产品销售有关的输出物流，不包括物料供应（输入物流）。在第一次世界大战期间，英国有位勋爵成立了即时送货股份有限公司，公司宗旨是在全国范围内把商品及时送达批发商、零售商以及用户的手中。这是人类社会早期的系统性的物流活动。同时，随着物流需求的不断增加，物流的内涵也在不断丰富。

第二次世界大战期间，美国根据军事上的需要在军火的战时供应中首先采用了 logistics management（后勤管理）这一概念，对军火的运输、补给、调配等进行全面管理，对战争的胜利起到了保障作用。logistics 的原意为后勤，即当时的军事后勤学，就是对战争中物资的生产、采购、运输和分配等一系列活动统一部署和管理，使战争中供给及时、迅速并且费用低。随着这一思想的不断发展，在战争结束后就逐步用到了生产企业和零售企业，广泛被西方国家采用。特别是第二次世界大战后，西方国家随着工业化进程的加快，进入大量的生产和大量销售时期，降低生产和销售中的成本、提高经济效益成为企业共同追求的目标。因此，logistics 在军事中的应用被有效运用到了企业的生产和销售中，从而诞生了 logistics 的新的含义，它包括了生产领域的原材料采购、生产和销售过程中的物质实体的流动等问题，其含义已经包含了 PD，也就是现代物流。现代物流独立于其他行业，联合和包括了交通运输业、仓储业、配送业等的行业，为各种用户提供库存决策、订货、采购、运输装卸、分装储存、配送发出等一站式服务，能够提高流通效率，降低企业成本。

早在1962年，美国经营学者德鲁克（PF Druker）在《财富》杂志上发表的一篇题为《经济的黑暗大陆》的文章中指出，消费者所支出的商品价格的约50％是与商品流通活动有关的费用，物流是降低成本的最后领域。目前，物流被视为第三利润的源泉，对物流各项功能活动的管理由过去的分散管理开始向系统化、集成化方向转变。由此可见，物流不单纯是伴随着物资流动而发生的各种活动的总称，而是在对这些活动的相互关系进行调整，作为一个有机整体和一个系统来进行管理的必要性得到成分认识的基础上产生的概念。

5.1.1.2 物流的发展

20世纪50年代末，PD概念被引入日本，目前使用的物流一词，是日语物的流通的简称。20世纪60年代初，以日本效率协会为中心的一些专家对将 PD 作为流通技术理解提出了不同意见，认为其偏离了 PD 的原意。到20世纪60年代中期，PD 被正式翻译成物的流通，20世纪70年代初又简称为物流。对物的流通最一般的理解是：物流是商品流通的一个侧面，与其相对应的概念是商流，两者共同构成商品的流通活动。商流的任务是完成商品所有权从卖方到买方的转移；而物流的目的是完成商品实体从卖方到买方的转移，克服商品生产和消费之间存在的空间和时间距离，创造空间效用和时间效用。物流最初仅是指销售物流，也就是站在个别企业的角度看物资的流动，限制在销售领域范畴，随着物流业务的发展，逐步扩展到采购供应和生产物流。

随着物流概念使用范围的不断扩大，其内涵也在不断更新。首先，信息技术的不断提高和物流意识的增强，由最初的只有大企业为中心开展物流系统化，转向中小企业也开始追求物流的效率化，进而国民经济宏观领域也引入物流的概念，出现了物流规划、物流基础设施建设、物流法规等；其次，物流的整合范围也由原来的只限于销售领域扩展到企业生产经营的其他领域，进而扩展到供应链上的所有上下游企业。伴随着物流整合的范围扩大，反映物流系统概念的词汇由 PD 转变为 logistics。从物流发展的过程来看，logistics 和 PD 还是存在着区别。首先，PD 是局限在对销售领域物流活动的管理，没有包括采购物流；其次，PD 将物流合理化的范围停留在物资部门内部，与生产和采购部门缺乏沟通、联系，物流与生产和销售活动没有实现一体化管理。而 logistics 包括了从原材料采购、在制品移动到产成品销售全过程的物资流通活动，物流合理化不仅限于物流部门内部，而且扩展到生产和销售部门。logistics 将物流活动从被动、从属的地位上升到企业经营战略的高度，成为企业经营的重要组成部分，物流概念已不仅仅是对物流活动概念的集合，而是上升到管理学的层次。

对企业而言，物流问题的起因是存在着过剩物流成本，通过物流活动的效率化降低物流成本，从而使企业利润增长。因此，对于企业而言，物流发展主要分为三个阶段。第一阶段为降低成本阶段，由于存在着过剩物流成本，通过物流活动的效率化可以降低物流成本，从而为企业的利润增长做贡献。第二阶段为促进企业收益增长的阶段，是通过向顾客提供满意的物流服务，带动销售收入增长的阶段。第三阶段的任务是将物流列入企业的长远和战略地位，建立起战略物流的新理念，将物流作为提高企业竞争能力的战略资源。

随着物流的发展，传统物流开始向现代物流转变，出现了整体物流的概念即现代物流，现代物流包括运输合理化、仓储自动化、包装标准化、装卸机械化、加工配送一体化、信息管理网络化等，主要利用现代信息化技术和网络手段，通过在计算机网络上的自动采集、处理、存储、传输和交换，达到物流信息资源充分开发和普遍共享的目的，以降低物流成本，提高物流效益。现代物流所采用的信息技术主要是条码与自动识别技术、电子数据交换、全球卫星定位跟踪系统（GPS）及智能交通管理系统（ITS）。现代物流的主要特点如下。

① 快速的物流反应。物流服务提供者对上游、下游的物流、配送需求的反应速度越来越快，前置时间越来越短，配送间隔越来越短，物流配送速度越来越快，商品周转次数越来越多。

② 物流功能集成化。现代物流着重于将物流与供应链的其他环节进行集成，包括物流渠道与商流渠道的集成、物流渠道之间的集成、物流功能的集成物流环节与制造环节的集成等。

③ 物流服务系列化。现代物流强调物流服务功能的恰当定位，并完善化、系列化。除了传统的储存、运输、包装、流通加工等服务外，现代物流服务在外延上向下扩展至市场调查与预测、采购及订单处理，向下延伸至配送、物流咨询、物流方案的选择与规划、库存控制策略建议、货款回收与结算、教育培训等增值服务；在内涵上则提高了以上服务对决策的支持作用。

④ 物流管理现代化。现代物流使用先进的技术、设备与管理为销售提供服务，生产、流通、销售规模越大、范围越广，物流技术、设备及管理越现代化。计算机技术、通信技术、机电一体化技术、语音识别技术等得到普遍应用。

⑤ 物流组织网络化。为了保证对产品促销提供快速、全方位的物流支持，现代物流需

要有完善、健全的物流网络体系，网络上点与点之间的物流活动保持系统性、一致性，这样可以保证整个物流网络有最优的库存总水平及库存分布，运输与配送快速、机动，既能铺开，又能收拢。

⑥ 物流竞争的全球化。随着制造业全球竞争的加剧，企业大多意识到要高速发展，必须在降低成本的同时为顾客提供及时、准确的个性化服务，这一现象物流服务的竞争日趋加剧，使全球物流企业竞争意识加强。

5.1.2　物流的概念

5.1.2.1　物流的定义

物流是物质资料从供给者到需求者的物理性运动，主要是创造时间价值和场所价值，有时也创造一定加工价值的活动。目前，关于物流的定义有很多种说法，我国主要应用的是在2001 年颁布的《物流术语》标准中物流（logistics）的定义：物品从供应地向接收地的实体流动过程。根据实际需要，将运输、储存、装卸、搬运、包装、流通加工、配送、信息处理等基本功能实施的有机结合。物流并不是物和流的一个简单组合，不是指实物基本运动规律，也不是从哲学意义研究运动的永久性。《物流术语》中说，物质实体从供给地向接收地的流动，就蕴藏着商流与物流的辩证依存关系，物流服务于商流，由商流引导物流。发展物流，激活商流，完善物流，带动商流。因此，从商品流通的全局分析，物流分为供应物流、生产物流、销售物流、回收物流与废弃物流。物流创造时间价值、场所价值和附加价值。

（1）时间价值

"物"从供应者到需求者之间有一段时间差，通过改变这一时间差所创造的价值即时间价值。通过物流获得时间差的方式有三种。

① 缩短时间创造价值。加快物流速度，缩短物流时间，减少物流损失，降低物流消耗，增加物的周转，从而节约资金。

② 弥补时间差创造价值。在当前经济社会中，供给与需求之间存在时间差，可以说这是一种普遍的客观存在，正是有了这个时间差，商品才能取得自身最高价值，才能获得十分理想的效益。但是商品本身是不会自动减小这个时间差的，如果没有有效的方法，集中生产出的粮食除了当地少量消耗外，就会损坏掉、腐烂掉，而在非产出时间，人们就会找不到粮食吃。物流便是以科学的、系统的方法弥补，有时是改变这种时间差，以实现其时间价值。

③ 延长时间差创造价值。物流总体和不少具体物流遵循"加速物流速度，缩短物流时间"这一规律，以尽量缩小时间间隔来创造价值，尤其是针对物流的总体，更是要遵循这一规律，但是在某些具体物流中，也存在着人为、能动地延长物流时间来创造价值的情况，如人们常说的陈年美酒就是通过延长物流时间差而提高酒的价值。

（2）场所价值

场所价值指的是"物"从供给者到需求者之间有一段空间差，供给者和需求者之间往往处于不同的场所，因改变"物"的场所存在位置而创造的价值称为场所价值。

物流创造场所价值是由现代社会产业结构、社会分工所决定的，主要原因是供给和需求之间的空间差，商品在不同地理位置有不同的价值，通过物流将商品由低价值区转到高价值区，便可获得价值差，即场所价值。场所价值有以下三种具体形式。

① 现代化生产的特点就是通过大规模、集中生产以提高生产效益，降低生产成本。小

的区域内生产的产品可以覆盖大的区域的需求，甚至覆盖一个国家或若干个国家，这些产品就是通过物流活动从集中生产场所流入分散需求场所的，从而实现价值的提高，如山西省大量生产的煤炭，通过物流活动运到煤炭需求大于生产的城市，价格就会提升。

② 从分散生产场所流入集中需求场所创造价值。作为与从集中生产场所流入分散需求场所相反的物流活动，从分散生产场所流入集中需求场所通过物流活动也会创造价值，比如飞机、汽车等的零配件来自世界各地，在集中地组装后实现使用价值，创造了价值。

③ 在低价值的生产流入高价值的需求创造场所价值。在经济全球化的浪潮中，国际分工和全球供应链的构筑，一个基本选择是在成本最低的地区进行生产，通过有效的物流系统和全球供应链在价值最高的地区销售，信息技术和现代物流技术为此创造了条件，使物流得以创造价值，得以增值。

（3）附加价值

"物"通过加工而增加附加价值，取得新的使用价值，这是生产过程的职能。在加工过程中，物化劳动和活劳动（人力成本）的不断注入，增加了"物"的成本，同时更增加了它的价值。

在流通过程中，可以通过流通加工的特殊生产形式使处于流通过程中的"物"通过特定方式的加工而产生附加值，这就是物流创造加工价值的活动。

物流创造加工价值是有局限性的。它不能取代正常的生产活动，而只能是生产过程在流通领域一种完善和补充。但是，物流过程的增值功能往往通过流通加工得到很大的体现，所以，根据物流对象的特性，按照用户的要求进行这一加工活动，可以对整个物流系统完善起到重大作用。尤其在网络经济时代，物流作为对于用户的服务方式，依托信息传递的及时和准确，得以有效组织这种加工活动，因此它的增值作用也是不可忽视的。

5.1.2.2　物流的分类

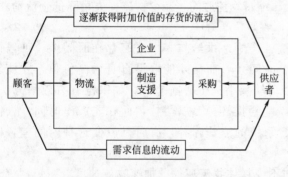

图 5-1　Logistics 系统

物流是在特定的社会经济大环境中，由若干个相互依赖、相互制约的有区别的子系统集合而成的具有特定功能的有机整体，所以物流是个系统，而且是一个相当复杂的、动态的社会经济大系统两端连接着生产与消费及消费后的延伸领域，形成一个产、供、销相联系的周而复始的循环运动（如图 5-1 所示）。

经济领域中物流活动无处不在，许多有特点的领域都有自己特征的物流活动。但是，物流对象、目的不同，物流范围、范畴不同，形成了不同类型的物流。为了便于研究，人们将物流系统按照不同的标志值分成不同的种类（见表 5-1）。

（1）按照物流系统的作用和层次分类

可以将物流分为微观物流、中观物流和宏观物流。

① 宏观物流是指社会再生产的总体物流活动，也称为社会物流、大物流，它是由若干个微观物流网点有机构成的物流系统，具有综观性和全局性特点。

② 中观物流也称为企业外部物流，指销售物流这一块。

③ 微观物流也称为企业内部物流、小物流，指消费者、生产者从事的实际的、具体的

物流活动。

表 5-1 物流系统的分类

分　类	内　容
按物流系统的作用和层次分	微观物流(企业内部物流、小物流) 中观物流(企业外部物流、分销物流) 宏观物流(社会物流,大物流＝企业内部物流＋企业外部物流)
按物流系统运动的过程分	供应物流 生产物流 销售物流 回收物流 废弃物流
按物流系统的功能结构分	运输功能 仓储功能 装卸搬运功能 包装功能 流通加工功能 信息处理功能
按物流活动的地域范围分	农村物流 城市物流 国内物流 国际物流
按物流系统的客体分	粮食物流 钢材物流 烟草物流 医疗药品物流 ……

（2）按照物流系统运动的过程分类

可以将物流分为供应物流、生产物流、销售物流、回收物流和废弃物流。

① 供应物流子系统。指企业为保证生产,不断组织原材料、零部件、燃料、辅助材料供应的物流活动。供应物流子系统对企业生产的正常、高效进行起着重大作用。

② 生产物流子系统。指企业生产工艺的物流活动。生产物流伴随整个生产工艺过程,从原材料、零部件、燃料、辅助材料进入生产线的开始端,直到生产工艺过程终结。

③ 销售物流子系统。指企业为保证本身的经济效益,不断伴随销售活动,将产品所有权转给用户的物流活动。销售物流有极强的服务性,尽力满足买方的需求。

④ 回收物流子系统。指企业在生产、供应、销售的活动中总会产生各种边角余料和废料,这些东西可回收并再生利用,形成回收物流。

⑤ 废弃物流子系统。指企业排放的无用物基本或完全丧失了使用价值,经过处理后,返回自然界,形成废弃物流。

⑥ 回收物流与废弃物流不能直接给企业带来效益,但非常有发展潜力。

（3）按物流系统功能结构分类

可将物流系统分为运输功能子系统、仓储功能子系统、装卸搬运功能子系统、包装功能子系统、流通加工功能子系统、信息处理功能子系统等。

① 运输功能子系统。指对物资进行较长距离的空间移动,即货物与人员在空间的流动。它是物流体系中所有动态功能的核心。

②仓储功能子系统。指对物资进行储存、管理、保养、维护。它是物流体系中唯一静态环节。

③装卸搬运功能子系统。指在同一地域范围内进行的、以改变物的存放状态和空间位置为主要内容和目的的活动，包括装上、卸下、移送、拣选、分类、堆垛、入库、出库等。

④包装功能子系统。指对物资进行某种程度的捆扎或装入适当容器，以保护物品在流通过程中不受损坏。

⑤流通加工功能子系统。指在流通过程中辅助性的加工活动，是生产加工在流通中的延伸。

⑥信息处理功能子系统。指对各项物流活动进行计划预测、动态分析时，及时提供物流活动状态及费用、生产情况、市场动态等有关信息。

（4）按照物流活动的地域范围分类

可以将物流分为农村物流、城市物流、国内物流和国际物流。

①农村物流。在农村内部、农村与城市之间，物品由生产者所在地向需求者所在地的物流活动。

②城市物流。在城市范围内部、城市之间，物品由生产者所在地向需求者所在地的物流活动。

③国内物流。物流活动在区域范围内或区域之间的表现形态。

④国际物流。物品超越国境，从供给国向需求国在空间、时间上的物理性的实体流动。

（5）按照物流系统的客体分类

可以将物流分为粮食物流、钢材物流、烟草物流、木材物流、医药物流等。

总之，从物流系统的不同角度来看，物流有不同的分类方式，要根据不同的物流需求分析不同类型的物流问题，以解决物流中存在的问题。

5.2 物流与电子商务的关系

近年来，随着网络技术的飞速发展，电子商务环境得到了不断改善，电子商务所具备的巨大的优势日益显著，同时，政府、企业的高度重视，纷纷开展和推广电子商务的应用，电子商务的应用在改变着传统产业结构和企业运作模式，同时，物流业也不可避免地受到影响。物流未来发展与电子商务的影响是密不可分的，物流本身的矛盾促使其发展，而电子商务恰恰提供了解决这种矛盾的手段；反过来，电子商务本身矛盾的解决，也需要物流来提供手段，新经济模式要求新物流模式。因此，物流将会影响电子商务的发展，但最终将会是电子商务改变物流，而物流管理体系的完善将会进一步推动电子商务的发展。

5.2.1 电子商务物流

电子商务物流就是基于互联网技术，旨在创造性推动物流行业发展的新商业模式；通过互联网，物流公司能够被更大范围内的货主客户主动找到，能够在全国乃至世界范围内拓展业务；贸易公司和工厂能够更加快捷地找到性价比最适合的物流公司；电子商务物流致力把世界范围内最大数量的有物流需求的货主企业和提供物流服务的物流公司都吸引到一起，提供中立、诚信、自由的网上物流交易市场，帮助物流供需双方高效达成交易。目前已经有越来越多的客户通过网上物流交易市场找到了客户、合作伙伴或海外代理。

5.2.1.1　电子商务物流管理的内容

电子商务物流管理在社会再生产过程中，根据物质资料实体流动的规律、应用管理的基本原理和科学方法，对电子商务物流活动进行计划、组织、指挥、协调、控制和决策，使各项物流活动实现最佳协调与配合，以降低物流成本，提高物流效率和经济效益。简言之，电子商务物流管理就是研究并应用电子商务物流活动规律，对物流全过程、各环节、各方面的管理，它的主要内容有以下六点。

（1）物流战略管理

物流战略管理是为了达到某个目标，物流企业和职能部门在特定的时期和特定的市场范围内，根据企业的组织结构，利用某种方式，向某个方向发展的全过程管理。物流战略管理具有全局性、整体性、战略性、系统性的特点。

（2）物流业务管理

主要包括物流的运输、仓储保管、装卸搬运、包装、协同配送、物流加工以及信息等基本过程。

（3）物流企业管理

主要有合同管理、设备管理、风险管理、人力资源管理和质量管理等。

（4）物流经济管理

主要涉及物流成本费用管理、物流投资融资管理、物流财务分析以及物流经济活动分析。

（5）物流信息管理

主要有物流 MIS、物流 MIS 与电子商务系统的关系以及物流 MIS 的开发和推广。

（6）物流管理现代化

主要是物流管理思想和管理理论的更新、先进物流技术的发明和采用。

5.2.1.2　电子商务物流管理的特点

（1）综合性

从电子商务物流管理覆盖的领域看，它涉及商务、物流、信息和技术等领域的管理；从管理的范围看，它不仅涉及电子商务物流企业，而且包括物流供应链上的各个环节；从管理的方式、方法看，它兼容传统的管理方法和通过网络进行的过程管理和虚拟管理。

（2）新颖性

电子商务物流体现了新经济的特征，它以物流信息为其管理的出发点和立足点。电子商务活动本身就是信息高度发达的产物，对信息活动的管理是一项全新的内容，也是对传统管理的挑战和更新，如我国对 Internet 的相关管理手段、制度和方法均处于探索阶段；另外，如何进行在线管理是物流业需要研究的。

（3）智能性

电子商务物流的实物位移自动化、半自动化的程度高，物流供应链过程处于实时监控之中，而物流系统中的传统管理内容，如：人事、财务、计划和物流控制等全部都是智能化。故电子商务物流管理的重点是这些自动化、智能化的设计创造过程。一个智能化的电子商务物流管理系统可以模拟现实，可以发出指令、实施决策，根据物流过程的特点采用对应管理手段，真正实现电子商务物流管理柔性化和智能化。

5.2.2 电子商务的物流瓶颈问题

当前，很多人将网络安全问题、网上结算问题称为电子商务的瓶颈，但是实际上，现在的科学技术、管理和实践都已经证实，这些问题都构不成瓶颈。中国 1000 多家上市公司，每天有几百亿人民币的网上交易和结算，已经成功运作很多年，就已经证实了这些问题都不是所谓的瓶颈。应该说，唯一的不可回避的是物流瓶颈。电子商务的"物流瓶颈"问题在我国现在的主要表现是，在网上实现商流活动之后，没有一个有效的社会物流配送系统对实物的转移提供低成本的、适时的、适量的转移服务。配送的成本过高、速度过慢是偶尔涉足电子商务的买方最为不满的问题。物流瓶颈问题可以从以下两方面去认识。

（1）互联网无法解决物流问题

可以依靠互联网解决商流及其相关问题，但是却无法解决物流的主要问题。在这种情况下，未来的流通时间和流通成本绝大部分被物流所占有，因此，物流对未来的经济发展会起到非常大的决定和制约作用。可以说，现代经济的水平在很大程度上取决于物流的水平。然而物流的特殊性就决定了无法像解决商流问题一样依靠互联网来解决物流问题。以互联网为平台的网络经济，可以改造和优化物流，但是不可能根本解决物流问题。物流问题的解决，尤其是物流平台的构筑，需要进行大规模基本建设。

（2）物流本身发展的滞后

与电子商务的发展相比，即便是发达国家，物流发展速度也难以和电子商务的发展速度并驾齐驱。在我国，物流更是处于经济领域的落后部分，先进的电子商务和落后的物流在我国形成一个非常鲜明的对比。网络经济、电子商务的迅猛发展势头会加剧物流瓶颈的作用。这个问题表面上看是我国物流服务问题，其背后的原因，是我国为物流服务运行的物流平台不能满足发展的要求。所以，在关注电子商务的同时，以更大的精力建设基础物流平台系统和与电子商务配套的配送服务系统，逐渐改善我国的物流平台，建立物流产业，应当是需要引起决策层和经济界重视的问题。

协调、同步是经济发展的规律之一，其实质在于尽量减少或制约瓶颈的出现，尽量降低经济发展所付出的成本。一个国家物流和环境的改善和物流系统的建设，虽然可以跨越式发展，但它毕竟是基础性的东西，需要一点一滴的建设和积累，所以，物流的瓶颈问题不是短时期或者轻而易举就可以解决的。

5.2.3 电子商务对物流的影响

电子商务对物流的影响体现在物流观念、物流系统结构设计、物流系统即时信息交换、供应商管理、存货控制技术、物流运输、物流人才等方面。

（1）电子商务将改变传统的物流观念

把电子商务作为商业竞争环境时，它对物流理念的影响主要存在于以下五个方面。

① 企业物流系统中信息流的作用范围更为拓宽，不再仅仅是传统意义上企业内部物流系统的运行基础，而是随着供应链概念的提出，变成了整个供应链系统运营的环境基础。网络是平台，供应链是主体，电子商务是手段，信息环境对供应链的一体化起着控制和主导的作用。

② 企业的市场竞争将更多地表现为基于网络的企业联盟（实际为"虚拟"的企业联盟）

之间的竞争，即网上竞争的直接参与者将逐步减少，更多的企业将以其商品或服务的专业化比较优势，参加到以核心企业（或有品牌优势、或有知识、管理优势）为龙头的分工协作的物流体系中去，在更大的范围内构件一体化的供应链，并成为核心企业组织机构虚拟化的实体支持系统。供应链体系在纵向和横向上无限扩张的可能性将对企业提出更广泛的联盟化或是更深度的专业化要求。显然，在电子商务框架内，联盟化和专业化是统一在物流一体化体系中得以实现的。

③ 企业的竞争优势将基于其对社会资源的整合能力。企业在市场竞争中的优势将不再是简单的看拥有物质资源的多少，而在于调动、协调、最后能整合多少社会资源来增强自己的市场竞争力，因此，企业的竞争将是以物流系统为依托的信息联盟或知识联盟的竞争，物流系统的管理也会从对有形资产（存货）的管理转为对无形资产（信息或知识）的管理。

④ 物流系统将会在更大程度上由客户需求拉动。如果假设物流系统内的所有方面都能得到网络技术的有效支持时，产品对终端客户来说，其实际可得性将极大地提高，显然此时客户的需求会发生"量"和"质"的变化，反过来会拉动物流系统更高效率的运行。同时，也可以在物流系统的各个功能环节上降低成本，如降低采购成本、减少库存成本、缩短产品开发期、为客户提供有效的服务、降低销售、营销成本以及增加销售的机会等。

⑤ 物流系统将面临的新的问题是如何在供应链成员企业之间有效分配信息资源，使得全系统的客户服务水平最高，即追求物流总成本最低的同时为客户提供最佳的个性化服务。

（2）对物流系统结构设计的影响

电子商务对物流系统结构设计的影响，主要表现在以下四方面。

① 传统物流系统运行环节（点）将会有所变化。由于在电子商务环境下，网上客户可以直接面对制造商（即原始供应商），并获得个性化订制服务，故传统物流渠道中的批发商和零售商等中介环节将逐步淡出，但是区域销售代理商还将受到制造商委托，并会逐步加强其在渠道和地区性市场中的地位，作为制造商产品营销和服务功能的直接延伸。

② 物流系统结点的性质（包括物理属性和系统属性）将于传统系统结点性质发生较大改变。由于网络中"零距离"的特点，使网上虚拟物流与现实世界实际物流状况的反差增大，终端客户对产品可得性的心理预期加大，导致企业实际交货速度的压力变大。因此，物流系统设计中，系统结点（如港、站、库、配送中心）、运输线路等的布局、结构和任务属性的赋予都将面临较大调整，如尤尼西斯公司在 1988 年采用了 EDI 的物料需求计划 MRP 系统后，将其欧洲区的 5 个配送中心和 14 个辅助仓库缩减为 1 个配送中心。同时，由于存货的控制能力变强，物流系统中的仓库的总数将减少。另外，随着运营政策的逐步放宽，更多的独立运营商——第三方物流将为企业提供更加专业化的配送服务，配送服务的半径也将加大。

③ 物流系统的组织机构更趋分散，甚至虚拟化。由于即时的信息共享，使各级制造商在更广泛范围内进行资源即时配置成为可能，故其有形组织结构将更趋于分散并逐步虚拟化。当然，这主要是指那些已经初步拥有核心竞争力的企业，比如那些在具有品牌资产或产品在技术上已经实现功能模块化和质量标准化的企业。

④ 某些产品的物流系统的隐形化。随着大规模电信网络基础设施的建设，某些能够在网上直接传输的有形产品的物流系统将隐形化，这类产品组要包括书报、音乐、软件等，即已经数字化的产品，它们的物流系统将逐步与网络系统重合，并最终被网络系统取代，形成真正意义上的电子商务，这一点现在已经被验证。

(3) 对物流系统即时信息交换的更高要求

电子商务的一个基本的优点就是要求在客户咨询服务的界面上能保证企业（制造商）与各级客户间的即时互动。网站主页的设计不仅要宣传企业和介绍产品，而且要能够与客户一起就产品的设计、质量、包装、改装、交付条件、售后服务等进行一对一的交流，帮助客户拟定个性化的产品可行性解决方案，帮助客户下订单。这就要求得到物流系统中的每一个功能环节的即时信息支持，因此，对物流系统的建设、运行提出了更高的要求，而且在很大程度上，这一要求的满足与否决定了该物流系统的效率如何，也决定了电子商务的实际价值程度。

(4) 对供应商管理的影响

电子商务模式下，企业在网上寻找合适的供应商，从理论上讲有无限的选择性，而这种可能产生的无限选择可能会导致市场竞争的加剧，并带来供货价格降低的好处。

但是这仅是理论上的分析，对于供应商的选择问题，实际上无限选择性并不存在，所有的企业都知道频繁更换供应商将增加物质认证的成本支出，并面临较大的采购风险。一方面，从供应商的立场来看，作为应对竞争的必然对策，可以积极地寻求与制造商建立稳定的渠道关系，并在技术、管理或服务等方面与制造商结成更深度的战略联盟；另一方面，制造商也会从物流管理的系统理念出发，来寻求与合格的（分级）供应商建立一体化供应链。这样，制造商和供应商之间会形成一种战略合作伙伴关系，他们将在更大的范围内和更深的层次上实现部分或全部信息资源的共享。当然，实际运作中，合作伙伴企业一般通过一定的技术手段（包括安全加密手段），在一定的约束条件下，相互共享特定的数据库信息。如：邮购业务的企业将与其供应商共享运输计划数据库，而实现 JIT（准时生产）的装配制造商将会与其主要供应商共享生产作业计划和库存数据等。

另外，电子商务对降低物料采购成本也会有影响，主要体现在诸如缩短订货周期、减少文案和单据、减少差错率和降低交易价格等技术方面。

在电子商务模式下，虚拟空间的无限选择性会被现实市场的有限物流系统（即一体化供应链）所覆盖，也就是说，电子商务带来的成果受限于现实物流系统的有限能力。

(5) 对存货控制技术的影响

一般认为，电子商务增加了物流系统中各环节的对市场变化反应的灵敏度，可以减少库存，节约成本。相应的技术手段也从初期的看板管理、准时生产 JIT、物料需求计划 MRP 等转向配送需求计划 DPR、重新订货计划 ROP 和自动补货计划 ARP 等基于对需求信息做出反应的决策系统。

但从物流系统的观点来看，这实际是借助信息技术对存货在供应链中的分配进行重新安排。减少在供应链中的存货总量是肯定的，但在结构分配上，将会沿着供应链向上游企业移动，即经销商的库存向制造商转移，制造商的库存向供应商转移，成品的库存变成零部件的库存，而零部件的库存将变成原材料的库存的等。因为沿着供应链向上游转移的不同存货的价值是逐步递减的。实际上，下游企业的增加利益很大程度上来源于上游企业牺牲的利益，这样一来将引发一个新的问题：下游企业由于减少存货而带来的相对较大的经济利益如何与上游企业一起来分享。

供应链的一体化不仅要求分享信息，而且要求分享利益，例如著名的耐克公司使用电子数据交换 EDI 系统与其全球供应商连接，直接将成本衣款式、颜色和数量等条件以 EDI 方式下单，它同时要求供应布料的织布厂先向美国总公司上报新开发的布样，由设计师选择合适的布料设计为成衣款式后，再下单给成衣厂商生产，而且成衣厂商所使用的布料也必须是耐克公司认可的织布厂生产的，这样一来，织布厂必须提早规划新产品，以供耐克公司选购。但由于布料是买主指的，买主给成衣厂商订购原料布的时间会缩短，成衣厂商的交货期也就越来越短，从以往的 180 天缩短为 120 天，甚至 90 天。显然，耐克公司的成品库存压力减轻了，但成衣厂商为了提高产品的可得性，就必须对织布厂提出快速交货的要求，这时织布厂将面临要么增加基本原材料的存货，要么投资扩大其新产品的开发能力的选择。

这样看来，电子商务环境下对存货控制改进所带来的利益，实际上是传统物流系统中矛盾的一种转移，付出更多代价的企业将会要求战略联盟中获利的核心企业分担风险，并一起分享收益，这是合理的。

（6）对物流运输的影响

在电子商务环境下，配送速度已经上升为物流业最主要的竞争手段之一。物流系统要提高满足客户对产品可得性要求的能力，在仓库、配送中心等物流结点设施布局已经确定的情况下，运输将是起决定作用的。由于运输活动的复杂性，运输信息共享的基本要求是：运输单据的格式标准化和传输电子化。由于基本的 EDI 标准难以适应各种不同的运输服务要求，且容易被仿效，以致现在已经不能作为物流系统的竞争优势所在，所以，在物流系统内，必须发展专用的 EDI 标准，才能获取整合的战略优势。

专用的 EDI 实际上要在供应链的基础上发展"增值网"，相当于在供应链企业内部使用的标准密码，通过管理交易、翻译通信标准和减少通信链接数目来使供应链运作增值，从而在物流联盟企业之间建立稳定的制式渠道关系。为了实现运输单据，主要是要实现货运提单、运费清单和货运清单的 EDI 一票通，实现货运全过程的跟踪监控和回程货运的统筹安排，物流系统需要在相关通信设施和信息处理系统等方面进行先期的开发，如电子通关、条形码技术、在线货运信息系统、卫星跟踪系统等。

因此，电子商务对物流运输带来的最大影响就是需要提高运输速度去填补客户在网络中产生的产品虚拟可得性与实际产品可得性之间的差距。当然，这是一个渐进的过程，差距永远会存在，问题在于客户对这种因电子商务而产生的差距有多大的心理和实际承受能力。

（7）对物流人才的影响

电子商务对物流人才提出了更高的要求，不仅要求物流管理人员具有较高的物流管理水平，而且也要求物流管理人员要具有较高的电子商务知识，并在实际的运作过程中能有效地将两者有机结合在一起。

综上所述，可以得出以下基本结论：电子商务环境下，物流系统的变革将是根本性的，是一个质的跃进。在电子商务环境下，物流系统各个具体职能环节的相对重要程度将会发生变化，但它们都有一个基本特点，即它们都是基于网络技术和信息技术的进步而发展的。从另一方面说，这也可能就是物流系统未来变化发展的主要制约因素之一。事实上，电子商务对物流系统的影响可能最明显、最直观的表现在某些关键的物流职能环节（如存货控制、供应商管理、运输）的变化上，但最有决定性的还是在对传统物流系统理念、系统结构的设计与组织的影响上。

5.2.4　物流对电子商务的影响

物流对电子商务的发展具有非常重要的作用，主要体现在以下两方面。

（1）物流现代化是电子商务的基础

电子商务以快捷、高效完成信息流（信息交换）、商流（所有权转移）和资金流（支付）的问题，而将商品及时配送到消费者手中，即完成商品的空间转移（物流）才标志着电子商务过程的结束。因此，物流系统的效率高低是电子商务成功与否的关键，而物流效率的高低很大一部分取决于物流现代化的水平。

物流现代化包括物流技术现代化和管理现代化。物流技术现代化包括软技术和硬技术两个方面的现代化。在物流软技术方面，现代化内容包括条码技术、信息处理技术、安全装载技术、无损检测和抽样检验技术、商品科学保养技术等；在物流硬技术方面，现代化内容包括发展自动化程度高的仓库、运输设备的专业化、装卸设备高效化、保管设备的多样化和组合化、信息处理设备的电脑化等。

物流管理现代化应用现代化的管理思想、理论和方法有效管理物流，在管理人才、管理思想、管理组织、管理方法、管理手段等方面实现现代化，并把这些方面的现代化内容同各项管理职能有机结合起来，形成现代化物流管理体系。物流管理现代化的目标是实现物流系统的整体优化。

物流现代化中最重要的部分是物流信息化。物流信息化是电子商务物流的基本要求，是企业信息化的重要组成部分。表现为物流信息的商品化、物流信息收集的数据化和代码化、物流信息处理的电子化和计算机化、物流信息传递的标准化和实时化、物流信息储存的数字化等。物流信息化能更好地协调生产与销售、运输、储存等环节，对优化供货程序、缩短物流时间及降低库存都具有十分重要的意义。

（2）物流是实现电子商务的保障

① 物流保证生产的顺利进行。无论在传统的贸易方式下，还是在电子商务下，生产都是商品流通之本，而生产的顺利进行需要各类物流活动的支持。合理化、现代化的物流通过降低费用来降低成本、优化库存结构、减少资金占压、缩短生产周期，保障了现代化生产的高效进行；相反，缺少了现代化的物流，生产将难以顺利进行，无论电子商务是多么快捷的贸易形式，仍将是无米之炊。

② 物流服务于商流。在商流活动中，商品所有权在购销合同签订的那一刻起，便由供方转移到需方，而商品实体并没有因此而移动。在传统的交易过程中，除了非实物交割的期货交易，一般的商流都必须伴随相应的物流活动，即按照需方的需求将商品实体由供方以适当的方式、途径向需方转移；在电子商务下，消费者通过上网点击购物完成了商品所有权的交割过程，即商流过程。但电子商务的活动并未结束，只有商品和服务真正转移到消费者手中，商务活动才告以终结。可见，在整个电子商务的交易过程中，物流实际上是以商流的后续者和服务者的姿态出现的。没有现代化的物流，轻松的商务活动只会退化为一纸空文。

③ 物流是实现以顾客为中心理念的根本保证。电子商务的出现在最大程度上方便了最终消费者。消费者不必到拥挤的商业街挑选自己所需的商品，而只要坐在家里上网浏览、查看、挑选，就可以完成购物活动。物流是电子商务实现以顾客为中心理念的最终保证，缺少现代化物流技术与管理，电子商务给消费者带来的便捷等于零，消费者必然会转向他们认为更为可靠的传统购物的方式上，网上购物也就没有存在的必要了。

电子商务与现代物流是互相依存，共同发展的。电子商务的推广使现代物流在整个商务活动中占有举足轻重的地位，推动了物流的进一步发展；同时物流也在促进电子商务的发展。实践表明，凡是电子商务业务蓬勃发展的企业，必是物流技术发达、物流服务到位的企业；相反，缺乏及时配送等物流服务，导致不少电子商务企业处境艰难。

5.2.5　电子商务下物流发展的方向

电子商务作为一场商务活动的变革，打破了区域和国界，开辟了巨大的网上商业市场。作为保证电子商务运作的电子商务物流，为了适应电子商务的发展要求，在物流技术、物流方案和物流信息系统建设等方面不断改变、完善和加以丰富。

5.2.5.1　物流技术

（1）搬运技术

① 搬运空间。能自由设定搬运路线，沿最佳路线直达目的地，可从地面或空中双向运行、全方位移动的功能，能适应各种工作环境。

② 移载功能。向随处可停的方向发展，能直接向机械或地面自由放置或取走物品。

③ 搬运设备。由连续性的传送带向高速、间歇系统转化，更多的开发和利用无人搬运车、轨道式自走台车等设备。

（2）系统控制技术

① 数据搭载系统。由内藏存储器（IC）的信息分配器（ID）及天线单元组成，通过天线单元可以从外部进行访问，向 IC 录入信息或从 IC 读取信息，其作用是实现物品和信息的一体化，使操作自律化成为可能。

② 系统内部通信技术。自律化搬运系统中，搬运设备之间、搬运设备与搬运物体之间已能够通过信息交换自行决定实施搬运的主体。因此，为构造自律化搬运系统，有必要采用高速多通道通信方式。目前，实用化的频谱扩散通信有望得到应用。

③ 识别技术的需求。条形码、二维条形码的读取装置；对被搬运物的形状、质量、个数的辨识；为了各要素间协调行动，对位置、距离、方向、角度、力等物理量的综合辨识技术；为了自律移动的需要，对外界环境辨识与实时位置的判断技术。

5.2.5.2　物流方案

① 电子商务消费者的地区分布。因特网是电子商务的最大信息载体。因特网的物理分布范围正在迅速扩展，其所及的地区并不都是电子商务的销售区域，而物流网络尚没有如此广泛的覆盖范围，无法经济合理地组织送货。因此，从电子商务的经济性考虑，宜先从上网用户比较集中的大城市起步，建立基于一个城市的物流配送体系，以便于操作。提供电子商务服务的公司也需要对销售区域进行定位，对消费人群集中的地区提供物流承诺。

② 销售的品种。在电子商务发展之初，适合电子商务这种形式的商品要考虑不同商品的消费特点及流通特点，特别是物流特点。图片、图书、软件、音乐、歌曲、电影、游戏、电子邮件、新闻、咨询等可通过信息传递完成物流过程的商品最适合采用电子商务销售，原因在于不仅商品查询、订货、支付信息等商品流、信息流、资金流可以在网上进行，而且物流也可在网上完成，即这些品种可以实现商流、物流、信息流、资金流的完全统一。一般而言，商品如果有明确的包装、质量、数量、价格、储存、保管、运输、验收、安装及使用标准，对储存、运输、装卸等作业等无特殊要求，就适合于采用电子商务的销售方式。

③ 配送方案。配送方案是完成物流过程并产生成本的重要环节，需要精心设计。一个好的配送方案应该考虑库存的可供性、反应速度、首次报修修复率、送货频率、送货的可靠性、配送文档的质量，同时还要设计配套的投诉程序，提供技术支持和订货状况信息等。配

送是一项专业性很强的工作，需聘请专业人员对系统的配送方案进行精心设计。

④ 物流成本和库存控制。电子商务的物流具有多品种、小批量、多批次、短周期的特点，由于难以单独考虑物流的经济规模，因而物流成本较高。电子商务商必须扩大在特定销售区域内消费者群体的基数，如果达不到一定的物流规模，物流成本会居高不下。由于经营者很难预测某种商品的销售量，库存控制历来就是销售管理中最难的问题。目前，世界上的制造和销售企业普遍采用的库存控制技术是根据对历史数据、实时数据的分析，依照一定模型预测未来的需求，有的企业进行长期预测，有的只进行短期预测或侧重于对时点数据进行分析，这样库存政策会有很大的区别，库存对销售的保障程度及库存成本也会各不相同。因此，电子商务经营者将会遇到更为复杂的库存控制问题。

此外，在设计电子商务的物流方案时，还应对运输工具、运输方式及运输方案等进行规划。

5.2.5.3 物流信息系统建设

物流信息的使用水平标志着一个企业的物流服务水平和管理水平。发展现代物流有多方面需要建设，它不仅是一个物流硬件网络的建设过程，还包括信息的组织。目前，我国的物流企业和生产企业的计算机信息管理水平还相对滞后，现代物流信息管理系统的建立还处于初级阶段。在物流活动中，运输、库存、装卸、搬运、包装等环节的作业都伴随有大量的信息产生，但由于物流作业的地理分散性及信息价值的时效性限制，在计算机网络技术出现之前，人们难以及时有效地利用这些信息。可见，建立适合电子商务需要的物流、配送信息系统极为关键。电子商务经营者应在网上建立物流、配送查询系统，使消费者在任何地点、任何时间均可及时了解订单号及订货的状况。同时，还应提供公司有关送货、退货、报关等方面的政策和规定，供消费者查询。

5.2.6 电子商务下物流发展趋势的特点

（1）信息化

物流信息化是电子商务的必然要求。物流信息化表现为物流信息的商品化、物流信息收集的数据库化和代码化、物流信息处理的电子化和计算机化、物流信息传递的标准化和实时化、物流信息存储的数字化等。因此，条码技术、数据库技术、电子订货系统、电子数据交换、快速反应、企业资源计划等技术与观念在物流行业的发展中将会得到普遍的应用。

（2）网络化

物流信息化的高层次应用首先表现为网络化，这里指的网络化有两层含义：一是物流配送系统的计算机通信网络化，包括物流配送中心与供应商或制造商之间的计算机网络、与顾客之间的计算机网络；二是组织的网络化，即企业内部网，比如，我国的台湾地区的电脑业在20世纪90年代创造出了全球运筹式产销模式，这种模式的基本点是按照客户订单组织生产，生产采取分散形式，即将各地的电脑资源都利用起来，将一台电脑的所有零部件、元器件、芯片等外包给世界各地的制造商去生产，然后通过全球的物流网络将这些零部件、元器件和芯片发往同一物流配送中心进行组装，再将电脑迅速发给客户。

（3）智能化

物流信息化的高层次应用表现为智能化。物流作业过程中有大量的运筹和决策，如库存量的确定、运输路径的选择、自动导向车的运行轨迹和作业控制、自动分拣机的运行、物流配送中心经营管理的决策支持等问题都需要借助大量的知识才能解决。所以，在物流自动化进程中，物流的智能化是不可回避的一项挑战。随着专家系统、机器人等相关技术在国际上的推广普及，智能化必将是现代物流的一种发展趋势。

（4）虚拟化

随着全球卫星定位系统的应用，社会大物流系统的动态调度、动态储存和动态运输将逐渐代替企业的静态固定仓库。由于物流系统的优化目的是减少库存，直到零库存，这种动态仓储运输体系借助于全球卫星定位系统，充分体现了未来宏观物流系统的发展趋势。随着虚拟企业、虚拟制造技术不断深入，虚拟物流系统将会成为企业内部虚拟制造系统一个重要的组成部分。

（5）柔性化

将制造资源系统、制造系统、计算机集成系统、供应链系统进行有机整合，其实质是将生产、流通进行集成，根据需求组织生产、安排物流活动。因此，现代物流的柔性化正是适应生产、流通与消费的需求而表现出来的一种发展趋势。这就要求物流配送中心要根据消费需求"多品种、小批量、多批次、短周期"的特色，灵活组织和实施物流作业。

5.2.7　电子商务物流业的发展现状及对策

（1）电子商务物流发展现状

电子商务作为一种新的交易方式，对物流的发展有着极大的帮助，但并不是毫无缺点。随着时间的推移以及电子商务在物流管理中越来越多的应用，电子商务在物流方面所存在的不足也越来越明显。诚信问题、安全问题、电子商务基础设施的不完善、法律问题等问题制约着电子商务的发展。

① 诚信问题。诚信问题是电子商务发展中一直存在的问题，在物流方面，这个问题没有得到改善，一直存在，给物流管理的发展带来了很大的不便。诚信是企业的无形资产，看不见、摸不着，对一个公司的诚信的判断很难在网上进行，这给物流运用电子商务带来了很大的困难。

② 安全问题。电子商务信息虽然传播很快，在交易中节约了大量的时间，但是安全性问题一直成为制约电子商务在物流业方面发展的绊脚石。2005 年 6 月 6 日，美国花旗集团（世界最大银行）发布信息丢失声明，称该公司丢失了一张存储有 390 万名客户姓名、账户信息、支付记录以及社保卡号等信息的磁盘，而直接导致这一尴尬事件发生的竟然是美国快递业三大巨头之一的联合包裹运送服务公司（UPS），承运商 UPS 在运输途中丢失了该磁盘。该信息一经发布，引起花旗银行客户的大面积恐慌，如此多的用户信息泄露，给花旗银行带来的后果不堪设想。

③ 基础设施问题。物流设施陈旧，利用率不高。在物流硬件上，物流设施（如物流站、场，物流中心、仓库，物流线路，建筑、公路、铁路、港口等）、物流装备（如仓库货架、进出库设备、加工设备、运输设备、装卸机械、包装工具、维护保养工具）等都是几十年前的，功能单一，无法实现机械化、自动化，且工作效率低下。通信设备及线路、传真设备、计算机及网络设备等信息技术硬件设施缺乏，跟不上物流的要求。此外，由于物流管理跟不上，造成使用效率低下，使原本陈旧的物流设施更不能满足电子商务的需要，如我国仓库的利用率只有 50%。

④ 法律问题。由于现代的电子商务法律不完全，税收不统一，许多企业利用电子商务

进行逃税、避税，这给国家和社会带来了很大的损失。另外，由于电子商务的法律的不完全，电子商务所引发的一些法律案件没有一个标准的审判体制，这给案件的审判带来很大的不便，同时由于案件审判的不一致，社会和人民对审判的结果存在着各种意见。

（2）电子商务下发展物流的对策

物流利用电子商务将成为未来物流发展的主流，解决目前存在的不足是发展现代物流必须做的，为了适应物流的发展，从以下六个方面进行改进。

① 建立一个全球性的电子商务政府机构，负责制定，执行电子商务法律法规。电子商务所面临的法律和行政管理问题与传统商务不会有太大差别。在市场经济条件下，政府的重要职能是扶持、服务、推动、开拓、繁荣、调节、疏导、规范。各国政府应加强对电子商务的政策的研究，力争出台一系列政策性文件，使企业界、新闻界、消费者和政府有关部门对发展国际电子商务有一个共识。

② 加快电子商务的基础设施建设，推行电子商务的配套设施。电子商务是建立在信息基础设施之上。没有完备的、先进的通信基础设施及与之相连的信息设备，电子商务的发展只能是一句空话。因此，必须加速建设高速宽带互联网，实现图像通信网、多媒体通信网的三网合一，使国际电子商务的发展具备良好的网络平台和运行环境，使消费者的上网费用降到最低。

③ 重视物流人才的作用，广泛开展物流培训与教育。电子商务的发展需要大批的网络技术人员、网络筹划师、物流师、电子商务工程师等高科技人才支持，因此必须加大科技教育的力度，加快世界电子商务人才的培养，创造宽松的人事机制，改善高技术人才的用人环境，大力引进国外人才，实现世界人才资源的共享。

④ 加强电子商务的安全建设。各国除了在加强相应的法律、法规建设的同时，也应该不断增大在信息安全方面的投入，据 FORRESTER 的统计，全球信息安全产业投资迅猛增长，其中，安全电子邮件从 50 亿美元（1998 年）发展到 80 亿美元（2003 年）；站点主页安全从 30 亿美元（1998 年）增长到 130 亿美元（2003 年）；电子商务安全从 4 亿美元（1998 年）发展到 130 亿美元（2003 年）；安全文件传输从 40 亿美元（1998 年）增长到 200 亿美元（2003 年）。同时应该提高消费者的安全意识，避免因为无知而犯一些明显的错误。

⑤ 加强企业和个人的道德教育，提高社会对诚信的看法和重视，建立一种诚信认证和评估机制，对于诚信度高的企业给予颁发奖励证书，对诚信度低的企业给予通报批评并告诫其他企业和个人避免上当受骗；对那些毫无诚信的企业给予查封。物流业是现代社会发展的需要，物流的发展离不开节约时间和金钱，电子商务的出现大大地解决了这两个问题，所以物流的发展离不开电子商务，物流将更好地利用电子商务，最大限度减少交易时间和交易成本。

⑥ 大力发展第三方物流，完善增值服务。随着社会分工的不断细化和专业化程度的不断提高，第三方物流服务将借助电子商务，在发展形式、速度和范围上有更大的突破。其目的不仅是降低成本，更重要的是提供用户期望以外的增值服务。而电子商务具有个性化、多样化特点，企业在商品生产、经营和配送上要根据不同区域、不同时间和不同消费需求满足客户需要。对顾客的个性化需求做出快速反应，保证电子商务物流畅通。具体来说，在电子商务环境下，综合应用电子信息技术，从顾客需求出发整合业务流程，提供优质的多样化和个性化服务，开展第三方物流流程重新设计，注重综合集成管理，为供应商、消费者提供灵

活高效的物流服务。

5.3 物流模式

信息技术以及电子商务的飞速发展带来了物流模式的不断变革。目前主要的物流模式有自营物流模式、第三方物流、物流一体化和一些新型物流模式。

5.3.1 常见的物流模式

（1）自营物流模式

这是国内目前生产、流通或综合性企业（或企业集团）广泛采用的一种物流模式。企业（或企业集团）通过独立组建物流中心，实现了对内部各部门、场、店的物品供应。这种物流模式保留了传统的自给自足的特点，具有新型的大而全、小而全的特征，造成了新的资源浪费。就目前来看，它在满足企业（或企业集团）内部生产材料供应、产品外销、零售厂店供货或区域外市场拓展等企业自身需求方面却发挥着重要作用，如北京华联、沃尔玛、麦德龙、中国的海尔集团等连锁公司或集团，基本上都是采用组建自己的物流中心来完成对内部各场、店的统一采购、统一配送和统一结算的。

自营物流模式一般在具有一定物流资源的传统企业中，进行电子商务时所采用。这种物流模式有利于企业掌握对顾客的控制权，比较安全可靠，能保证对顾客的服务质量，维护企业与顾客间的长期关系。但此种模式需要企业的大量投入，资金占用比较严重，因此，对于缺乏资金的企业，尤其是诸如专门的电子商务网站之类的中小企业来说，负担较为沉重。

（2）第三方物流

第三方物流是指由物流劳务的供方、需方之外的第三方去完成物流服务的物流运作方式。第三方就是指提供物流交易双方的部分或全部物流功能的外部服务提供者，在某种意义上可以说，它是物流专业化的一种形式。

第三方物流随着物流业发展而发展，是物流专业化的重要形式，物流业发展到一定阶段必然会出现第三方物流的发展。而且第三方物流的占有率与物流产业的水平之间有着非常规律的相关关系，西方国家的物流业实证分析证明，独立的第三方物流要占社会物流业的50％，物流产业才能形成。所以，在电子商务时代，第三方物流的发展程度反映和体现着一个国家物流业发展整体水平。

综观国内外物流业现状，物流企业种类繁多。介绍以下两种分类方法，相信对于认识和指导第三方物流是十分有益的。按照物流企业完成的物流业务范围的大小和所承担的物流功能，可将物流企业分为综合性物流企业和功能性物流企业。功能性物流企业也可叫单一物流企业，即它仅承担和完成某一项或几项物流功能，按照其主要从事的物流功能可将其进一步分为运输企业、仓储企业、流通加工企业等；而综合性物流企业能够完成和承担多项，甚至所有的物流功能，综合性物流企业一般规模较大、资金雄厚，并且有着良好的物流服务信誉。

第三方物流给企业带来了众多益处，主要表现在：集中主业，企业能够实现资源优化配置，将有限的人力、物力、财力集中核心业务；节省费用，减少资本积压；减少库存；提高企业形象。

（3）物流一体化

物流一体化以物流系统为核心，由生产企业经由物流企业、销售企业直到消费者供应链内迅速移动，使参与的各方企业都能获益，从而使整个社会获得明显的经济效益。

早在20世纪80年代，美国、德国、法国等发达国家就应用物流一体化理论指导其物流发展，使生产商、供应商、销售商取得显著效益。由此得知，物流一体化从一个侧面上反映和促进了一个社会经济的发展。物流一体化有三个层次：第一个层次是物流自身一体化，逐渐树立物流系统的观念、运输、仓储和其他物流要素趋于完备，子系统协调运转，系统化发展；第二个层次是微观物流一体化、市场主体企业将物流提高到企业的战略地位，并出现了以物流战略作为纽带的企业联盟；第三个层次是宏观一体化，是指物流业发展到这样的水平：物流业占到国民总产值的一定比例，处于社会经济的主导地位。

物流一体化是物流产业较为发达的阶段，它必须以第三方物流发育和完善为基础。物流一体化的实质是一个物流管理的问题，即专业化物流管理人员和技术人员，充分利用专业化物流设备、设施，发挥专业化物流运作的管理经验，以求取得整体最佳的效果。在电子商务时代，这是一种比较完整意义上的物流配送模式，它是物流业发展的高级和成熟阶段。在国内，海尔集团的物流配送模式已经是物流一体化了，并且是一个非常成功的例子。

5.3.2 新型物流模式

（1）第四方物流

第四方物流的概念首先是由安德森咨询公司提出的，并定义为"一个调配和管理组织自身的及具有互补性的服务提供商的资源、能力与技术，来提供全面的供应链解决方案的供应链集成商"。从概念上来看，第四方物流是有领导力量的物流提供商，它正日益成为一种帮助企业实现持续运作成本降低和区别于传统的外包业务的真正的资产转移。它实际上是一种虚拟物流，依靠业内最优秀的第三方物流供应商、技术供应商、管理咨询顾问和其他增值服务商，整合社会资源，为用户提供独特的和广泛的供应链解决方案。这是单独任何一家公司所不能提供的。

（2）电子物流

从概念上看，电子物流就是利用电子化的手段，尤其是利用互联网技术来完成物流全过程的协调、控制和管理，实现从网络前端到最终客户端的所有中间过程服务，最显著的特点是各种软件技术与物流服务的融合应用。从功能上看，电子物流的功能十分强大，它能够实现系统之间、企业之间以及资金流、物流、信息流之间的无缝链接。事实上，电子物流的本质特征在于利用互联网技术来实现物流运营的信息化、自动化、网络化、柔性化和智能化，也就是要最终实现现代物流与电子商务的协同发展。但是，这种模式适用于电子商务和物流业都比较发达的地区，我国的物流业正处在发展中，还不适合这种功能强大的物流模式。

（3）绿色物流

绿色物流是指在物流过程中抑制物流对环境造成危害的同时实现对物流环境的净化，使物流资源得到最充分利用。随着环境资源恶化程度的加深，人类生存和发展的威胁越大，因此，人们对资源的利用和环境的保护越来越重视，对于物流系统中的托盘、包装箱、货架等资源消耗大的环节出现了以下方面的趋势：包装箱材料采用可降解材料；托盘的标准化使得可重用提高；供应链管理的不断完善大大降低了托盘和包装箱的使用。现代物流业的发展必须优先考虑在物流过程中减少环境污染，提高人类生存和发展的环境质量。可利用废弃物的回收已列入许多发达国家可持续发展战略，因为地球上的资源总有一天会用完，需要高度重视。

5.4　物流技术

发展物流技术是提高物流生产率和竞争能力的主要手段，物流技术与其他技术显著不同的特点在于它可在不断提高物流反应速度和服务水平的同时，大幅降低物流成本，因此得到大量推广应用。目前，主要的物流技术是 EDI 技术、条码技术、射频技术 GPS/GIS 技术等。

5.4.1　电子数据交换系统

5.4.1.1　电子数据交换系统的概念

电子数据交换系统是对信息进行交换和处理的网络自动化系统，是将远程通信、计算机及数据库三者结合在一个系统中，实现数据交换、数据资源共享的一种信息系统，这个电子数据交换系统也可以作为管理信息系统和决策支持系统的重要组成部分。

采用电子数据交换系统之后，信息交换便可由两端直接进行，越过很多中间环节，使物流过程中每个衔接点的手续大大简化。采用后，由于减少甚至消除了物流各个过程中的单据、凭证，不但减少了差错，而且大大提高了工作效率。

电子数据交换系统在物流领域有特别重要的作用。首先，物流系统具有大和泛的特点，使它很难建立大系统的信息网络。其次，从现实情况看，物流这个大系统中，各个局部之间分散较明显，并且实际运行的各个局部，往往早就有其相对较为完善纵向系统，例如，铁道系统、港口系统、仓库系统等，因而，物流系统具有一定"横跨"性质，物流系统的信息完全可以通过各个局部领域的信息交换而实现共享，这就是物流系统特别需要电子数据交换系统的原因。最后，物流系统与外部也必须进行信息交换，如与外部的工业企业、用户、商店、海关、银行、保险公司等，进行电子数据交换。

5.4.1.2　电子数据交换系统的基本结构

EDI 系统的数据标准化、EDI 软件及硬件、通信网络是构成 EDI 系统的三要素。

（1）电子数据交换数据标准化

数据标准（EDI 标准）是由各企业、各地区代表，甚至国际组织（ISO）共同讨论，制定的电子数据交换共同标准，可以使各组织之间的不同文件格式通过共同的标准实现彼此之间文件交换的目的。

（2）电子数据交换软件及硬件

① EDI 软件。EDI 软件能将用户数据库系统中的信息译成 EDI 的标准格式，以供传输和交换。EDI 软件可分为转换软件、翻译软件和通信软件。转换软件的功能是帮助用户将原有计算机系统的文件或数据库中的数据转换成翻译软件能够理解的平面文件，或是将从翻译软件接收来的平面文件转换成原计算机系统中的文件。翻译软件可将平面文件翻译成 EDI 标准格式，或将收到的 EDI 标准格式翻译成平面文件。通信软件用于将 EDI 标准格式的文件外层加上通信信封（envelope）再送到 EDI 系统交换中心的邮箱（mailbox），或由 EDI 系统交换中心将接收到的文件取回。

② EDI 硬件设备。EDI 所需的硬件设备大致有计算机、调制解调器（modem）及通信

线路。

（3）通信网络

通信网络是实现 EDI 的手段，EDI 通信方式有多种，比较原始的连接方式有点对点、一点对多点、多点对多点式，适合贸易伙伴较少的情况下使用。当贸易伙伴较多时，为了克服因计算机厂家不同、通信协议相异以及工作时间不易配合等问题，许多应用 EDI 公司逐渐采用第三方网络与贸易伙伴进行通信，即增值网络（VAN）方式。增值网络服务类似于邮局，为发送者与接收者维护邮箱，并提供存储、记忆保管、通信协议转换、格式转化、安全管制等功能。因此，通过增值网络传送文件，可以大幅度降低相互传送资料的复杂度和困难度，大大提高了效率。

5.4.1.3 EDI 系统工作原理

图 5-2 示出的是 EDI 系统工作原理示意图。从图中可以看出，实现 EDI 的前三步是平面转换、翻译和通信，即将用户应用系统（如管理信息系统、单项业务系统等）中储存的相关数据读取出来，按照不同的文件结构生成平面文件，再由翻译软件 EDI 标准报文，经通信网络传输到接收方。后三步翻译成是接收方从信箱中收取 EDI 信件，翻译并转送到应用系统中，这是上述过程的逆过程。

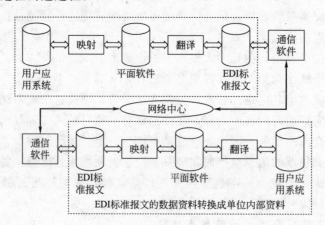

图 5-2　EDI 系统工作流程

5.4.1.4 EDI 与其他电子传输方法的区别

EDI 与其他电子传输方法的区别是使用 EDI 必须使用预先规定的标准化格式和进行计算机到计算机之间的数据传输交换。而电子邮件、传真、远距离遥控输入、输出系统和专用格式下的部门间工作系统虽然都能提高物流效率，并给物流带来很多方便，但它们都不是 EDI。

5.4.1.5 EDI 在物流中的功能

EDI 在物流中的主要功能表现在以下七个方面。

① 能进行物流信息和相关作业管理。

② 能进行与物流有关文件的处理。

③ 能进行表格和文件管理。

④ 能进行各物流环节作业、运行、交易价格、成本、安全等事项记录。

⑤ 能转换各种物流数据。

⑥ 能通过内部网或直接与主机自动接收和发送数据，即数据内部交换。

⑦ 能通过通信网自动接受和发送数据，即数据外部交换。

5.4.2　条形码技术

5.4.2.1　条形码的概念

在企业物料管理和流通活动中，为了能够迅速、准确地识别物品，自动读取商品信息，减轻劳动强度，降低成本，条形码技术得到普遍运用。

条形码是由一组规则排列的条、空及字符组成的，用以表示物品的各种信息，如名称、单价、规格等的代码。

条形码按照使用目的可以分为商品条形码和物流条形码。商品条形码直接为销售和商品管理服务，以个体商品为对象。物流条形码直接为入出库、运输、保管和分拣等物流作业管理服务，以集合包装商品为单位使用条形码。

商品条形码由 13 位数字组成，最前面的 3 位数代表国家或地区的代码，ENA 编码委员会分配给中国的系统代码是 690、691 和 692；第 4 位至第 7 位代表厂商，第 8 位至第 12 位代表商品代码；最后一位为校验码。

物流条形码由 14 位数字组成，除第 1 位数字外，其余 13 位数字代表的意思与商品条形码相同。物流条形码第一位数字表示物流识别代码，如物流识别代码中"1"代表集合包装容器装 6 件商品、"2"代表装 12 件商品。如果装入同一容器的商品种类不一，前缀的物流识别码用 0 或 00 标识，原第 8 位至第 12 位的商品代码用新的代码取代。

除了上述标准条形码之外，企业内部根据物料管理需要也可以自行编制企业内部码，但是一般只能在企业内部使用。当用作内部码时，EAN-13 码变成前两位数字为前缀，第 3 位至第 12 位数字为物品代码，第 13 位数字为校验码。

5.4.2.2　物流编码的内容

一般来说，物流活动利用的编码包括与商品有关的编码、与发货人和收货人有关的编码、与货物包装形状有关的编码、与物流业者有关的编码和货物发送地和收货地有关的编码。物流编码的内容可分为项目标识、动态项目标识、日期、数量、参考项目、位置码、特殊应用以及内部使用等方面。

（1）项目标识

项目标识即对商品项目和货运单元项目的标识，主要编码方式有 13 位和 14 位两种。13 位编码由三段组成，分别为厂商识别代码、商品项目代码及校验码。14 位编码通常是在 13 位编码的前面加一位数字组成。

（2）动态项目标识

动态项目标识是对商品项目中每一个具体单元的标识，它是对系列货运包装箱的标识，其本身为系列号，即每一个货运包装箱具有不同的编码，其编码为 18 位。

（3）日期

对日期的标识为 6 位编码，依次表示年、月、日，主要有生产日期、包装日期、保质期、有效期等。

（4）度量

度量的内容比较多，不同度量的编码位数也不同，主要包括数量量、长、宽、高以及面积和体积等内容。

（5）参考项目

参考项目的内容也较多，包括客户购货订单代码、收贷方邮政编码、卷状产品的长、宽、内径、方向、叠压层数等各种信息。

（6）位置码

位置码是对法律实体、功能实体、物理实体进行标识的代码。其中，法律实体是指合法存在的机构，功能实体是指法律实体内的具体部门，物理实体是指具体的地址。

5.4.2.3　物流条码符号技术

图 5-3　商品条码

表示物流标识编码的条码符号有不同的码制，其中，有的码制只能标识一个内容，而有的码制则能标识更多的内容。用于表示物流编码的条形码制主要有通用商品条码、储运单元条码以及贸易单元 128 码等。

（1）商品条码

商品条码是用于标识国际通用的商品代码的一种模块组合型条码，分为标准版商品条码（13 位，如图 5-3 所示）和缩短版商品条码（8 位），详见《GB/T 12N4—1991》。

标准版商品条码所表示的代码由 13 位数字组成，其结构如表 5-2 所示。

表 5-2　标准版商品条码结构

结构种类	厂商识别代码	商品项目代码	校验码
结构一	$X_{13} X_{12} X_{11} X_{10} X_9 X_8 X_7$	$X_6 X_5 X_4 X_3 X_2$	X_1
结构二	$X_{13} X_{12} X_{11} X_{10} X_9 X_8 X_7 X_6$	$X_5 X_4 X_3 X_2$	X_1
结构三	$X_{13} X_{12} X_{11} X_{10} X_9 X_8 X_7 X_6 X_5$	$X_4 X_3 X_2$	X_1

① 厂商识别代码。由 7～9 位数字组成，用于对厂商唯一标识。厂商识别代码是 EAN 编码组织在 EAN 分配的前缀码（$X_{13} X_{12} X_{11}$）的基础上分配给厂商的代码。

② 商品项目代码。由 3～5 位数字组成，商品项目代码由厂商自行编码。厂商必须遵守商品编码的基本原则是唯一性和无含义性。

③ 校验码。1 位数字，用于校验厂商识别代码和商品项目代码的正确性。

（2）储运单元条码

储运单元条码是专门表示储运单元编码的条码，储运单元是指为便于搬运、仓储、订货、运输等，由消费单元组成的商品包装单元。在储运单元条码中，又分为定量储运单元（由定量消费单元组成的储运单元）和变量储运单元（由变量消费单元组成的储运单元），详见《GB/T 16830—1997》。

定量储运单元一般采用 13 位或 14 位数字编码。当定量储运单元同时又是定量消费单元时，应按定量消费单元进行编码。当含相同种类的定量消费单元组成定量储运单元时，可给每一定量储运单元分配一个区别于它所包含的消费单元代码的 13 位数字代码，也可用 14 位数字进行编码，其编码的代码结构如表 5-3 所示。

表 5-3　储运单元条码编码的代码结构

定量储运单元包装指示符	定量消费单元代码	校验字符
V	$X_1 X_2 X_3 X_4 X_5 X_6 X_7 X_8 X_9 X_{10} X_{11} X_{12}$	C

定量储运单元包装指示符（V）用于指示定量储运单元的不同包装，取值范围为 V=1，

2，…，8。

定量消费单元代码是指包含在定量储运单元内的定量消费单元的代码。

图 5-4　储运单元条码

定量储运单元代码的条码标识可用 14 位交叉二五条码—ITF-14 标识定量储运单元。当定量储运单元同时又是定量消费单元时，应使用 EAN-13 条码表示。也可用 EAN-128 条码标识定量储运单元的 14 位数字代码，如图 5-4 所示。

变量储运单元编码由 14 位数字的主代码和 6 位数字的附加代码组成。代码结构如表 5-4 所示。

表 5-4　变量储运单元编码的代码结构

主　代　码			附加代码	
变量储运单元包装指示字符	厂商识别代码与商品项目代码	校验字符	商品数量	校验字符
LI	$X_1X_2X_3X_4X_5X_6X_7X_8X_9X_{10}X_{11}X_{12}$	C_1	$Q_1Q_2Q_3Q_4Q_5$	C_2

定量储运单元包装指示字符（LI）指示在主代码后面有附加代码，取值为 LI＝9。附加代码（$Q_1 \sim Q_5$）是指包含在变量储运单元内按确定的基本计量单位（如公斤、米等）计量取得的商品数量。

图 5-5　贸易单元 128 条码

变量储运单元的主代码用 ITF-14 条码标识，附加代码用 ITF-6（6 位交叉二五条码）标识。变量储运单元的主代码和附加代码也可以用 EAN-128 条码标识（关于交叉二五条码详见《GB/T 16829—1997》）。

（3）贸易单元 128 条码（EAN-128 条码）

贸易单元 128 条码是一种可变长度的连续型条码，主要用于表示标识，如图 5-5 所示。

5.4.2.4　二维码

（1）二维码概况

条形码的符号沿垂直方向印刷标示，作为水平方向的"线"储存信息。而二维码的符号是在水平和垂直两个方向印刷标示，以"面"来储存信息。而且阅读也是以识别"面"为特征。二维码储存的信息量远远超过一维条码。一维条码一般只能容纳 20 个文字的信息，而二维条码可以容纳 2000 个左右的文字信息，信息的表达形式不仅仅局限在英文字母和数字，还可以是汉字等。二维码的特征表现在以下五点。

① 以表示大量信息。二维码从纵向和横向两个方向储存信息，一个二维码可以表示数百行或数千行的信息。相对于作为识别用的一维条码 ID 条码而言，二维码相当于一个小型数据库。

② 高密度印刷。二维码可以用相当于一维条码数 10 倍的密度印刷，而且可以根据信息量的多少扩大和缩小面积。

③ 订正功能。由于可以包含大量信息，因此其中也有用来订正错误的数据。在二维条码部分受损或有粘污迹的情况下，可以自动复原，正常读取数据。

④ 全方位读取。一维条码只可以横向读取，而二维码可以在 360°的范围内全方位读取

数据。

⑤ 信息种类多样化。一维条码只能使用英文数字和记号表示信息，而二维码除此之外，还可以用汉字以及图片表示信息。

（2）二维码产生的背景

二维码20世纪80年代被开发，并得到不断发展。其背景是对移动体信息获得的效率性和便利性的需要。如果移动体本身可以携带很多的信息，那么，要取得物品的相关信息就不必再与计算机的数据库相连接，在现场可以直接迅速获取信息。一维条码所能表示的信息量有限，要表示多种信息，需要贴上多张条形码，粘贴面积大，数据输入费时。二维码在很小的面积上就可以表示大量信息，在缺乏EDI环

图5-6 二维条码

境的情况下也可以使用。此外，二维码还可以应用在利用无线电波远距离自动扫描识别等方面，对于自动识别技术手段的发展会起到促进作用，如图5-6所示。

5.4.2.5 标准物流条码的应用

（1）物流作业的效率化

① 入出库作业。在物流中心商品入库时点，通过读入器扫描条形码，完成入库预定数据与实际入库数量对照检验，库存信息的实时确定和更新。仓库上架作业方面，在扫描信息的基础上，利用计算机指示货架的位置，使作业达到迅速化和准确化。特别是在自动仓库方面，实现从入库到上架的连续自动化作业。过去由人工完成的商品确认、指示上架位置等作业活动，利用物流标准条形码，通过与条形码读取系统、计算机、物流机械的对接实现入库作业的效率化。出货作业同样也可以灵活运用物流条形码。

② 分拣作业。物流条码在自动分拣系统中被广泛使用，可以说，离开了物流条形码，很难实现物流作业的自动化。利用计算机系统，将不同类别商品的配送场所等原始信息输入系统，便可以得到标准物流条形码。

③ 商品内容量检验。对捆包商品的内容量和商品装入数量进行检验时，通过读入标准物流条形码，正常的商品重量数值会自动设定在自动计量设备上，不同商品随机搬运的情况下也可以准确完成检验工作，还可以减少商品更换的次数和作业终端的数量。

（2）物流条码在各种业态的应用

① 在物流业的应用。标准物流条形码在运输业和仓库业得到广泛的应用，标准物流条形码的应用，有助于构筑综合物流系统，提高综合物流的效率化，例如，在运输业，当前往货主地运取配送商品时，配送人员利用手提终端扫描单据上的标准物流条形码，同时输入数量和配送区间，就可以立即向货主交付收货单据；在仓库业，货主的入出库信息可以利用在线终端接收，这样节省了数据再输入时间，在入出库作业指示和入出库时点的扫描检查中可以利用这些数据，达到提高管理精确度和各种作业自动化的目的。

② 在零售业的应用。在零售业，POS系统的应用将成为一种趋势，会越来越普及。将POS系统灵活运用到进货检验上可以大大提高作业效率。可以将订货数据作为预定进货数据，进货时通过扫描标准物流条形码获得订货信息，实现快速商品检验。当然，前提是订货数量和进货数量应该保持一致，这样也可以防止进货商品未及时在POS系统的商品目录中登记现象的发生。

③ 在批发业的应用。批发业与制造商之间的交易单位是以箱为单位的，通过扫描标准物流条形码可以提高入库商品检验的速度和管理的精确度。此外，当商品与单据不在同一场

所时，可以通过扫描条形码从系统获知该商品的订货数据，及时掌握未送达商品。如果能够达到信息实时处理的水平，则可以与库存信息、销售部门保持联动，从而降低失去销售机会的程度，提高顾客服务水平。

5.4.3 射频技术

射频识别技术 RFID（Radio Frequency Identification）是从 20 世纪 80 年代起走向成熟的一项自动识别技术。它利用无线电技术进行非接触双向通信，以达到识别和数据交换的目的。由于 RFID 系统的射频卡和读写器之间不用接触就可完成识别，因此具有识别距离比光学系统远、不受视线限制的优点，同时射频识别卡还具有读写能力、可携带大量数据、难以伪造、具有智能功能等特点。

（1）射频识别系统原理

射频识别系统的组成一般至少包括射频卡或称电子标签（TAG）和读写器（Reader）两部分，如图 5-7 所示。

在 RFID 系统中，射频卡主要由存储器、控制模块、收发模块和天线组成。存储器用来保存约定格式的电子数据，容量为几个比特到几十千比特不等，控制模块、收发模块通常集成到一块芯片中，完成与读写器通信，天线（和电池）用于接收和发射信号。射频卡封装可以有不同形式，常见的有信用卡的形式及小圆片的形式。

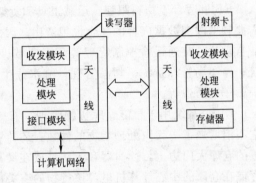

图 5-7 RFID 系统组成

读写器由处理模块、收发模块、接口模块和天线组成。读写器在一个区域内发射无线电信号形成电磁场，区域大小取决于无线电工作频率和天线尺寸。射频卡经过这个区域时检测到读写器的信号就开始发送储存的 ID 信息及数据。读写器发送的信号通常提供时钟信号及射频卡所需的足够能量（转化为直流电为无源射频卡提供电源），其中，时钟信号使数据同步，从而简化了系统的设计。读写器接收到卡的数据后，解码并进行错误校验来决定数据的有效性，然后通过 RS-323、RS-422、RS-485 或无线方式将数据传送到计算机网络。简单的 RFID 产品就是一种非接触的 IC 卡，而复杂的 RFID 产品和外部传感器接口用来测量、记录不同的参数或甚至与 GPS 系统连接来跟踪物体。

RFID 系统根据工作频率的不同可分为高频、中频及低频系统。低频系统一般工作在 $100\sim500$kHz；中频系统工作在 $10\sim15$MHz；而高频系统则可工作在 $850\sim950$MHz 甚至 $2.4\sim5$GHz 的微波段。高频系统应用于需要较长的读写距离和高的读写速度的场合，如火车监控、高速公路收费等系统。但天线波束较窄，实用中需视距传播识别且价格较高；中频系统在 13.56MHz 的范围，这个频率用于门禁控制和需传送大量数据的应用；低频系统用于短距离、低成本的应用中，如多数的门禁控制、动物监管、货物跟踪。

射频卡可分成三种：可读写（RW）、一次写入多次读出（WORM）和只读卡（RO）。RW 卡一般比 WORM 卡和 RO 卡贵得多，如电话卡、信用卡等。WORM 卡是用户可以一次性写入的卡，写入后数据不能改变。WORM 卡比 RW 卡要便宜。RO 卡存有一个唯一的号码，不能更改，这样提供了安全性。RO 卡最便宜。

射频卡分有源及无源两种。有源射频卡使用卡内的电池能量，识别距离较长，可达几米，但是它的寿命有限并且价格较高；无源射频卡不含有电池，利用耦合读写器发射的电磁场能量作为自己的能量，它的重量轻，体积小，寿命可以非常长，很便宜，但它的发射距离受限制，一般是几十厘米到 1m，且需要读写器的发射功率大。

射频卡根据调制方式的不同还可分为主动式和被动式。主动式的射频卡用自身的射频能量主动发送数据给读写器。被动式的射频卡使用调制散射方式发射数据，它必须利用读写器的载波来调制自己的信号，适宜在门禁或交通系统中应用，因为读写器可以确保只激活一定范围之内的射频卡。在有障碍物的情况下，用调制散射方式，读写器的能量必须来回穿过障碍物两次。而主动方式的射频卡发射的信号仅穿过障碍物一次，因此，主动方式的射频卡则主要用于有障碍物的应用中，距离更远（可达 30m）。

（2）射频技术的应用

RFID 适合于物料跟踪、运载工具和货架识别等要求非接触数据采集的场合应用，对于需要频繁改变数据内容的场合也很适用。因此，射频识别技术被广泛应用于工业自动化、商业自动化、交通运输控制管理等众多领域；汽车、火车等交通监控；高速公路自动收费系统；停车场管理系统；物品管理；流水线生产自动化；安全出入检查；仓储管理；动物管理；车辆防盗等。

RFID 系统用于智能仓库货物管理，有效解决了仓库里与货物流动有关的信息的管理。它不但增加了一天内处理货物的件数，还监看着这些货物的一切信息。射频卡贴在货物所通过的仓库大门边上，读写器和天线都放在叉车上，每个货物都贴有条码，所有条码信息都被存储在仓库的中心计算机里，该货物的有关信息都能在计算机里查到。当货物被装走运往别地时，由另一读写器识别并告知计算机中心它被放在哪个拖车上。这样，管理中心可以实时地了解已经生产了多少产品和发送了多少产品；并可自动识别货物，确定货物的位置。

作为射频技术的发展和应用，便携式数据终端 PDT（Portable Digital Terminal）近年来得到广泛使用。PDT 通常由一个扫描器、一个掌上电脑（带存储器、显示器、键盘或手写设备等）组成，掌上电脑的只读存储器中常驻有操作系统，用于控制数据的采集和传送。通过 PDT 的扫描器扫描位置标签，货架号码、产品数量就采集到 PDT 中，再通过射频技术由 PDT 把这些数据传送到计算机管理系统，可以得到客户产品清单、发票、发运标签、该地所存产品代码和数量等，并可据此决定货物的补充和采购计划等。可见，射频技术的引用将信息采集和处理集成起来，实现了物流信息的实时管理，大大提高了物流管理水平。

5.4.4 GPS/GIS 技术

GPS（Global Positioning System）全球卫星定位系统是一种以空中卫星为基础的高精度无线电导航定位系统。GPS 最初是美国国防部主要为满足军事部门对海上、陆地和空中设施进行高精度导航和定位的要求而建立的，该系统从 20 世纪 70 年代初开始设计、研制，历经了约 20 年的时间，渐趋成熟。GPS 作为新一代卫星导航与定位系统，不仅具有全球性、全天候、连续的精密三维导航与定位能力，而且具有良好的抗干扰性和保密性。

5.4.4.1 GPS 的组成与原理

GPS 由空间部分、地面监控系统以及用户接收机三部分组成。

空间部分使用 21+3 颗高度约 2.02×10^4 km 的卫星组成卫星星座，其中，21 颗为工作卫星，3 颗为备用卫星，这些卫星的轨道均为近圆形轨道，运行周期约为 11h58min，分布在六个轨道面上（每轨道面四颗）。

地面监控系统包括五个监控站、三个上行注入站和一个主控站。监控站设有 GPS 用户接收机、原子钟、收集当地气象数据的传感器和进行数据初步处理的计算机。监控站的主要任务是取得卫星观测数据并将这些数据传送至主控站。主控站设在美国范登堡空军基地，它是整个 GPS 系统的核心，它的功能是为全系统提供时间基准、收集各监控站对 GPS 卫星的全部观测数据，利用这些数据计算每颗 GPS 卫星的轨道和卫星钟改正值、编制各卫星星历，当卫星失效时及时调用备用卫星等。上行注入站也设在美国范登堡空军基地，它的任务主要是在每颗卫星运行至上空时把这类导航数据及主控站的指令注入卫星。这种注入对每颗 GPS 卫星每天进行一次，并在卫星离开注入站作用范围之前进行最后的注入。

GPS 信号接收接收机的任务是：能够捕获到按一定卫星高度截止角所选择的待测卫星的信号，并跟踪这些卫星的运行，对所接收到的 GPS 信号进行变换、放大和处理，以便测量出 GPS 信号从卫星到接收机天线的传播时间，解译出 GPS 卫星所发送的导航电文，实时计算出测站的三维位置，甚至三维速度和时间。GPS 信号接收机所位于的运动物体叫载体（如航行中的船舰、空中的飞机、行走的车辆等）。载体上的 GPS 接收机天线在跟踪 GPS 卫星的过程中相对地球而运动，接收机用 GPS 信号实时测得运动载体的状态参数（瞬间三维位置和三维速度）。接收机硬件和机内软件以及 GPS 数据的后处理软件包构成完整的 GPS 用户设备。目前，各种类型的 GPS 接收机体积越来越小，重量越来越轻，便于野外观测，而精度越来越高。

如果说 GPS 空间部分和地面监控系统均由美国控制，那么用户接收机则由各国的用户自行设计和实施。GPS 卫星发送的导航定位信号是一种可供无数用户共享的信息资源。对于陆地、海洋和空间内的广大用户，只要用户拥有能够接收、跟踪、变换和测量 GPS 信号的接收设备，即 GPS 信号接收机，就可在任何时候实现 GPS 的各种用途。

GPS 的基本定位原理是：在两万公里（1 公里＝1km）高空的 GPS 卫星，当地球对恒星来说自转一周时，它们绕地球运行两周，即绕地球一周的时间为 12 恒星时。这样，对于地面观测者来说，每天将提前 4min 见到同一颗 GPS 卫星。位于地平线以上的卫星颗数随着时间和地点的不同而不同，最少可见到 4 颗，最多可见到 11 颗。在用 GPS 信号导航定位时，为了计算测点的三维坐标，必须观测 4 颗 GPS 卫星，称为定位星座。定位星座不间断地发送自身的星历参数（描述卫星运动及其轨道的参数）和时间信息。用户接收到这些信息后，经过计算求出接收机的三维位置、三维方向以及运动速度和时间信息。

5.4.4.2　GPS 在物流中的应用

全球卫星定位系统主要用于定位导航、授时校频以及高精度测量等，特别是在物流领域，可以广泛用于导航、实时监控、动态调度、货物跟踪、运输线路的规划与优化分析等。

（1）海空导航

GPS 系统的出现克服了 TRANSIT 和路基无线电航海导航系统系统的局限性，利用其精度高、可连续导航、有很强的抗干扰能力的特点，可有效开展海洋、内河以及湖泊的自主导航、港口管理、进港引导、航路交通管理等。而在航空导航方面，GPS 的精度远优于现有任何航空航路用导航系统，可实现最佳的空域划分和管理、空中交通流量管理以及飞行路径管理，为空中运输服务开辟了广阔的应用前景，同时也降低了营运成本，保证了空中交通管制的灵活性，可以说从航空进场/着陆、场面监视和管理、航路监视、飞行试验与测试到航测等各个领域，GPS 都发挥着巨大的作用。

（2）实时监控

应用 GPS 技术，可以建立起运输监控系统，在任何时刻查询运输工具所在地理位置和运行状况（经度、纬度、速度等）信息，并在电子地图上显示出来，同时系统还可自动将信息传到运输作业的相关单位，如中转站、接车单位、物流中心、加油站等，以便做好相关工作准备，提高运输效率，还可监控运输工具的运行状态，了解运输工具是否有故障先兆并及时发出警告，询问是否需要较大的修理并安排修理计划等。

（3）动态调度

通过应用 GPS 技术，调度人员能在任意时刻发出调度指令，并得到确认信息。可进行运输工具待命计划管理，操作人员通过在途信息的反馈，运输工具未返回车队前即做好待命计划，提前下达运输任务，减少等待时间，加快运输工具周转速度。将运输工具的运能信息、维修记录信息、车辆运行状况登记处、司机人员信息、运输工具的在途信息等到多种信息进行采集，并进行分析辅助调度决策，以提高重车率，尽量减少空车时间和空车距离，充分利用运输工具的运能。

（4）货物跟踪

在运输货物中，可以时刻记录和传送货物位置等数据到控制中心，及时获取货物的状态，如货物品种、数量、货物在途情况、交货期间、发货地和到达地、货物的货主、送货车辆和人员等，可以跟踪查看货物是否按预定路线接送，中间有无停车，在哪里停的车，停了多少次等，是否在规定时间内把货物交付给顾客手中，防止中间拉私货或怠工等。

（5）路线优化

根据 GPS 数据获取路网状况，如通畅情况、是否有交通事故等，应用运输数学模型和计算机技术进行路线规划及路线优化，规划设计出车辆的优化运行路线、运行区域和运行时段，合理安排车辆运行通路。

（6）智能运输

所谓智能运输（ITS），就是通过采用先进的电子技术、信息技术、通信技术等高新技术，对传统的交通运输系统及管理体制进行改造，从而形成一种信息化、智能化、社会化的新型现代交通系统。ITS 强调的是运输设备的系统性、信息交流的交互性，以及服务的广泛性。在智能交通系统中，应用 GPS 技术可以建立起视觉增强系统、汽车电子子系统、车道跟踪/变更/交汇系统、精确停车系统、车牌自动识别系统、实时交通/气象信息服务系统、碰撞告警系统等。

5.4.4.3 GIS 技术

地理信息系统（Geographical Information System，GIS）是 20 世纪 60 年代开始迅速发展起来的地理学研究新成果，它以地理空间数据库为基础，采用地理模型分析方法适时提供多种空间的和动态的地理信息，是一种为地理研究和地理决策服务的计算机技术系统。GIS 将图形管理系统和数据管理系统有机结合起来，是对各种空间信息进行收集、存储、分析，形成一种可视化表达的信息处理与管理系统。GIS 的基本功能是将表格型数据（无论它来自数据库、电子表格文件或直接在程序中输入）转换为地理图形显示，然后对显示结果浏览、操作和分析，其显示范围可以从洲际地图到非常详细的街区地图，显示对象包括人口、销售情况、运输线路以及其他内容。在物流信息管理中，GIS 可用于如下领域。

（1）数字物流的建立

由于 GIS 的特点在于能够将文字和数据信息转化为地理空间图形或图像，大到地球、国家、省市，小到村镇、街道乃至地面上的一个点位，GIS 都能以直观、方便、互动的可视化方式，实现地理数据信息的快速查询、计算、分析和辅助决策。因此，GIS 是构建数字地球、数字中国、数字城市的核心应用技术，它与无线通信、宽带网络和无线网络日趋融合在一起，为人类社会和生活提供了一种立体的、多层面的、可视化的信息服务体系。"十五"期间，近 1/3 的城市将要建成数字城市地理空间基础框架，到 2010 年前后，要在全国所有城市建立起较为完善的城市地理空间基础框架，较好满足城市规划、建设、管理、服务以及未来发展的需求。在数字城市的基础上，可以建立起系统化的物流空间数据基准，实现物流数据形式的形象化、标准化和可视化，进行物流供应链的数字化控制和管理，建立起精确化的数字物流体系，促进以客户为中心的物流目标的完美实现。

（2）物流分析与模拟

GIS 可以将数字高程模型、数字正射影像与常规的矢量数据和各种属性信息集成在一起，建立起一体化的三维数据输入、操作与可视化机制，为物流空间数据处理、查询与分析和各种三维模型操作提供了更加有力的支持。GIS 可对单副或多副图件及其属性数据进行分析和指标量算，以原始图为输入，而查询和分析结果则是以原始图经过空间操作后生成的新图件来表示，在空间定位上仍与原始图一致，如叠置分析、缓冲区分析、拓扑空间查询、空集合分析（逻辑交运算、逻辑并运算、逻辑差运算）等。运用摄影测量、地面测量所得的数据或既有地图数字化、扫描数字化后形成的数据，GIS 可以建立起具有高逼真度和灵活方便的物流空间动态模型，并应用可视化、渲染以及动画等手段模拟出存在于真实世界中任意复杂虚拟真三维实体，进行仿真运行，为实际物流运作提供依据。

（3）路况管理

将传统的办公自动化系统（OA）和地理信息系统（GIS）有机结合起来，是可以把分散的文档、图纸以及与道路的各种相关数据进行分类、组织，建立一系列的地理数据和属性数据合一管理的数据库，通过路况管理信息系统就可以为管理人员提供快速准确、图文并茂的数据查询功能，并能将查询和分析结果直观地显示和输出，为道路设施的维护、改扩建，提供路况管理提供原始数据和辅助决策。

（4）交通指挥与控制

为了解决复杂的交通指挥控制中出现的管理以及技术等问题，建立和应用基于 AM/FM/GIS 技术的城市交通指挥控制系统可提供高效率的工作方式和全新的解决方案，如实现对交通设施的管理，对立交桥、岗亭、电子警察、交通信号控制器等交通设施进行三维真实景观模拟显示和管理；实现对交通的监控管理，获取实时交通流量及控制信息（如信号灯相位、相位差、周期、道路饱和率、延误率等参数以及闭路电视信息）在动态电子地图上直观显示，提供与用户车辆、驾驶员数据库相互通信的接口，并通过该接口查询、检索相关信息等；对交通警力调度进行指挥，实时给出报警地址或事故现场的交通流量、建筑、警力分布等情况，显示现场道路、建筑的航空照片、三维立体图像等，提供 GPS 接口，实时连接到指挥中心大屏幕以及各个终端，辅助指挥员快速制定交通输导方案；对道路管制进行仿真分析，直观地显示道路等级、道路管制、路口管制空间分布图，并可用动态 GIS 网络分析工具与交通仿真分析系统相结合，根据历史与实时的交通流量资料进行基于时间、空间的统计分析，科学调整、分析交通流量、流向，制订合理的交通管制方案；对交通保卫与事故预防进行管理，确定交通保卫路线始终点后，系统自动给出沿线道路路面、路口、车流、警力情况，并根据数据库、实时监控系统的资料以及保卫实施时间提出车辆分流、警力配备方案，辅助制订应急方案等。

5.5　小结

通过对物流基本概念的讲解可以看出物流的主要作用是高效利用有限的资源，加快商业周转循环、节省时间、降低成本、提高企业利润和增加企业竞争力。随着电子商务的发展，"物流瓶颈"问题越来越突出，如何解决"物流瓶颈"，使电子商务与现代物流互相影响，互相依存、共同发展是当前重要的课题。电子商务下的物流发展的主要模式有常见物流模式和新型物流模式之分，常见物流模式有自营物流模式、第三方物流和物流一体化；新型物流模式包括第四方物流、绿色物流、电子物流，应用和发展这些物流模式，高效率利用电子商务方式，使企业降低成本，提高生存力，是目前企业发展必由之路。电子商务环境下物流技术主要有 EDI 技术、条码技术、射频技术和 GPS 技术，有效地利用这些技术，可以使物流在电子商务环境下发挥最大的效力。本章介绍了物流的产生和发展，提出了物流的概念，分析了物流和电子商务的关系及电子商务环境下物流的发展方向，阐述了物流主要模式和物流技术及物流技术原理和应用，使读者理解电子商务发展中物流的重要性，提高学习者进一步学习物流知识和技能的兴趣。

【思考题】

1. 物流的概念是什么？如何理解物流创造时间价值、空间价值和附加价值？
2. 如何理解物流和电子商务的关系？
3. 物流发展常见的物流模式有哪些？分别有什么特点？
4. 新型物流模式主要有哪些？
5. 电子商务下物流的发展方向是什么？
6. 电子商务下物流发展趋势的特点有哪些？
7. 物流主要技术有哪些？分别有哪些应用？

【实践题】

1. 请登录 FedEx、UPS、DHL 三家物流企业的中国站点，列出其提供的业务解决方案（包括为高级主管、小企业主、货运经理、办公室经理、个人发货人），并指出它们的异同。

2. 请登录宅急送网站（www.zjs.com.cn），列出其主要业务（包括国内快递、国际业务、综合物流、网上服务）介绍；在"国内快递"板块中查询运费，条件为：始发站北京市朝阳区，终到站广东省广州市天河区，重量为学号后两位，其余内容自定义，请截取显示查询结果的界面。

第6章 网络营销

【学习目标】
- ▷了解网络营销的产生和发展。
- ▷掌握网络营销的概念。
- ▷理解网络营销的内涵和特点。
- ▷了解网络营销的职能。
- ▷掌握网上市场调研的方法。
- ▷掌握网络营销的组合策略。

【引导案例】

福特汽车公司的营销策略发展

福特汽车公司是世界最大的汽车企业之一，1903 年由亨利·福特先生创立于美国底特律市。1908 年，福特制订了一个划时代的决策——公司从此致力于生产标准化，只制造较低廉的单一品种，即开发征服市场、属于普通百姓的新产品 T 型车，世界汽车工业革命就此开始。1913 年，福特汽车公司开发出了世界上第一条流水线，这一创举使 T 型车一共达到了 1500 万辆，缔造了一个至今仍未被打破的世界纪录，福特先生为此被尊为"为世界装上轮子"的人。由于实现了汽车生产的规模化和流水线化，T 型车引发了一场人类技术和生活形态的革命。在 1914 年，93 分钟内即可组装一辆汽车；1920 年，每分钟可生产一辆汽车；到了 1925 年，每 10 秒就制造一辆汽车。亨利·福特曾说："不管顾客需要什么颜色的车，我只有黑色的车"。可见，此时福特汽车公司遵从于"生产导向"的经营理念，即注重生产效率、降低成本，使更多人买得起。由于顾客的需求极大，公司经营有方、定价合理、保证质量、因而生意兴隆。1999 年，《财富》杂志将亨利·福特评为"20 世纪商业巨人"，以表彰他和福特汽车公司对人类工业发展所做出的杰出贡献。

随着竞争对手的增多和消费者价值观念的成熟，福特汽车公司并不再满足于产品的批量生产和提高产品质量，而更注重于消费者的需求，正如亨利·福特先生所说："消费者是我们工作的中心所在。我们在工作中必须时刻想着我们的消费者，提供比竞争对手更好的产品和服务。"正因为营销理念的进步，福特汽车公司至今仍是全球一流的汽车企业。

在全球经济一体化进程迅速加快、市场竞争日益剧烈的环境下，如何更有效把握市场机遇，降低采购成本、运营成本，制造出消费者喜欢的汽车成为新世纪福特汽车公司关注的焦点。适应互联网的浪潮，构建电子商务系统成为新的变革的必然的选择。福特汽车公司希冀通过采用先进的信息技术，高效率地与供应商协作，提高企业内部运作效率，最大限度满足客户的需求，于是一场可以与 T 型车革命媲美的信息化革命（应用电子商务开展网络营销）开始了。

在 2000 年，福特汽车公司选择了营销理念的创新，将它的目标定为"全球领先的、面向消费者的汽车产品和服务公司"，制订了两个主要的全球发展重点，即客户满意度和电子商务。由于网络媒体具有快速传达信息、与用户充分互动、营销形式多样等特点，能够充分满足客户的营销需求。同时，网络可以完成实时、高效、不受地域局限的数据跟踪，对客户关系管理来说也是一个非常好的使用工具。所以，网络营销已经是福特品牌推广和客户关系管理的重要途径之一，只要有大型的品牌活动，肯定会有网络的支持，有时甚至是主活动就在电子商务网站上完成。

总之，福特汽车公司应用电子商务，更深入地从网络营销层面给予诠释和支撑，越来越多地倚重网络来把握市场脉搏，不断根据市场的需求研发不同的车型，并根据不同车型的不同特性采用不同的营销方式。在未来的推广中，福特希望能够逐渐把这个百年品牌"年轻化"，能够以一个全新的姿态呈现在消费者的面前。

通过福特汽车公司的案例介绍可以看到：就营销理论层面来说，福特汽车公司的一系列营销理念的转变正是整体营销理论发展的一个缩影，从生产观念、产品观念、推销观念直到市场营销观念和网络营销观念等诸多营销理念，都在福特汽车公司的流水线生产、以消费者为中心和应用网络营销策略中所折射出来。

就信息化应用层面来说，年轻群体正逐步成为社会的主流，对于像福特这样的老品牌来说，保持年轻的心态显得尤为重要，而电子商务网站便是与年轻人沟通的最好桥梁。同时，网上市场调研可以对市场进行无限制的深入细分，准确地将品牌信息传递给细分市场的目标客户，准确定位目标人群，锁定他们的视线范围。可见，随着网络全面渗透到企业运营和个人生活当中，网络营销会逐渐被越来越多的企业所认识和采用。

6.1 网络营销概述

6.1.1 网络营销的产生

20 世纪 90 年代初，国际互联网的飞速发展在全球范围内掀起了互联网应用热潮，世界各大公司纷纷利用互联网提供信息服务和拓展公司的业务范围，并且按照互联网的特点积极组织企业内部结构和探索新的营销管理方法，网络营销由此诞生。

网络营销是以现代电子技术和通信技术的应用与发展为基础，与市场的变革、竞争以及营销观念的转变密切相关的一门新学科。网络营销的产生有其在特定条件下的技术基础、观念基础和现实基础，是多种因素综合作用的结果。具体分析其产生的根源，可以更好地理解网络营销的本质。

6.1.1.1 互联网的发展是网络营销产生的技术基础

1969 年 11 月 21 日，6 名科学家在加利福尼亚大学洛杉矶分校的计算机实验室将一台计算机与千里之外的斯坦福研究所的另一台计算机联通，宣告了网络时代的到来。经过爆炸性的增长，据统计，2007 年全球的上网人数已经超过了 12 亿。

网络，一般指计算机网络，是由计算机集合和通信设施组成的系统，在网络营销中，它主要指的是互联网，包括国际互联网、企业内部网及企业外部网。互联网也就是由众多计算机及其网络，通过电话线、光缆、通信卫星等连接而成的一个计算机网，是一种集通信技术、信息技术、网络技术和计算机技术为一体的网络系统。早期的互联网主要用于军事、教育和研究活动，随着各项高新技术的飞速发展及互联网信息开放、共享和价格低廉的特点，推动了网络技术的商业化，互联网也逐步渗透到了经济领域，并在商业领域的应用中显现出巨大威力和发展前景。

营销的实质是企业与顾客之间的交流和沟通，这种交流和沟通会影响顾客的购买行为。由于互联网突破了时间和空间的限制，实现了连接、传输、互动、存取各类形式信息的功能，提供了各种各样的服务，使得互联网具备了企业与顾客之间的商业交易和互动沟通的能力，所以，企业利用互联网开展经营活动，显示出越来越多的区别于传统营销模式的优势，以互联网为技术基础的网络营销，是社会经济发展的必然结果。

6.1.1.2　消费者价值观念的变革是网络营销产生的观念基础

满足消费者的需求是市场营销的核心。随着科技的发展、社会的进步和经济的繁荣，消费者的价值观也在不断变化，市场已经从卖方市场向买方市场转变，消费者主导的经营时代已经来临，企业纷纷上网为消费者提供各种各样的服务，开展网络营销，以获得竞争优势。消费者价值观念的变革主要体现在以下方面。

① 个性化消费的回归。在过去相当长的一个时期内，工业化和标准化的生产以大量低成本、单一化的产品淹没了消费者的个性化需求。另外，在短缺经济或近乎垄断的市场中，可让消费者挑选的产品很少，使得消费者的个性不得不被压抑，而在市场经济充分发展的今天，多数产品无论在数量上还是在品种上都已经极为丰富，消费者完全可以以自己的愿望为基础来挑选或购买商品或服务，每一个消费者都是一个细分市场，个性化消费正成为消费的主流。

② 消费主动性增强。由于商品生产的日益细化和专业化，消费者购买商品的风险会随着选择的增多而上升；消费者购物时逐步理性化，会通过各种渠道获取与商品有关的信息，并进行分析与比较，以减少购买风险。网络时代信息获取的方便性和共享性促进了消费者主动通过各种渠道来获取商品信息，并进行分析比较，获得心理上的平衡感和满足感，增加对所购买商品的理解和信任，减轻了购物风险。

③ 购物的方便性和趣味性追求。在信息社会里，有许多生活节奏紧张的消费者会以购物的方便性为目标，追求时间和劳动成本的尽量节省；也有许多消费者，希望通过网络来消费一些新鲜和有趣的网络产品（例如网络游戏等），满足心理的需要，从中获得享受。

④ 价格仍然是影响消费者购买的重要因素。虽然现代市场营销总是以各种策略来削弱消费者对价格的敏感度，避免恶性价格竞争。但是，价格始终对消费者产生着重要的影响，即使在现代营销技术面前，价格的作用仍不可忽视，价格的变动依然会影响消费者既定的购买原则。

总之，网络方便、快捷、跨时空等特点，使得网络时代的消费者迫切需要新的快速方便的购物方式和服务，最大限度地满足自身的需求。上述消费者价值观念的变革，是网络营销逐渐被人们所接受的重要观念基础。

6.1.1.3　激烈的竞争是网络营销产生的现实基础

随着当今市场竞争的日益激烈，企业为了获得竞争优势，必须不断推出各种营销手段来吸引顾客，但传统的营销手段已经不能使企业在竞争中出奇制胜。网络营销正是这样一种新颖独特的理念，能以更低的成本和服务、更为合适的途径传递信息给消费者、更为快捷的方式来获取消费者的需求和喜好，从而生产出满足消费者需求的产品和服务；可使企业经营的成本和费用降低，运作周期变短，提高营销效率，缩短运作周期，来应对激烈竞争的市场。

综上所述，网络技术的发展、消费者价值观的变革和激烈的市场竞争促进了网络营销的产生，而网络营销的特征和优势也正好在很大程度上满足了消费者和企业应对激烈市场竞争的新需求。

6.1.2 网络营销的概念和内涵

6.1.2.1 网络营销的概念

随着互联网的普及和应用，以互联网为载体，以全新的理念、方式和方法实施营销活动应运而生，即网络营销。网络营销是企业借助互联网实现营销目标的一种营销手段，也是电子商务的重要组成部分。关于网络营销，国外有许多种译法，如 cyber marketing、Internet marketing、network marketing、e-marketing、online marketing、web marketing 等，都有网络营销或者互联网营销的含义，但不同的单词组合有着不同的含义。

cyber marketing 主要指在虚拟的计算机空间上进行的营销活动；Internet marketing 侧重的是在互联网上开展的营销活动；network marketing 主要指在网络上开展的营销活动，包括 Internet、EDI 和 VAN 等各种网络，可译为网上营销；online marketing 可直译为在线营销；web marketing 强调的是基于网站的营销。

e-marketing 是目前习惯采用的翻译方法，e 即 electronic，是电子化、信息化、网络化的含义，简洁直观明了，而且与电子商务（e-commerce、e-business）、电子虚拟市场（e-market）等翻译相对应。

网络是一个虚拟的世界，没有时间和空间的限制，但是许多事物却以一种虚拟化的形式存在，企业欲通过网络来开展经营活动，必须改变传统的营销手段和方式。可见，网络营销的核心思想就是营造网上经营环境。在经营环境中，直接环境由计算机网络、网络运营商和各类上网终端组成；间接环境即企业网络营销所面临的现实的营销环境，包括顾客、网络服务商、合作伙伴、供应商、销售商等。

由于对网络的理解不同，和电子商务一样，网络营销的概念也有广义和狭义之分。广义的概念是：企业利用一切计算机网络（包括企业内部网、行业系统专线网及互联网）进行的营销活动都可以叫网络营销。狭义的概念是：凡是以互联网为主要营销手段，为达到一定营销目标而展开的营销活动都可以叫网络营销。

通过上述对网络营销的理解，可以得到一个比较合理的定义：网络营销是企业整体营销战略中的一个组成部分，是利用 Internet 技术，最大程度满足客户需求，以达到开拓市场、实现盈利目标的经营过程。由于网络营销的内涵和手段都在不断发展、演变，关于网络营销的定义和理解也只能适用于一定的时期，随着时间的推移，这种定义可能会显得不够全面，或者不能够反映新时期的实际状况，必将产生新的定义。

6.1.2.2 网络营销的内涵

网络营销的实质是一种经营活动或是一个营销的过程；网络营销的主体是个人或组织；网络营销的目的是满足交换双方的需要；网络营销的本质是商品交换；网络营销的手段是企业的整体性营销活动；网络营销的内容是产品；网络营销的特征是网络在市场营销活动中的应用。

上述关于网络营销的定义和内涵包括了以下含义，有利于正确认识网络营销。

① 网络营销是手段而不是目的。网络营销具有明确的目的和手段，但网络营销本身不

是目的。网络营销是营造网上经营环境的过程，也就是综合利用各种网络营销方法、工具、条件并协调其间的相互关系，从而更加有效地实现企业营销目的的一种手段。

② 网络营销不是孤立的，它是企业整体营销战略的一个组成部分。网络营销活动不可能脱离一般营销环境而独立存在，在很多情况下，网络营销理论是传统营销理论在互联网环境中的应用和发展。无论网络营销处于主导地位还是辅助地位，都是互联网时代市场营销中必不可少的内容。

③ 网络营销不是网上销售。网上销售是网络营销发展到一定阶段产生的结果。网络营销是为实现产品销售目的而进行的一项基本活动，但网络营销本身并不等于网上销售。

④ 网络营销不等于电子商务。网络营销本身并不是一个完整的商业交易过程，而只是促进商业交易的一种手段。电子商务主要是指交易方式的电子化，它强调的是交易行为和方式。网络营销是电子商务的基础，开展电子商务离不开网络营销，但网络营销并不等于电子商务。

⑤ 网络营销不是虚拟营销。所有的网络营销手段都是实实在在的，而且比传统营销方法更容易跟踪了解消费者的行为。

6.1.2.3 网络营销的内容

由于网络营销一方面要针对新兴的网上虚拟市场，及时了解网上虚拟市场的消费者特征和变化，来实现企业的营销活动；另一方面，网络具有其他渠道和媒体所不具有的特点，如信息交流自由、开放和平等、费用低、效率高，开展网络营销活动，具有与传统营销活动不一样的手段和方式。所以，网络营销的内容十分丰富。

① 网上市场调查。主要利用互联网交互式的信息沟通渠道来实施调查活动。

② 网络消费者行为分析。深入了解网上用户群体的需求特征、购买动机和购买行为模式。

③ 网络营销策略的制定。不同企业在市场中处于不同地位，必须采取与企业相适应的网络营销策略。

④ 网络产品和服务策略。结合互联网的特点，企业制订网络产品和服务策略时，重新考虑传统产品的设计、开发、包装和品牌策略。

⑤ 网络价格营销策略。结合互联网自由、平等和信息免费的特点，制订网络价格策略时必须考虑到互联网本身独特的免费思想对企业定价影响。

⑥ 网络渠道选择与直销。改变了传统渠道中多层次的选择、管理和控制问题，最大限度地降低了营销渠道中的费用。

⑦ 网络促销与网络广告。具有简单、高效、费用低廉、交互性和直接性等特点，但是开展网络促销与网络广告活动必须遵循网上一些信息交流与沟通的规则，特别是遵守一些虚拟社区的礼仪。

⑧ 网络营销管理与控制。对互联网上开展的营销活动和许多传统营销活动无法碰到的新问题，进行管理和有效的控制。

6.1.2.4 网络营销的职能和特点

市场营销的实质是企业与顾客之间进行广泛的信息交流和有效沟通，这种交流和沟通会影响顾客的购买行为，其根本目标是以较低的成本实现最佳的效益。网络在信息传播和交换方面具有很大的优势，与传统的市场营销相比，网络营销呈现出很多的职能和特点。

网络营销的职能有很多，并不是简单的网上销售或者网上广告，其职能主要有以下八个方面。

① 网络品牌。网上品牌的建立和网下品牌的延伸。

② 网站推广。网络营销的核心工作。

③ 信息发布。网络营销的基本职能，网络营销的主要方法之一。

④ 销售促进。直接或间接的促进网上和网下的销售。

⑤ 销售渠道。企业销售渠道在网上的延伸。

⑥ 顾客服务。能提供更多方式、更贴切服务，对网络营销效果具有重要影响。

⑦ 顾客关系。是网络营销取得成效的必要条件。

⑧ 网上调研。具有高效率、低成本的特点，是网络营销的主要职能之一。

网络营销的特点也有很多，是由网络特点和社会的发展而演变出来的，其特点主要有以下十个方面。

① 跨时空性。网络营销突破了时间和空间的限制，使企业拥有了更多时间和空间进行营销。

② 多媒体。互联网可以传输、保存和交换文字、声音、图像和视频等多种媒体信息，可以充分发挥营销人员的创造性和能动性。

③ 互动性。企业和顾客可以通过互联网进行双向互动式的沟通，是企业进行产品设计、获取商品信息和提供服务的最佳工具。

④ 人性化。网络促销等活动是一对一的、理性的、消费者主导的、非强迫性和循序渐进的，是一种低成本和人性化的方式。

⑤ 成长性。随着网络的普及，网民的数量在飞速增长、而且大多数都是年轻的、具有一定收入和高教育的群体，具有很大的市场潜力和成长性。

⑥ 整合性。网络渠道是一种全程的营销渠道，可以完成全部营销过程，也可以对不同的营销活动进行统一的设计规划和协调，具有整合性。

⑦ 超前性。网络营销是一种强大的营销工具，具备一对一营销能力，迎合了定制营销和直复营销等未来发展趋势，具有超前性。

⑧ 高效性。网络营销借助了高新技术和现代化工具，使得商业信息的存储、传输和发布都具有了高效性。

⑨ 经济性。网络营销代替了传统的面对面的交易方式，减少了店面租金、库存等成本，提高了交易的经济性。

⑩ 技术性。网络营销是建立在以高新技术为支撑的网络基础上的，企业实施网络营销必须有一定的技术投入、技术支持和懂营销又懂技术的复合型人才，具有很强的技术性。

6.1.3　网络营销与传统营销

网络营销是随着网络的产生和发展而产生的新的营销方式，网络营销具有与传统营销不同的特点和优势，具有不同于传统的营销方式，对传统营销产生了一定的冲击。但网络营销并不是简单的营销网络化，并未完全抛开传统营销理论，而是对传统营销的继承、发展与创新。

6.1.3.1　网络环境下的营销格局

在传统营销理论中，可控因素与不可控因素有着十分清楚的界限。营销管理的本质就是综合运用企业可控因素，以实现与不可控因素或者外部环境的动态协调。在网络环境下，企业的可控因素、不可控因素和外部环境都发生了许多重大的变革，企业、消费者和宏观环境力量之间的关系和格局都发生了变化，使得原有的规律已经发生了许多重大的变革。

(1) 企业与消费者的关系

在传统经济运行模式条件下，企业无法了解每一个消费者的需求、欲望和利益，所以绝大部分消费者只能在企业已经生产出来的产品和服务中进行选择，这种交易模式中，消费者依旧没有处于主动地位，被排除在营销主体以外，只是企业的营销对象。在网络经济运行模式条件下，消费者可以与企业进行一对一的沟通和交流，拥有了全球的选择空间和选择机会，消费者的意愿、利益和偏好真正成为了企业营销活动的中心。在这种环境下，消费者的主动地位凸显了出来，并成为企业营销活动的参与者，与企业一起共同构成了市场营销的主客体。

(2) 企业间的相互关系

依托网络的帮助，供应链上的所有企业更像是一个紧密结合的整体，供应商、分销商和营销服务机构等，均可通过网络协同工作，打破了时间和地域的限制，完善了各个部门间的融合，提高了工作效率，而不纯粹是某种意义上的外部环境，顾客价值最大化是唯一和共同的追求。与传统运行模式环境下不同，供应商、分销商和营销服务机构等与制造企业一起共同构成营销活动的主体。

(3) 企业与宏观环境力量之间的关系

菲利普·科特勒将政治权利作为营销组合因素来对待，实际上已经揭示了这样一个事实，即企业与宏观环境的界限并不是恒定不变的；由于网络信息传输和交换的自由、平等和共享等特点，政治、经济、法律和技术等均被附上了网络特色，使得这种非恒定状态，在网络空间将被进一步放大，例如，某种技术或者模式被互联网所认可，成为网络虚拟世界中共有的标准，那么将很难将其进行可控与不可控因素的区分。

总之，网络改变了企业与消费者、企业与企业、企业与所处经营环境的相互关系，使得传统营销模式中企业可控因素与不可控因素的边界趋于模糊。在这种背景下运用可控因素来适应不可控因素的规律，已经不再具备坚实的实践基础，只有突破这一局限，透过一个新的视角才可能找到适合虚拟企业的经营模式。

应该承认，在互联网和网络营销环境下，仍然存在着大量影响营销活动和营销绩效的因素，这些因素虽然不易作为可控或者不可控因素来加以区分，但它们无一例外的都是客观存在的。值得注意的是，其中的某些因素不仅对企业有着不容忽视的重大意义，同时也可以被企业加以充分利用，例如顾客的信任，它从来都对企业有着极端重要的意义。尽管企业并不能控制这种信任，但完全能够通过各种手段赢得这种信任，维持并发展这种信任，借此来实现企业对自身利益的追求。

6.1.3.2　网络营销对传统营销的冲击

对标准化产品的冲击。根据消费者的需求生产小批量、个性化的商品，更有效地满足多样化需求，是网上企业所面临的挑战；网络中会产生更多的虚拟化、无形化、非实体化的新兴产品；网络营销还使产品生命周期逐步缩短，并且概念逐步淡化。

① 对品牌全球化管理的冲击。对品牌全球化管理的一个挑战是如何对全球品牌和共同的名称或标志识别进行管理，是实行统一形象品牌策略，还是实行有本地特点的区域品牌策略，以及如何加强区域管理，都是网上经营企业所面临的问题。

② 对定价策略的冲击。网络市场中价格信息的透明化和公开化，对采取差异化定价的

企业产生了巨大的冲击；网络交易中的支付和物流等风险的存在，也对网络价格的定价提出了新的挑战。

③ 对营销渠道的冲击。互联网的出现，大大削弱了中间商和分销商的重要性，企业可以通过网络直接面对顾客，对传统的营销渠道造成了很大的冲击。

④ 传统广告障碍的消除。网络消费者在寻找商品或服务信息时，具有相关性、目的性和主动性，使得企业的网络宣传、网络广告策略将更有针对性、互动性和高效性，消除了传统广告的盲目性、强加性和低效性。

⑤ 重新营造顾客关系。网络营销的企业竞争是一种以顾客为焦点的竞争形态，面对消费者大范围选择和理性购买的发展趋势，企业若欲与散布在全球各地的顾客保持持续、长久和稳定的关系，建立顾客对网络企业的信任感，就必须重新营造顾客关系。

⑥ 对营销竞争战略的影响。网络自由、平等和低市场进入障碍等特性，使中小企业也能通过网络参与全球竞争；网络时代的市场竞争透明化，产品信息随处可见，需要研究新的竞争策略，例如：战略联盟、策略联盟等。

⑦ 对跨国经营的影响。网络具有跨时间和跨空间的优势，因而网络时代的企业也不得不进入跨国经营的时代，拓宽国际视角，适应国际化经营，面对国际化竞争。互联网为跨国公司和新兴企业提供了许多利益，也带来了许多冲击和挑战。

⑧ 企业组织重整。网络营销给企业带来的影响有：业务人员与直销人员减少、组织层次减少、营销渠道缩短、虚拟组织增加等，这些影响和变化都将促使企业组织重整和企业组织再造。

6.1.3.3 网络营销与传统营销的整合

通过以上分析可以知道，网络营销与传统营销方式相比具有无可比拟的优势，对传统营销造成了很大的冲击。但是，网络营销不可能完全取代传统营销，而需与传统营销整合才能使企业的整体营销策略获得最大的成功。

（1）整合营销的含义

整合的含义是综合、合并、一体化，以完整整合成为一体，即把各个分散的部分结合成一个更完整、更和谐的整体，各组成部分紧密合作，在动态运行中通过综合使之完整与和谐。整合营销的含义有两个层次：一是不同的营销功能，如销售力量、广告、产品管理、市场研究等必须共同工作；二是营销部门必须和企业的其他部门相协调。整合营销观念改变了把营销活动作为企业经营管理的一项职能的观点，而是要求所有活动都整合和协调起来，努力为企业、顾客和社会三方的共同利益服务。

整合营销包含了传播的统一性、双向沟通和目标营销三个方面的含义。传播的统一性是指企业以统一的传播方式和信息向消费者传达，消费者无论从哪种媒体所获得的信息都是统一的、一致的。企业与消费者的双向沟通是指消费者可与公司展开富有意义的交流，可以迅速、准确、个性化地获得信息、反馈信息，营销策略已经从消极、被动适应消费者向积极、主动与消费者沟通和交流转化。目标营销是指企业的一切营销活动都应该围绕企业的目标来进行，实现目标营销。

（2）网络营销不可能完全取代传统营销

虽然网络营销作为一种新的营销理念和策略，与传统营销相比有着许多优势，但是由于网络、安全和技术等种种原因，网络营销并不能完全取代传统营销，两者将互相影响、互相补缺和互相促进，实现相互融合的内在统一。

　　电子商务市场仅是整个商品市场的一部分。从电子商务交易市场的交易金额来看，仅占整个市场交易金额的一部分。

　　互联网所覆盖的消费群体仅是整个市场中的一部分群体。上网人群主要集中为中青年，各国的老年人和落后国家的消费者等许多群体由于各种原因还不能或不愿意使用互联网。

　　消费者具有不同的偏好和习惯。许多消费者喜欢享受逛商场的乐趣或者喜欢亲自体验商品性能等，这些传统营销的优势是网络营销还无法取代的。

　　人与人之间的现实沟通具有独特的亲和力和感染力。许多消费者不愿意接受或者使用新的沟通方式和营销渠道，仍喜欢传统方式，例如，目前的电视广告等仍然发挥着重要的宣传作用。

　　传统营销是网络营销的基础。网络营销是传统营销在网络环境下的发展和延伸，从传统营销的基本理论来看，网络营销依旧要遵从这些基本理论。针对一个营销目标实施营销策略时，也要通过计划、分析、实施和控制等步骤，也要经历调研、市场细分、选择目标市场、市场定位、确定营销策略和总结这一过程，因而，网络营销应合理吸取和利用传统营销理论体系。

　　网络依然存在不足之处。网上支付、网上信任和物流等不足依旧存在，会随着网络技术的发展和网络社会的进步而逐步克服。

　　（3）网络营销与传统营销的整合

　　传统营销作为引导，为网络创造前提条件，例如，利用报纸、杂志和电视等广告建立企业品牌形象，引导消费者主动访问网站，既而发挥网络的资料详尽和价格低廉等优势，充分发挥了传统营销方式与网络营销模式的各自优势。所以，无论传统企业还是网络企业都需要网络营销。

　　网络营销作为主力，其廉价、即时和互动等特点，尤其是对于网络服务提供商和网络内容提供商等新兴网络企业的发展，具有十分重要的意义。所以，网络营销对于传统企业和网络企业的重要程度是不同的。

6.1.4　网络营销理论

　　网络营销具有互联网所带来的特性和消费者需求个性化的特点，因此，网络营销需要新的、现代化的基本理论作指导。

6.1.4.1　网络直复营销理论

　　直复营销是依靠产品目录、印刷品邮件、电话或附有直接反馈的广告以及其他相互交流形式的媒体的大范围营销活动。直复营销中的"直"即直接，是指不通过中间分销渠道而直接将企业与消费者连接起来；直复营销中的"复"即回复，是指企业与顾客之间的交流与沟通。简单来说，直复营销是企业与消费者之间直接面对、交互式的营销活动。

　　网络直复营销将更加吻合直复营销的理念，主要有以下表现。

　　① 直复营销的互动性。

　　② 直复营销的跨时空特征。

　　③ 直复营销的一对一服务。

　　④ 直复营销的效果可测定。

6.1.4.2　网络软营销理论

软营销理论是针对工业经济时代的以大规模生产力为主要特征的强势营销，提出的一种新理论。在强势营销中，企业通过各种信息的强迫灌输和推销人员的强势推销，强行进行推销活动；强势营销的主动方是生产商。而软营销理论则强调企业进行市场营销活动的同时，必须尊重消费者的感受和体验，让消费者舒服、主动接受企业的营销活动；软营销的主动方是消费者。

在互联网上，信息交流是自由、平等、开放和交互的，强调的是相互尊重和沟通，网络使用者比较注重个人体验和隐私保护。因此，在互联网上展开营销活动必适得其反。网络软营销恰好是从消费者的体验和需求出发，在遵循网络礼仪的基础上巧妙运用，获得微妙的营销效果。

6.1.4.3 网络整合营销理论

整合营销观念改变了把营销活动作为企业经营管理的一项职能的观点，而是要求所有活动都整合和协调起来，努力为企业、顾客和社会三方的共同利益服务；包含了传播的统一性、双向沟通和目标营销三个方面的含义。在互联网上，网络整合营销恰好能很好地体现上述特点，从消费者需求出发，把消费者整合到整个营销过程中来；在整个营销过程中不断与顾客交流沟通，每一个营销决策都要从消费者出发，使企业与消费者有机地交融在一起互动，使整个营销决策过程形成一个双向的交互链，牢牢抓住消费者，从而达到企业盈利的目的。

6.1.4.4 网络关系营销理论

关系营销是 20 世纪 90 年代以来受到重视的营销理论，是指企业与其消费者、分销商、经销商、供应商等建立、保持并加强关系，通过相互交换及共同履行诺言，使有关各方面实现各自目的。由于争取一个新顾客的营销费用是维系老顾客费用的五倍，所以，关系营销的核心是保持顾客，为顾客提供高度满意的产品和服务价值，通过加强与顾客的联系，提供有效的顾客服务，保持与顾客的长期关系，从而开展营销活动，实现企业的营销目标。

互联网作为一种有效的双向沟通渠道，企业与顾客之间可以实现低成本的沟通和交流，进而实现个性消费需求、与消费者保持密切联系。因此，网络关系营销理论为企业与顾客建立长期、稳定和持久的关系，提供了有效的保障。

6.2 网上市场调研

随着网络化进程的逐步深入，网络科技手段被应用到了市场调研中，形成了网上市场调研。

6.2.1 网上市场调研概述

市场调研就是企业为了特定的市场营销策略，采用科学的方法对有关市场营销的各种新系统的计划、收集、整理、分析和研究活动。网上市场调研（internet survey）是指企业为收集信息在互联网上利用信息技术开展市场调查，并对这些信息进行整理和研究，提出网络市场调研报告的活动。市场调研和网上市场调研的目的是一致的，都是为了让企业清楚地知道"现在我在哪里"，为企业正确制定营销战略与策略奠定基础。

6.2.1.1 网上市场调研特点

网上市场调研来源于传统市场调研，因此它们存在着许多相似点。但是，网上市场调研又具有区别于传统市场调研的特点。

① 降低成本，缩短调研周期。

② 不受时间和空间的影响。

③ 调查结果客观性强，准确度高。

④ 网上调研具有交互性。

6.2.1.2 网上市场调研分类

与传统市场调研类似，网上市场调研的分类方法也是多种多样的。在这里，着重就两种分类方法进行介绍。

① 按照调查者组织的调查样本划分，网上市场调研可以分为主动调查法和被动调查法两种。主动调查法是指调查者主动组织调查样本，并完成统计调查的方法，例如：电子邮件法、随机IP法和视频会议法等。

电子邮件法是指调查者将调查问卷通过电子邮件的方式发送给特定的网络用户，被调查者填写好调查问卷后，再通过电子邮件的方式回复调查者的调查方法。这种调查方法类似于传统市场调查中的邮件调查法，但是却大大提高了调查效率。

随机IP法是指随即产生一批IP地址，并以这些IP地址作为抽样样本的调查方法。

视频会议法是指通过互联网视频会议功能，将分散在各个不同区域的被调查者虚拟的组织起来，在调查者的引导下针对调查问题进行讨论的调查方法。

被动调查法是指调查者被动的等待调查样本，完成统计的调查方法，如网站法。网站法是将调查问卷附在一个或多个网站上，等待浏览网站的用户回答调查问题的方法。目前，这是网上调研中最基础的方法，应用非常广泛。

② 按照采用调查方法不同，可以分为网上问卷调查法、网上讨论法、网上观察法和利用搜索引擎搜集材料的方法。

③ 按照网上调研所采用的技术划分，可以分为站点法、电子邮件法、随即IP法和视频会议法等。

6.2.2 网上调研方法

网上调研方法是在传统市场调研方法的基础上，利用先进的网络技术提高调研的准确度和效率，是对传统调研方法的继承与发展。

6.2.2.1 二手资料的网上调研方法

二手资料的调研方法是网上调研的主要方法之一。与传统市场调研方法相同，在进行第一手材料调研之前，应先进性二手材料的收集工作。

（1）二手材料的特点

相对于一手材料，调研二手材料更加快捷、廉价。通过互联网，调查人员可以每周7天，每天24h从政府、行业组织或者企业获取信息。相对于传统的文案调查法，网上信息的更新速度更加快捷，有利于企业根据市场的不断变化快速调整营销策略。与此同时，从互联网上获取的二手材料也存在着一些问题，例如：二手材料与调研问题吻合度不高，无法判断二手材料的可靠性等。

（2）获取二手材料的渠道

获取二手材料的渠道有很多，如：政府网站、行业组织网站、竞争对手的网站、专业调查公司、在线数据库等。

中国互联网络信息中心（CNNIC）提供关于中国互联网络发展状况等方面的统计资料。国家统计局提供我国在经济、工业、农业、各地区发展状况的统计资料。行业组织网站提供相关行业的信息与资料，如中国餐饮网网站、中国旅行社协会在线网站、中国家电网网站。

在网上进行二手材料调研时，调查者要把握的一个重要因素就是保证调研信息的可靠性。调查者在决策是否使用二手材料之前，对其可靠性抱有怀疑态度是十分明确和必要的。在评价二手材料可靠性的时候，调查者应该首先确定网站的所有者。一般来说，政府部门或知名行业组织网站的可靠程度比不知名的小企业或者个人的网站高。其次，确定信息更新时间，更新时间近的信息更能够反映市场现状。然后，还可以通过多个网站对比的方法确定信息的可靠性与真实性。最后，核查网页内容，如果网页上有大量的错字或者数字叠加错误，那么该数据的可靠性比较差。

6.2.2.2 一手资料的网上调研方法

在进行网上市场调研的时候，有的时候二手材料不能完全满足企业需要，调查者还需要掌握必要的一手材料来帮助企业分析市场变化，做出适当的营销决策。网上直接调研是获取一手材料最常用的方法。与传统的市场调研方法相似，网上直接调研方法包括访谈法、观察法和网上问卷调查法等。

① 访谈法是一种比较常见的调研方法。常见的访谈形式包括：网上小组访谈，一对一网上访谈、留言板、论坛或新闻讨论组和电子邮件法。

② 观察法。使用 Cookice 或者相关软件跟踪消费者的网上活动，例如，确定消费者经常访问哪些网站，通过分析帮助企业知道消费者对哪些商品或服务感兴趣，从而制订出有针对性的营销策略。

③ 在线问卷调查法。将在后面的内容中进行具体介绍。

6.2.2.3 网上间接调研

网上间接调研利用互联网收集与企业相关的市场竞争者、消费者的信息。这是一种介于二手资料调研和网上直接调研之间的调研方法。相对于二手资料调研，网上间接调研的资料是零散的，分散的，需要后期投入人力、物力进行整理的。与网上直接调研相对比，网上间接调研不直接面对被调查者，而是通过间接的、侧面的方法来了解顾客的想法以及市场的变化。网上间接调研的渠道很多，如：网站、论坛、聊天室、邮件清单、新闻组等。

为了了解竞争对手，调查人员可以通过访问网站的形式了解竞争对手的动态。调查人员还可以登录论坛或者聊天室，获取有价值的信息。新闻组是互联网上针对人们感兴趣的主题而设立的公告板，内容广泛，为人们提供了讨论问题的平台。调查者可以从新闻组中寻找与调查有关的内容进行整理与分析。邮件清单类似与新闻组，所不同的是在邮件清单中发布的信息会发送到个人邮箱中，调查人员可以针对某些感兴趣的内容进行提问，从被调查者的回复中提取有用的信息。

在网上调研过程中，搜索引擎是十分常用的一项网络服务，也是网上间接调研最常使用的调研工具。搜索引擎的基本功能就是为人们在查找资料时提供方便。基于这样的功能，搜索引擎在网上间接调研中发挥了极大的作用。

（1）搜索引擎的分类

根据工作原理不同，可以把常用的搜索引擎划分为两种类型：关键词检索搜索引擎（机器人搜索引擎）和分类目录检索（目录式搜索引擎）。关键词检索搜索引擎是通过"蜘蛛"（机器人）程序到各个网站上收集、存储信息，并通过建立索引数据库，为用户提供查询服务，如百度。分类目录式搜索引擎并不需要到各个网站收集材料，而是利用各网站向它提交的资料，经过人工审核编辑后，将符合登录条件的信息录入数据库，供用户查询，如雅虎。

还有一些特殊的搜索引擎，它们的工作原理与前面提到的两种搜索引擎不同。其中，比较有影响力的是多元搜索引擎和集成搜索引擎，这里不对这两种搜索引擎做介绍。

（2）国外搜索引擎介绍

AltaVista 是一款全文数据库搜索引擎。提供常规搜索、高级搜索和主题搜索。在高级搜索中，不仅包括了搜索的全部功能，还允许使用括号及布尔运算符、布尔操作符。与此同时，AltaVista 还支持多种语言搜索。它的优点是功能全、查全率高、准确率高。

Lycos 是一个发源于西班牙的搜索引擎，也是最早提供信息搜索服务的网站之一。它是一款以巡视软件为主的非全文数据库检索工具。它具有速度快、用法简单、搜索量大的优点。但是它没有高级检索也不支持布尔检索。

Yahoo 是一个非常著名的主题索引，也是最早的目录索引之一。在使用 Yahoo 进行搜索的时候，用户可以通过两种方式进行搜索：关键词搜索和分类目录逐层查找。它的优点是速度快、准确度高；缺点是查全率低，相关性排序质量不高。

（3）国内常用搜索引擎介绍

谷歌搜索引擎——即 Google 中国站点。

百度是国内唯一商业化的全文搜索引擎，也是目前全球最大的中文搜索引擎，提供网页快照、网页预览/预览全部网页、相关搜索词、错别字纠正提示、新闻搜索、Flash 搜索、信息快递搜索、百度搜霸、搜索援助中心等内容。

搜狐是国内三大门户网站之一，也是国内最早提供搜索服务的站点。其旗下搜狗网站不仅设有独立的目录索引，还采用百度中文搜索引擎技术，提供网站、网页、类目、新闻、黄页、中文网址、软件等多项搜索选择。

雅虎中国，即 Yahoo 中文站点。

（4）利用搜索引擎进行调研的特点

① 基本操作简单易学。

② 网络信息质量存在差异，劣质信息混杂其中。

③ 各种搜索引擎使用方法不统一，容易给调查者造成混淆。

6.2.2.4　在线问卷调查

在传统市场调研中，问卷调查是获取原始资料的主要手段。在网上市场调研中，在线问卷调查是获取一手材料方面的重要手段。

（1）调查问卷的发布途径

依据调查问卷在网上的发布主要途径不同，在线问卷调查可以分为发布型、邮件型、混合型、讨论型等多种形式。其中，应用最广泛的是发布型和邮件型。

① 发布型。顾名思义，就是将调查问卷发布到互联网上，等待访问者填写。这种方式的优点在于被调查者自愿填写调查问卷，不受外界因素干扰；而缺点在于调查者无法对调查问卷的真实度进行核查。企业在发布在线调查问卷时，针对自身情况有两种不同的策略：在企业自己的网站上发布调查问卷和借助其他网站发布调查问卷（如图 6-1 所示）。

企业在自己的网站上发布调查问卷，这种方法适用于知名企业。这些企业网站的访问者一般对企业有一定的了解，或者对其产品（或服务）感兴趣，再或者与企业有业务往来。他们在填写调查问卷时提供的信息价值高，可以反映出大部分用户的意见和想法，有利于企业了解市场情况，制订适当的营销策略。

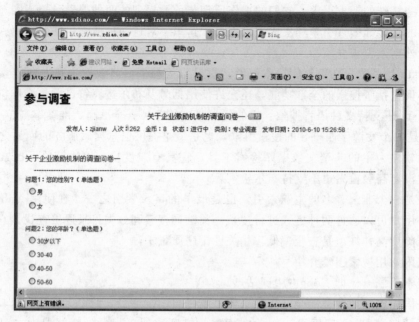

图 6-1　发布型调查问卷

　　借鉴其他的网站发布调查问卷，这样方法适用于一些知名度不高、没有自己的网站或者网站不够吸引人的企业。为了弥补企业自身的不足，可以借助一些知名的网络服务提供商和网络内容提供商，例如搜狐、雅虎等知名网站的力量设置在线调查问卷的链接。这种方式具有扩大调查面、提高调查的效果与质量的优点。

　　② 混合型。混合型的在线问卷调查适合于已经建立了自己网站的企业，但是没有固定访问者，或者访问者的数量有限的企业。在这种情况下，企业可以自己的网站上发布调查问卷，同时借助知名网络服务提供商和网络媒体提供的力量设置链接发布调查问卷。

　　③ 邮件型。调查问卷以电子邮件的形式发送给被调查者，被调查者填写好问卷后，再以电子邮件的形式返回给调查者。企业以这种形式进行网上调查问卷的基础是对用户有一定的了解，并且掌握了用户的电子邮箱地址。这种方式的优点在于调查者可以对被调查者进行选择，而缺点在于调查者无法控制邮件的回收率。

　　④ 讨论型。讨论型的网上调查问卷就是利用新闻组或者讨论组来发布调查问卷。

　　(2) 设计调查问卷的注意事项

　　① 在提问之前要标明调研的目的、意义，引起网上被调查者的注意与兴趣。

　　② 调查问卷要尽量少占用被调查者的时间。要使被调查者在失去兴趣前填写完成。

　　③ 调查问卷中问题要表述明确，容易理解。不应该有重复和误导的情况发生。对敏感问题要注意提问的方式和方法。

　　④ 互联网交互机制，实施调研问卷分层设计。这样的在线问卷调查适合于过滤性的调研活动。

　　⑤ 在讨论组或者新闻组里发布调查问卷时，要注意遵守网上行为规范，且调研内容与讨论组、新闻组的主题相关。

　　⑥ 为了提高人们的参与调查问卷的积极性，可以适当地设置免费礼品对被调查者进行鼓励。

6.2.3 网上调研策略

在市场调查中，无论使用什么调查方法，借助什么工具，调研结果都可能存在不全面，或者掺杂虚假信息的可能性。为了保证调研质量，尽可能使企业获得最有价值的信息，调查者在进行市场调查时，要讲究一些技巧，注意一些问题，避免上述情况的发生。

6.2.3.1 数据库

数据库已经成为了网上市场调研的重要手段，在网上市场调研中发挥着极其重要的作用。

（1）网络数据库的分类

数据库是网络营销信息系统的基础，为网上市场调研的数据分析工作奠定了基础。目前，在企业网站上进场使用的数据库有三种类型：顾客数据库；产品、商品数据库和网络下载数据库。

① 顾客数据库。顾客数据库是联系企业与顾客之间的桥梁，是企业在网络营销过程中最主要的数据库。顾客数据库主要涉及与顾客相关的内容，除传统营销中的顾客档案以外，还应该包括顾客的联系方式（电子邮箱地址或网址等）、顾客购买产品的信息、顾客询问产品的信息，以及顾客对产品的评价和建议等。

② 产品、商品数据库。产品、商品数据库存储与商品有关的信息，如：产品介绍、功能介绍、使用说明、设计详解、产量和价格等产品信息。除此之外，此数据库中还应该包括相关产品以及配套产品的相关信息。

③ 网络下载数据库。网络下载数据库中存储的内容是企业从网络上下载的其他企业的相关产品的信息，具体内容包括相关产品的信息和相关企业的信息。收集这些信息的目的是使企业营销有更多的材料。

（2）数据库的建立及应用

调研人员在建立和使用数据库时，主要有两个途径和方法：建立企业自身的数据库和使用互联网上已经建立的数据库。

① 建立企业自身的数据库。企业建立属于自己的数据库需要耗费大量的人力、物力和财力。如果企业可以建立一个信息更新速度快，吸引大量访问者的数据库，那么企业的投资是有回报的。企业可以从用户得到及时、准确、客观的市场信息。企业建立的数据库可以分为两种形式：基于浏览器的数据库和基于服务器的数据库。

基于浏览器的数据库主要包括简单的文本字段和复杂的有图表和格式化文本的主页。这种形式的数据库具有简单易行的特点。由于浏览器会先下载整个数据库文件，然后再寻找目标，所以用户只要打开浏览器，登录到企业网站就可以使用数据库中的信息了。对于用户来说，这种形式的数据库操作简单，实用有效。基于浏览器的数据库也有自身的缺点，首先，数据库文件要求大小应适当、结构合理，如果数据库设计不合理，则会引起资源浪费，下载数据库文件时间过长，这些都会给用户留下不好的印象。其次，由于在数据库文本中使用了链接技术，这样不仅改变了传统数据库的结构，也增加了数据的更新难度，为企业后期维护数据库带来了难度。

基于服务器的数据库适合于信息结构复杂，信息量大，且需要经常更新的企业使用。这个形式的数据库形式灵活，为用户提供了各项功能的按钮方便用户做出选择。与此同时，还可以向用户提供文本框，方便其提出自己的想法和意见。这些都有利于企业直接、快速地获得用户信息，并根据这些信息制订适当的营销策略。

② 使用互联网上已经建立的数据库。如果企业不具备构建属于自己的数据库的能力，也可以将企业网页连接到网络服务商已有的数据库上。当用户访问企业网站时，就能够进入连接好的数据库中。调研人员可以根据市场调研的目的和内容选择适当的搜索引擎，寻找所需要的数据库。

6.2.3.2 网上调研在吸引客户方面的策略

（1）企业网站本身具有吸引力

企业网站是人们了解企业的一扇窗。企业在设计网站时，最重要的就是要吸引人们的注意，将人们的目光从别的地方吸引到自己的网站上面来。

（2）调查问卷设计合理

一份好的调查问卷要求要做到目的明确，简单易懂，而且还要便于存入数据库。

6.2.3.3 网上调研在收集访问者信息方面的策略

（1）通过电子邮件联系访问者

电子邮件是营销人员与顾客联系的重要手段。如果营销人员掌握了顾客的电子邮箱地址，就可以通过电子邮件的方式，向顾客询问产品和服务的相关事宜。在电子邮件中，营销人员还可以附上电子表单。顾客只需要点击表单上的相关主题，并填写相关信息，最后发送回企业就可以了。营销人员也可以借助传统市场调研的渠道，如报纸，散发调查问卷，然后通过电子邮件的方式收集答案。

（2）通过物质鼓励的方式吸引访问者提供个人资料

在网上市场调研过程中，人们常常由于对网络的不信任，而在填写个人资料时心存顾虑。通常情况下，企业可以通过发放奖品、免费商品或者软件免费试用的方式吸引访问者填写个人资料。这种方法在实际调研中已经被证明是行之有效的。

（3）检测调查问卷的完成情况

在传统市场调研中，检查调查问卷完整性的工作主要依赖于调查人员。网上市场调研工作可以由软件代替完成。当被调查者在未完成调查问卷的情况下提交调查问卷，软件可以通过对话框的形式对被调查者进行提醒，并要求其完成调查问卷。此策略仅能够检测调查问卷的完成情况，却不能保证调查问卷的可靠性。

（4）选择性调查

在设计调查问卷时，设计人员要充分考虑到被调查者的想法，例如，普遍情况下，人们喜欢简单易懂的问题。针对于被调查者这样的想法，设计人员可以在问题后面设计两个按钮或者单选框（是与非），方便被调查者在最短的时间内完成调查问卷。

6.2.3.4 网上调研的注意事项

（1）网上调研方法与传统市场调查相结合

虽然网络已经得到了极大的发展与普及，但是相对于传统市场调研，网上市场调研还是存在着诸如：覆盖面相对较窄、上网人数有限、上网人群分布不均等问题，例如：在上网人群中，老年人的比例比较低。显然，在网上进行老年人居住情况的调查就不太妥当。基于这些原因，传统市场调研依然发挥着重要作用。在实际进行市场调研时，可以使用网上调研与传统市场调研相结合的方法，避免类似问题发生。

（2）样本的数量与质量的平衡

样本的数量与质量一直是网上市场调研的局限之一。由于网上市场调研受到网站浏览量、被调查者数量、被调查者人群分布情况等诸多因素的限制，所以很难同时保证样本的数量及质量。因此，企业可以使用多种多样的方法吸引访问者参加调研。但是在众多的鼓励方法背后，也隐藏着很多问题，如被调查者重复填写调查问卷等。为了避免类似问题影响调研结果的准确率，可以采用网络身份认证的方法。此外，筛选调查问卷也是极其重要的一项工作。

（3）保证信息的准确度

由于网络安全的种种原因，被调查者可能不愿意透露自己的个人信息。但是对于调查者而言，了解被调查者背景是必不可少的工作。因此，企业要尽量在不引起被调查者反感的情况下收集被调查者的个人信息，了解被调查者的背景。

6.3　网络营销策略

网络营销的实施是一项系统工程，它涉及人、财、物以及技术等方面。企业实施网络营销不只是技术问题，更多的是管理和组织方面的问题，需要进行周密的电子商务策划，制订网络营销策略。

一个产品到底要由什么渠道卖、卖多少钱的问题，通常称为营销组合（marketing mix）。由于网络营销的特点和营销理论的发展，网络营销策略一般以 4P 营销组合理论为基础。4P 组合理论由产品（product）策略、价格（price）策略、渠道（place）策略、促销（promotion）策略四个基本策略组成。

① 产品。产品性能如何，有哪些特点，质量好不好，以及外观与包装的情况、服务与保证等。

② 价格。结合企业的合理利润、是否符合企业的竞争策略以及顾客可以接受的价格来确定产品的价格。

③ 渠道。产品通过什么渠道销售，如何将商品顺利送到消费者的手中。

④ 促销。通过广告、人员行销、促销、网络媒体和公共报导等将产品传递给消费者，并促进交易行为的完成。

由于上述四个组合理论的英文首字母都是 P，因此通常也将上述营销组合称为 4P 策略。需要说明的是，营销组合的应用必须根据营销目标和营销策略来决定。

6.3.1　产品策略

产品是企业开展网络营销活动的物质基础，是网络营销组合中的首要因素，在整个网络营销活动过程中都离不开产品。

网络营销在网上虚拟市场开展营销活动，实现企业营销目标，面对与传统市场有差异的网上虚拟市场，必须要满足网上消费者一些特有的需求特征。所以，网络产品的内涵和层次被大大扩展了，是一个能够满足顾客某种需求和欲望的、集物质型产品、服务和信息为一体的综合体。网络产品策略主要有以下两种。

6.3.1.1　网络新产品策略

网络市场作为新兴市场，消费群体一般具有很强的好奇性和消费领导性，比较愿意尝试新的产品。因此，通过网络营销来推动新产品试销与上市，是比较好的策略和方式。

但需注意的是，网上市场群体还有一定的局限性，目前的消费意向比较单一，所以并不是任何一种新产品都适合在网上试销和推广的。一般对于与技术相关的新产品，在网上试销和推广效果比较理想，这种方式一方面可以比较有效地覆盖目标市场，另一方面可以利用网络与顾客直接进行沟通和交互，有利于顾客了解新产品的性能，还可以帮助企业对新产品进行改进。

其次，利用互联网作为新产品营销渠道时，要注意新产品能满足顾客的个性化需求的特性，即同一产品能针对网上市场不同顾客需求生产出功能相同、但又能满足个性需求的产品，这要求新产品在开发和设计时就要考虑到产品式样和顾客需求的差异性。如戴尔（Dell）公司在推出电脑新产品时，允许顾客根据自己的需要自行设计和挑选配件来组装自己满意的产品，戴尔公司可以通过互联网直接将顾客订单送给生产部门，生产部门根据个性化需求组装电脑。因此，网络营销产品的设计和开发要能体现产品的个性化特征，适合进行柔性化的大规模生产，否则，再好概念的产品，也很难在市场让消费者满意。

6.3.1.2 网络品牌策略

品牌能够创造价值，也是产品的一部分。品牌能够赢得忠实顾客及更高的价格，从而可增大企业的市场份额和利润。品牌还可为企业创造选择权价值，借助有利的品牌，企业可扩展新的产品类别，赢得新的顾客群体，向新的市场区域开拓，在合伙经营或谈判中获得有利的地位等。网络所具有的交互、快捷、全球性等优势，对于提高企业知名度、树立企业品牌形象、更好地为用户服务等方面提供了有利的条件。但这些网络本身固有的特性对于每一个企业都是公平的，因此，企业应该根据自身的产品与服务特点，利用互联网创建自己的网络品牌。

6.3.2 价格策略

商品或服务价格的变化直接影响着消费者的购买行为，影响着生产、流通经营者盈利目标的实现。企业制订价格是一件很复杂的工作，必须全面考虑各个方面的因素，采取一系列步骤和措施。一般说来，不论是在传统环境下还是网络环境下，都需要经过六个步骤：选择定价目标、确定需求、估计成本、分析竞争者的价格和产品、选择定价方法、选定最终价格。价格策略是指企业通过对顾客需求的估量和成本分析选择一种能吸引顾客、实现市场营销组合的价格的策略。在网络环境下，许多传统营销的定价策略在网络营销中得到了延续，并且还有许多创新。根据网络营销的特点，网络价格策略主要有以下五种。

6.3.2.1 免费定价策略

互联网作为全球性开放网络，可以快速实现全球信息交换，一般说来，只有那些适合互联网这一特性的产品才适合采用免费价格策略。因此，免费产品一般具有下面特性：易于数字化、无形化、零制造成本、成长性、冲击性和间接收益。

6.3.2.2 低价定价策略

借助互联网进行销售，比传统销售渠道的费用低廉，因此网上销售价格一般来说比流行的市场价格要低。由于网上的信息是公开和易于搜索、比较的，因此网上的价格信息对消费者的购买起着重要作用。相关研究表明，消费者选择网上购物，一方面是因为网上购物比较方便，另一方面是因为从网上可以获取更多的产品信息，从而以最优惠的价格购买商品。低价定价策略一般被制造业企业在网上进行直销时采用，如戴尔（Dell）公司电脑定价比同性能的其他公司产品低 10%～15%。

6.3.2.3　定制化定价策略

不同的顾客对某个性化产品的价值有不同的看法，然而，企业却往往提供同样的产品和制定统一的价格，而不是根据顾客感受的价值向不同的顾客收取不同的价格，因此而失去了大量潜在的经济收益。企业采用定制化定价策略，可以按照顾客愿意支付的价格向不同的顾客收取不同的价格。

定制化定价策略在企业能实行定制生产的基础上，利用网络技术和辅助设计软件，帮助消费者选择配置或者自行设计能满足自己需求的个性化产品，同时承担自己愿意付出的价格成本。戴尔公司的用户可以通过其网页了解该型号产品的基本配置和基本功能，根据实际需要和在能承担的价格内配置出自己最满意的产品。在配置电脑的同时，消费者也相应地选择了自己认为价格合适的产品，因此对产品价格有比较透明的认识，增加企业的信用。目前这种允许消费者定制定价订货的尝试还只是初级阶段，消费者只能在有限的范围内进行挑选，还不能完全要求企业满足自己所有的个性化需求。

6.3.2.4　使用定价策略

传统交易关系中，产品买卖是完全产权式的，顾客购买产品后即拥有对产品的完全产权。但随着经济的发展，人民生活水平的提高，人们对产品的需求越来越多，而且产品的使用周期也越来越短，许多产品购买后使用几次就不再使用，非常浪费，为改变这种情况，可以在网上采用类似租赁的按使用次数定价的方式。

所谓使用定价，就是顾客通过互联网注册后可以直接使用某公司的产品，顾客只需要根据使用次数进行付费，而不需要将产品完全购买。一方面减少了企业为完全出售产品而进行的不必要的大量的生产和包装浪费，同时还可以吸引过去那些有顾虑的顾客使用产品，扩大市场份额。顾客每次只是根据使用次数付款，免去了购买产品、安装产品、处置产品的麻烦，还可以节省不必要的开销，如微软公司曾在 2000 年将其产品 Office 2000 放置到网站，用户通过互联网注册使用，按使用次数付钱。

采用按使用次数定价，一般要考虑产品是否适合通过互联网传输、是否可以实现远程调用。目前，比较适合的产品有软件、音乐、电影等产品。对于软件，如我国的用友软件公司推出网络财务软件，用户在网上注册后在网上直接处理账务，而无须购买软件和担心软件的升级、维护等非常麻烦的事情；对于音乐产品，也可以通过网上下载或使用专用软件点播；对于电影产品，则可以通过现在的视频点播系统 vod 来实现远程点播，无须购买影带。采用按次数定价对互联网的带宽提出了很高的要求，因为许多信息都要通过互联网进行传输，如互联网带宽不够，将影响数据传输，势必会影响顾客租赁使用和观看。

6.3.2.5　逆向定价策略

一般情况下，都是企业制定价格，消费者接受价格。但是在以消费者为主导的网络环境下，买方的定价权也应该得到体现。以拍卖为代表的逆向定价策略在互联网上逐步流行。拍卖定价，即将商品公开在网上拍卖，拍卖竞价者在网上进行登记，拍卖方只需将拍卖品的相关信息提交给相关拍卖平台，经公司审查合格后即可上网拍卖。将产品不限制价格在网上拍卖逐渐成为一种新兴的促销方式，由于快捷、方便，网上拍卖活动吸引了大量用户参与，如淘宝网上商品的拍卖活动，就获得了很好的收效。

6.3.3　渠道策略

营销渠道是指与提供产品或服务以供使用或消费这一过程有关的一整套相互依存的机

构，它涉及信息沟通、资金转移和事物转移等。互联网的发展为传统的分销渠道带来了新的革命，新的网络营销渠道逐步作为一种新兴的渠道系统登上历史舞台。与传统营销渠道一样，以互联网作为支撑的网络营销渠道也应具备传统营销渠道的功能。

网络营销渠道是借助互联网络将产品从生产者转移到消费者的中间环节，它一方面要为消费者提供产品信息，方便消费者进行选择；另一方面，在消费者选择产品后要能完成一手交钱一手交货的交易手续，当然，交钱和交货不一定要同时进行。因此，一个完善的网络销售渠道应有三大功能：订货功能、结算功能和配送功能。根据网络营销的特点，网络渠道策略主要包括下列两种。

6.3.3.1 网上直销策略

网上直销与传统直接分销渠道一样，都是没有营销中间商，通过网站直接销售产品或服务。网上直销渠道一样也要具有上面营销渠道中的订货功能、支付功能和配送功能。网上直销与传统直接分销渠道不一样的是：生产企业可以通过建设网络营销站点，让顾客可以直接从网站进行订货；通过与一些电子商务服务机构，如网上银行合作，可以通过网站直接提供支付结算功能，简化了过去资金流转的问题；对于配送方面，网上直销渠道可以利用互联网技术来构造有效的物流系统，也可以通过互联网与一些专业物流公司进行合作，建立有效的物流体系。

6.3.3.2 网上间接销售策略

（1）网上间接销售渠道概述

网上间接销售渠道是指网络营销者借助各类网络营销中间商的专业网上销售平台，发布产品信息，在网上销售产品的渠道。网络营销中间商是融入互联网技术后的中间商，具有非常强的专业性，根据顾客需求为销售商提供多种销售服务，弥补了网上直销的不足。这类机构成为连接买卖双方的枢纽，大大提高了网上的交易效率，中国商品交易中心、中国国际商务中心以及阿里巴巴网站等都属于这类网上交易中介机构。

（2）网络营销中间商的类型

以提供信息服务和虚拟社区为核心的网络营销中间商主要有以下九种。

① 目录服务。目录服务是指利用互联网上的目录化的 Web 站点，提供信息检索功能。现在主要有三种目录服务：一种是通用目录（如雅虎），可以对不同站点进行检索，所包含的站点分类按层次组织在一起；第二种是商业目录（如 Internet 商业目录），提供各种商业站点的索引，类似于指南手册；第三种是专业目录（如中国粮食信息网），针对某个领域或主题建立站点。

② 搜索服务。与目录服务不同，搜索站点（如百度）为用户提供了基于关键词的检索服务，站点利用大型数据库分类存储各种站点介绍和页面内容。

③ 虚拟商业街。虚拟商业街（virtual malls）是指在一个站点内连接两个或以上的商业站点。与目录服务不同，虚拟商业街定位于某一地理位置和某一特定类型的生产者和零售商，在虚拟商业街销售各种商品，提供不同服务。

④ 网上出版。网络出版站点可以提供大量有趣和有用的信息给消费者，如电子报纸和电子杂志等也属于这种类型。由于该类网站内容丰富而且免费，访问量特别大，此类站点利用广告和提供产品目录来进行收费，例如新浪（sina）。

⑤ 虚拟零售商店（网上商店）。与虚拟商业街不同，虚拟零售商店拥有自己的货物清单，直接销售产品给消费者，例如亚马逊，包括的类型有：电子零售型（e-Sale）、电子拍

卖型（e-Auction）和电子直销型（e-Sale）。

⑥ 站点评估。提供站点评估的网站，可以帮助消费者根据以往数据和等级评估，选择合适站点访问。通常，一些目录和搜索站点也提供一些站点评估服务。

⑦ 电子支付。电子商务要求能在网络上交易的同时，能实现买方和卖方之间的授权支付。目前，我国许多银行都提供了网上支付服务，许多网站也提供了第三方支付服务。

⑧ 虚拟市场和交换网络。虚拟市场提供了一个虚拟场所，任何符合条件的产品都可以在虚拟市场站点内进行展示和销售，消费者可以在站点中任意选择和购买，站点主持者收取一定的费用，例如阿里巴巴。

⑨ 智能代理。智能代理是这样一种软件，它根据消费者偏好和要求预先为用户自动进行初次搜索，避免在纷繁复杂的站点中难以选择。该软件在搜索时，还可以根据用户自己的喜好和别人的搜索经验自动学习优化搜索标准，用户可以根据自己的需要选择合适的智能代理站点为自己服务，同时支付一定的费用。

6.3.4　促销策略

促销就是营销人员将有关产品或服务的相关信息传达给目标顾客，并通过联系、报道、展示、提供服务等方式说服、鼓励消费者去购买产品或服务的一系列活动。网络促销是指利用 Internet 等电子手段启发需求，引起消费者的购买欲望和购买行为的各种活动。网络促销策略是在互联网上开展促销活动的方法和技巧的总称。根据网络营销的特点，网络促销策略有很多，主要包括以下内容。

6.3.4.1　搜索引擎注册

对于大部分的网友来说，门户网站的搜寻引擎仍是大家想要找寻网络上某种信息时第一个会考虑的方法。因此，在著名的搜索引擎上注册，主动到这些搜寻引擎登录公司网站资料，让需要的使用者可以很快搜寻到所要的网站，为目标用户提供方便的找到和进入网站的途径，是一种便宜又很有效率的方法（如图 6-2 所示）。

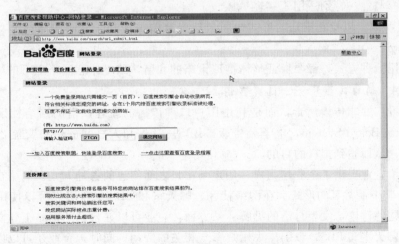

图 6-2　将网站注册到百度搜索引擎

6.3.4.2　互换链接

与其他网站建立互换链接是一种重要的、常见的网站推广方法。通过与其他网站的交换链接，缩短网页之间的距离，达到网站之间相互合作、内容共享、资源互换、互为推荐的目的，提高站点被访问的概率。互换链接的作用主要表现在以下四个方面。

① 通过与合作网站的链接增加访问量。

② 提高访问者对网站的可信度。

③ 增加网站在搜索引擎排名中的优势。

④ 增强与同行业的联系，提高企业在行业内的知名度。

为了达到以上的效果，在建立互换链接时应该注意以下的问题。

① 具有相关性或互补性的合作网站更容易吸引访问者的注意。

② 注意链接网站的质量。

③ 注意检查互换链接的质量。

④ 运用打开新窗口的功能。

6.3.4.3 网络广告策略

与传统的广告形式和效果相比，网络广告的制作更加方便、形式更加多样、效果更加生动。因此，网络广告已经成为企业在网上树立企业形象、建设产品品牌、推广企业网站的有效方式。比较廉价方法是加入广告交换组织，广告交换组织通过不同站点的加盟后，在不同站点交换显示广告，起到相互促进的作用。另外一种方式是在适当的站点购买广告栏发布网络广告。一个成功的网络广告不仅需要好的广告策划和高超的制作技术，如：广告的形式、创意、动画效果等，还需要广告推广策略的配合。所以，企业也可以根据广告总体目标的要求选择运用如下的推广方法。

① 注册有礼。运用这个策略可以达到增加注册用户的目的，扩大广告宣传对象在目标浏览者中的知名度。

② 有奖活动。通过设立一定奖励的投票、征文等，鼓励和吸引网络用户参与活动，能够扩大用户的参与和互动。

③ 低消费策略。用低价格激发网络用户的购买欲望，推动会员跨出网上购物的第一步。

④ 在线游戏。在线游戏能够迎合网络用户追求新奇、敢于冒险的心理，因此可以增加广告活动的参与性，特别适用于年轻一族。

⑤ 在线沙龙。以专题论坛的形式吸引目标受众的关注和参与，如北京天文馆网站的天文爱好者论坛。

无论采用哪种方式，都要保证整体推广策略的和谐一致，注意网络上下的配合。

6.3.4.4 病毒式推广——口碑营销

病毒式推广并非传播病毒，而是利用用户口碑传播的原理，借助网络社区、聊天室和BBS（Bulletin Board System，电子公告板，BBS）等人和人之间的信息交流，让信息像病毒那样扩散，从而达到推广的目的。

互联网给企业提供了企业与用户、用户与用户之间沟通的各种方式。网络社区、聊天室和BBS就是其中最常见的形式。在网络社区、聊天室和BBS中，用户可以使用不同的身份参与各种问题的讨论，发表自己的见解。一方面，企业可以在自己的网站上建立有吸引力的网络社区、聊天室和BBS，吸引广大用户参与相关的活动；同时，企业还可以以个人身份登录和参与其他网站相关主题的网络社区、聊天室和BBS，通过参与其中的讨论达到宣传、推广自己网站的目的。

6.3.4.5 电子邮件和邮件列表营销

电子邮件是最常用的网络服务之一，通过使用电子邮件向用户发送产品或服务等有价值的促销信息，企业可以达到宣传自己站点的目的。

邮件列表是一种适合一对多方式发送电子邮件的有效工具。邮件列表的管理者只需把所有收件人的邮件地址一次性存入邮件列表的地址栏中，则以后发送的信件都会被所有加入邮件列表的用户收到——这是电子邮件列表系统的基本模式。更为先进的邮件列表系统已经将用户加入、退出；发送邮件；处理退信；控制发送日期和频率等都转为自动完成，例如亚马逊网上书店就有这项服务，用户只要告诉该网站对哪个作者的新书感兴趣，当该作者有新书到货时，用户就会收到亚马逊网上书店发来的通知。这种服务对增加顾客忠诚度和增加公司长期利益无疑起到良好效果。

需要提起注意的是，在利用电子邮件宣传站点的时候，网站应该从用户的角度出发，避免因发送电子邮件而引起用户对站点的反感，应注意以下的细节。

① 不要向用户发送未经许可的电子邮件。

② 发送的电子邮件应有明确的主题。

③ 标明邮件发件人的姓名和地址。

④ 尽量在邮件的正文部分显示内容，减少使用附件的形式。

⑤ 发送邮件的内容应有的放矢、内容简洁、制作严谨。

6.3.4.6 提供免费服务

提供与企业或企业产品密切相关的免费信息通常会得到消费者的认可，也可以在网上开展有奖竞赛或者是抽奖活动，吸引消费者更多的光顾企业的网站。

6.3.4.7 发布新闻与排行榜

在著名的门户网站发布新闻或信息，确保新闻或信息的权威性、传播性、吸引性，来吸引更多用户的注意；或者参加网站评比或网上的公益活动，确保活动的权威性、传播性，从而树立良好的企业形象。

6.3.4.8 使用网络实名

网络实名被称为是第三代中文上网方式。企业将公司、品牌、产品等名字注册为网络实名后，用户无须记忆复杂的域名或网址，可以直接在地址栏中输入中文，就能够更简单、方便地搜索到企业网站和相关信息。

由于网络实名具备智能性，可以模糊查询，同时网络实名和公司、品牌的名称可以完全相同，因此，通过网络实名注册可以将企业的品牌价值直接延伸到互联网上，使企业网上网下品牌保持一致，更好地发挥企业的品牌效应。

目前，3721网络实名覆盖了90%以上的中国互联网用户，每日使用量超过3000万人次，是使用量最大的中文上网方式，也是中国互联网用户最喜爱的网络服务之一。研究表明，对于一行域名和一个中文实名，在相同的条件下，用户能记住的比例分别是5%比90%。即如果在宣传材料上标注网络实名，用户的记忆比标注英文域名效果要好18倍。

6.3.4.9 网上变相折价促销

变相折价促销是指在不提高或稍微增加价格的前提下，提高产品或服务的质量，较大幅度地增加产品或服务的附加值，让消费者感到物有所值的一种促销方式。由于网上直接价格折扣容易造成降低品质的怀疑，利用增加商品附加值的促销方法会更容易获得消费者的信任。

6.3.4.10 网上赠品促销

赠品促销目前在网上的应用不算太多,一般情况下,在新产品推出试用、产品更新、对抗竞争品牌、开辟新市场情况下利用赠品促销可以达到比较好的促销效果。

赠品促销的优点:一是可以提升品牌和网站的知名度;二是鼓励人们经常访问网站,以获得更多的优惠信息;三是能根据消费者索取赠品的热情程度总结、分析营销效果和产品本身的反映情况等。

6.3.4.11 网上拍卖促销

网上拍卖促销即将产品不限制价格在网上拍卖。网上拍卖属新兴的促销方式,由于快捷、方便而吸引大量用户参与,如淘宝网上商品的拍卖活动就获得了很好的收效。

6.3.4.12 网上有奖促销

有奖促销是网上应用较广泛的促销形式之一,是大部分网站乐意采用的促销方式。有奖促销是以一个人或数人获得超出参加活动成本的奖品为手段进行商品或服务的促销,网上抽奖活动主要穿插在网上调查、产品销售、扩大用户群、企业庆典等活动中。消费者或访问者通过填写问卷、注册、购买产品或参加网上活动等方式获得抽奖机会。

6.3.4.13 网上积分促销

积分促销在网络上的应用比起传统营销方式要简单和易操作。网上积分活动很容易通过编程和数据库等来实现,并且结果可信度很高,操作起来相对简便。积分促销一般设置价值较高的奖品,消费者通过多次购买或多次参加某项活动来增加积分,以获得奖品。积分促销可以增加上网者访问网站和参加某项活动的次数;可以增加上网者对网站的忠诚度;可以提高活动的知名度等。

6.3.4.14 网上联合促销

由不同商家联合进行的促销活动称为联合促销,联合促销的产品或服务可以起到一定的优势互补、互相提升自身价值等效应。如果应用得当,联合促销可起到相当好的促销效果,如网络公司可以和传统商家联合,以提供在网络上无法实现的服务;网上销售汽车和销售润滑油的公司联合促销等。

6.3.4.15 网上免费促销

免费促销的主要目的是推广网站。所谓免费资源促销,就是通过为访问者无偿提供其感兴趣的各类资源,吸引访问者访问,提高站点流量,并从中获取收益。目前利用提供免费资源获取收益比较成功的站点很多,有提供某一类信息服务的,如提供搜索引擎服务的雅虎和中国的搜狐等。

6.3.4.16 网上折价促销

折价也称打折、折扣,是目前网上最常用的一种促销方式。由于网上销售商品不能给人全面、直观的印象,也不可试用、触摸等,再加上配送成本和付款方式的复杂性,造成人们网上购物和订货的积极性下降。而幅度比较大的折扣可以促使消费者进行网上购物的尝试并做出购买决定。

目前,大部分网上销售商都有不同程度的价格折扣,如当当书店等。折价券是直接价格打折的一种变化形式,有些商品因在网上直接销售有一定的困难性,便结合传统营销方式进行。在网页上提供可下载打印的优惠券,潜在顾客可通过访问网页获得此优惠券,凭此优惠券到当地商店购买商品时可获得优惠。此法一举两得,第一可增加网站访问量,让更多的消费者了解企业；第二可促进销售。

6.3.4.17　网络公共关系策略

公共关系是指利用各种传播手段唤起人们对企业及企业产品的好感、兴趣和信赖，争取人们对企业经营理念的理解，树立企业形象的一种营销工具。通过实施公共关系策略，企业可以培养消费者对企业产品和服务的信任感和忠实度，提升企业在社会公众心目中的形象，为企业营造出良好的经营环境。网络公共关系策略主要有以下四种方式。

（1）传统印刷媒体的电子版刊物

为了扩大刊物的知名度和影响力，许多传统的印刷传媒都在网上建立了网站，并开办了相应的电子版刊物。这些电子刊物不仅可以刊登与实体刊物相同的信息内容，还可以提供相关的即时信息和有针对性的信息反馈。同时，发布信息的形式也多种多样，如网上专家论坛、公共论坛、读者俱乐部等。有许多传统的期刊、杂志在这方面做得非常出色，例如计算机世界报网站（http://www.ccw.com.cn）、IT 经理世界（http://www.ceocio.com.cn）等。

（2）网络媒体出版物

网络媒体出版物通常是企业为了在网上发布有关产品信息、行业信息或技术支持培训信息所创办的定期或不定期的电子刊物。通过电子刊物，企业可以宣传和推广企业的产品和技术服务，有计划地开展相关知识的传播，增强消费者对企业产品的了解和信任。

（3）网络广播节目

网络广播节目是指在网上建立广播台，根据不同的专题制作节目，通过对公众关心的热点问题的讨论、对政府、不同领域专家的网上采访和网上的即时讨论等方式，向目标受众传播有价值的信息并进行有效的信息交流。一般采用的形式有广播台、电视台、网络会议等。

（4）网络社区

网络社区是指由组织或个人在互联网上组成的群体，这个群体的成员具有共同的兴趣和爱好，并乐于在社区中提供和传递有价值的信息。企业可以利用网络社区的信息传递能力增强目标受众对企业及企业产品的了解和认识，树立企业的形象。

公共关系强调通过使用有效的信息传递和沟通方式与各类社会公众之间建立相互信任、支持的良好关系。由于互联网技术给企业营销工作提供了新的信息交流平台和交流手段，因此也给公共关系策略带来了新的方式和特有的优势。

6.3.4.18　使用传统的促销媒介

使用传统的宣传媒介来吸引用户访问站点也是常见的网站推广方法，运用得当也会带来很好的效果，例如淘宝网利用电视、宣传广告牌向社会传递网站的信息。

以上是网上促销策略是比较常见的方式，其他如节假日促销、事件促销等都可以与以上促销方式综合应用。但要想使促销活动达到良好的效果，必须事先进行市场分析和网上活动的可行性分析，并与整体营销计划结合，以实现预期的促销效果。

6.4　小结

网络营销是以现代营销理论为基础，借助计算机技术、网络技术、通信技术和数字交换式媒体来实现营销目标的一种市场营销方式。网络营销与传统营销相比有很多优势，具有十分鲜明的特点，对传统营销造成了很大冲击，但是它不能取代传统营销。网络营销的基本目的、思想与传统营销基本一致，传统营销理论是网络营销理论的基础；只是在实施和操作过程中，网络营销与传统营销的方法和手段有很大的区别。本章重点介绍了网络营销概念、内涵、特点、职能和基本理论等内容，介绍了网上市场调研的概念、方法和策略，分析了网络营销策略中的各种营销组合方式。

网上市场调研是网络营销中的重要组成部分，为企业做出合理的营销决策提供了科学的依据。由于企业网上产品类型多样、销售对象不同，因此，促销方式与产品类型、销售对象、产品价格、销售渠道之间就会产生多种不同的网络促销组合方式。采用何种网络营销策略组合，企业营销人员应该根据产品特点、消费对象、促销方式自身的优势以及企业促销的费用等来灵活策划，并保证整体网络营销策略组合的相互协调，扬长避短，合理组合，以达到最佳的营销效果。

【思考题】

1. 什么是网络营销？
2. 4P 组合策略是什么意思？
3. 网络营销的内涵有哪些？
4. 网络营销的职能和特点有哪些？
5. 网上市场调研方式有哪些？
6. 网络促销策略有哪些？

【实践题】

1. 网上市场调研实践

实践目的：熟悉、了解和应用网上市场调查方法及调研策略。

实践内容：（1）自拟一个网上市场调研题目，并根据此题目设计一份网上市场调查问卷；

（2）通过网站、论坛、电子邮件和新闻组等方式，分别发布此调查问卷；

（3）对回收的调查问卷进行整理和分析，得出此次市场调研的结论。

实践要求：（1）根据各自的练习情况，以网上市场调研练习为题目，进行上网实际操作和练习，并写出实践报告一份，要有关键步骤的抓图；

（2）以小组为单位针对自拟题目进行网上市场调研，设计网上调查问卷，能够使用一种或者一种以上的网上市场调研策略。

实践报告内容要求：

明确网上市场调研题目；分析网上市场调研的方法；进行网上调查问卷的设计制作说明；运用所学的工具进行网上调查问卷的简单制作；对调研数据进行分析，得出网上市场调查的结论。

2. 网络营销策略实践

实践目的：熟悉、了解和掌握网络营销策略。

实践内容：(1) 分析当当网的网络营销策略；(2) 分析淘宝网的网络营销策略；(3) 比较两个网站网络营销策略的异同。

实践要求：根据各自的练习情况，以"××网网络营销策略分析与对比"为题目，进行分析和对比，并写出分析报告一份，要有关键网络营销策略说明的抓图。

分析报告内容要求：分析网站的特点和定位；设计合理的分析方法分析网站的营销策略；对比两个网站的网络营销策略；得出自己的分析和对比的结论；提出改进建议或对其他网站的借鉴之处。

第7章　电子商务法

【学习目标】
> 掌握电子商务法的概念和调整范围。
> 了解电子商务法的基本原则。
> 掌握电子合同的概念。
> 了解域名侵权。
> 了解网络隐私权的保护。

【引导案例】

（美国）杜邦公司（以下简称杜邦公司）于1802年在美国注册成立。杜邦公司产品涉及电子、汽车、服装、建筑、交通、运输、通信、农业、家庭用品、化工等领域，行销世界150余个国家和地区。杜邦公司自设立以来，一直在其产品上使用椭圆字体"DUPONT"。1999年2月28日，杜邦公司在商标局注册了"DUPONT"文字商标。杜邦公司是椭圆字体及文字"DUPONT"商标在中国的注册人。自1988年，杜邦公司在中国设立了11家独资公司或者合资公司，其产品涉及电子、化工、农药等领域，其中7家已经投产。自1992年开始，杜邦公司在中国对椭圆字体"DUPONT"注册商标作了持续的广告宣传，包括在中央电视台、《经济日报》、《参考消息》等新闻媒体上发布广告、制作电视专题片、参加专题展览会、举办产品推介会等。1997年，杜邦公司在中国为椭圆字体"DUPONT"注册商标投入的广告费用为148.2万美元，杜邦公司在美国、德国、加拿大、俄罗斯等17个国家注册的三级域名，均为"DUPONT.COM.行政区缩写"、"DUPONT.行政区缩写"或者"DUPONT.COM.行政区缩写"模式。

北京国网信息有限责任公司（以下简称国网公司）于1996年3月成立，经营范围包括计算机网络咨询在线服务等。1998年11月2日，国网公司在中国互联网信息中心申请注册了"DUPONT.COM.CN"域名，但一直未实际使用。在法院审理过程中，国网公司不能说明该公司的名称、地址、简称、标志、业务或其他任何方面与"DUPONT"有关。因与国网公司协商解决"DUPONT.COM.CN"域名纠纷未果，杜邦公司向法院起诉，请求法院判令国网公司撤销对"DUPONT.COM.CN"域名之注册。

案例点评：杜邦公司在多个商品类别上注册了"DUPONT"椭圆字体和文字商标，并在中国多家新闻媒体上投入大量资金长时间对"DUPONT"注册商标进行宣传，使得该商标在中国为公众所知悉。杜邦公司所注册的"DUPONT"商标可以认定为是驰名商标。域名是用户在计算机网络中的名称和地址，是用于区别其他用户的标志，具有识别功能。国网公司注册的域名"DUPONT.COM.CN"如果在互联网上投入使用，必然会混淆该域名与"DUPONT"商标，引起公众的误认。国网公司在诉讼中不能说明与其名称、地址、简称、标志、业务或者其他任何方面与"DUPONT. COM. CN"有关，也不能证明其在域名领域对"DUPONT"一词享有在先使用的权利。该公司作为经营计算机网络信息咨询服务和在线服务的经营者，应当知道在计算机网络中域名的作用和价值，其将杜邦公司的驰名商标"DUPONT"注册为域名的商业目的十分明显。国网公司注册该域名后并未实际使用，有意阻止杜邦公司注册该域名。国网公司收到要求其停止使用并撤销"DUPONT. COM. CN"域名的函件后，仍未停止使用，其行为具有明显的恶意。国网公司的行为侵犯了杜邦公司"DUPONT"注册商标专用权。

7.1 电子商务法概论

电子商务作为一种新兴的开放式的商业模式，近年来随着信息技术的进步得到了突飞猛进的发展。互联网为它提供了一个无国界限制、无人员限制、无时间限制的一个虚拟大市场。在这个虚拟市场里，电子商务通过电子数据交换进行交易，实现信息流物流的融合。交易即有规则，网络交易与传统交易一样，也需要相关交易习惯和规则进行规范，以更好地促进市场的规范发展。交易的习惯和规则随着人类社会的发展逐渐上升为稳定且有一定威慑力的法律。但是传统的法律大多是针对传统交易而制定的，电子商务的出现使得传统商务所适用的法规、政策受到挑战。电子商务交易模式不再局限于面对面，更多的是无纸化交易，通过看不到的数据交换进行交易，这种网络世界构成了一个区别于传统商业环境的新环境，这种环境和手段的改变，需要有新的法律规范。创造适应电子商务活动的法制环境，也就是通过电子商务法律的创制及规范来调整电子商务行为。

7.1.1 电子商务法的概念和调整范围

电子商务法有广义和狭义之分，广义的电子商务法是指调整通过各种电子信息传递方式进行的商务活动所产生的法律规范的总和。狭义的电子商务法是指调整通过计算机网络进行数据电文传递而进行商事活动所产生的社会关系的法律规范的总和。电子商务法的调整对象是电子商务活动中产生的各种社会关系。简单说，电子商务法律的任务就是要解决电子商务领域中产生的实际问题。电子商务涉及的法律问题包括：如何认可数据电文具有与纸介质合同相同的法律效力，如何认定电子签名具有与手写签名同等的法律后果，如何确定交易对方真实身份，如何确保通过互联网传递的交易信息的真实性、完整性和不可抵赖性，如何确保交易的电子支付，如何保护交易过程中涉及的个人数据、知识产权，如何对电子商务征税等。这些问题既涉及双方权利、义务，又涉及交易安全，还涉及国家调控，内容十分宽泛。电子商务立法需要解决的还有：消费者保护、个人数据和个人隐私的保护、知识产权保护。

电子商务法由公法和私法相结合，由于其开放性特征，是具有国际性的国内法。关于电子商务法的地位，有的人认为属于民法，有的人认为属于商法和经济法，但是从电子商务法所调整的范围来说，它属于一个独立的法律部门。它具有程式性、开放性、技术性复合性等特征。

7.1.2 电子商务法的立法原则

基本原则不同于基本规则，是从整个法律规范中所提炼的具有概括性并具有普遍约束力的准则。任何一部法律都有它的基本原则，基本原则贯彻始终于整个法律。因此，判定一部法律的基本原则，要把握整部法律来进行概括。通观各国已出台的电子商务法，大多把下列五大原则作为电子商务立法的基本原则。

7.1.2.1 中立原则

电子商务法的基本目标归结起来就是要在电子商务活动中建立公平的交易规则，这是商法的交易安全原则在电子商务法上的必然反应。中立包括技术中立、媒介中立、实施中立、同等保护。电子商务法的中立原则，着重反映了商事交易的公平理念。

7.1.2.2 自治原则

自治原则是民法和商事法的基本原则，号称"帝王规则"。允许当事人以自愿协议方式订立双方的贸易规则，是贸易法的基本属性。因而，在电子商务法的立法与司法过程中，都要以自治原则为指导，当事人凭借自己的意愿来指导自己的行为进行交易。电子商务主体有权决定自己是否进行交易、和谁交易以及通过何种方式进行交易，这完全体现了电子商务主体的意思自治，任何单位和个人利用强迫、引诱等手段进行的违背当事人真实意愿的交易活动都是无效的。

7.1.2.3 技术风险合理分配原则

公平、合理、效率是法律所追求的价值目标，电子商务法也不例外，但对于电子商务法来说，不仅要解决信息科学技术应用于商务的合法性问题，更重要的是要解决信息技术应用于商务活动后主体之间的权利、义务和责任的分配问题。在交易活动过程中，因信息技术局限、信息系统风险，如病毒感染所产生的风险责任如何分担，这些问题不是传统的侵权责任法能解决的。技术风险合理分配原则要求因技术风险产生的损害在当事人之间合理分配。合理不仅要兼顾公平，也要考虑技术发展必然所带来的风险。技术风险合理分配原则对于依赖电子技术为发展的电子商务法来说也应该是所恪守的基本原则之一。

7.1.2.4 保护消费者的正当权益

电子商务活动新的特点要求对消费者的权益进行更为有力的保护，所以电子商务法必须为电子商务建立适当的保护消费者权益的规定，还必须协调制定相关规则，让消费者可以明确对某一贸易如何操作以及所使用的消费者权益保护法。

7.1.2.5 安全性原则

电子商务这种高效、快捷的交易工具必须以安全为前提，它不仅需要技术上的安全措施，同时也离不对法律上的安全规范。电子商务法从对数据电文效力承认，以消除电子商务运行方式的法律上的不确定性，以至到根据电子商务活动而建立起的操作性规范，都贯彻了安全原则和理念。

7.1.3 电子商务立法概括

7.1.3.1 世界范围内电子商务立法现状

电子商务立法是推动电子商务发展的前提和保障，为了给电子商务的发展提供良好的法律、政策环境，世界各国都着手制定了相关的电子商务立法。鉴于电子商务的开放性和全球性的特征，以联合国为首的有关国际性、区域性组织率先出台了相关法规、纲要和规范性文件，此后经济合作与发展组织（OECD）、世界贸易组织（WTO）、欧盟等相继出台了相关规范性文件。

（1）联合国

联合国作为当代最重要的国际组织，在电子商务立法中一直发挥着先行和指导作用，联合国下属的联合国际贸易法委员会（简称贸法会）在电子数据交换的研究与发展的基础上，于 1996 年 6 月通过了《联合国国际贸易法委员会电子商务示范法》（简称《示范法》）。为各国立法人员提供了一整套国际上能够接受的电子商务规则。《示范法》的颁布为逐步解决电子商务的法律问题奠定了基础，为各国制定本国电子商务法规提供了框架和示范文本。2001年，贸法会又审议通过了《电子签章示范法》，成为国际上关于电子签章的最重要的立法文件。

（2）世界贸易组织

世界贸易组织建立后，立即开展了信息技术的谈判，并先后达成了三大协议，即 1997年 2 月 15 日达成的《全球基础电信协议》，主要内容是要求各成员方向外国公司开放其电信市场并结束垄断行为；1997 年 3 月 26 日达成的《信息技术协议》，要求所有参加方将主要的信息技术产品的关税降为零；1997 年 12 月 31 日达成的《开放全球金融服务市场协议》，要求成员方对外开放银行、保险、证券和金融信息市场。这三项协议为电子商务和信息技术稳步有序发展确立了新的法律基础。

（3）经济合作与发展组织（OECD）

经济合作与发展组织（OECD）于 1998 年月 10 月公布了 3 个重要文件：《OECD 电子商务行动计划》、《有关国际组织和地区组织的报告：电子商务的活动和计划》、《工商界全球商务行动计划》，作为 OECD 发展电子商务的指导性文件。此外，在 1999 年还制定了《电子商务消费者保护准则》，确立了网上消费者保护机制。

（4）欧盟等区域性组织的电子商务的政策

1997 年 4 月 15 日，欧盟委员会提出了"欧盟电子商务动议"。欧盟则于 1997 年提出《关于电子商务的欧洲建议》，1998 年又发表了《欧盟电子签字法律框架指南》和《欧盟关于处理个人数据及其自由流动中保护个人的指令》，1999 年发布了《数字签名统一规则草案》。这些区域性组织通过制定电子商务政策，努力协调内部关系，并积极将其影响扩展到全球。

（5）世界各国积极制订电子商务的法律法规

为了解决电子商务发展带来的种种法律问题，许多国家在立法上采取措施，对电子商务问题进行统一立法。目前为止，已经有十余个国家和地区通过了综合性的电子商务立法。它们是：新加坡，《电子商务法》；日本，《数字化日本之发端——行动纲领》；美国，《统一电子商务法》；加拿大，《统一电子商务法》；韩国，《电子商务基本法》；哥伦比亚，《电子商务法》；澳大利亚，《电子交易法》；中国香港特别行政区，《电子交易法令》；法国，《信息技术法》；菲律宾，《电子商务法》；爱尔兰，《电子商务法》等。

7.1.3.2 我国电子商务法立法状况

我国电子商务立法相对滞后，是随着我国电子商务规模的不断发展壮大才逐渐展开的，但是法的位阶较低，且比较分散，绝大多数属于管理性行政规章，仅有一部国家统一的《电子签名法》，下面进行论述。

（1）《合同法》

1999 年修订的《合同法》是世界上第一部把数据电文形式作为合同形式之一的法律，在这方面立法，中国走在了世界前列。在整个合同法中涉及电子商务法有三点。

① 传统的书面合同形式扩大到数据电文形式。

② 规定了电子合同的到达时间。《合同法》第 16 条规定："采用数据电文形式订立合同，收件人指定特定系统接收数据电文的，该数据电文进入该特定系统的时间，视为到达时间；未指定特定系统的，该数据电文进入收件人的任何系统的首次时间，视为到达时间。"

③ 确定电子合同的成立地点。《合同法》第 34 条规定："采用数据电文形式订立合同的，收件人的主营业地为合同成立的地点；没有主营业地的，其经常居住地为合同成立的地点。"

（2）《中华人民共和国电子签名法》

2004 年 8 月 28 日，第十届全国人民代表大会常务委员会第十一次会议通过了《中华人民共和国电子签名法》，并于 2005 年 4 月 1 日起实施，是我国电子商务立法中的一个里程碑。它是中国首部真正意义上的信息化法律，电子签名作为保障电子交易安全的重要手段，是我国进入世界先进的数字化国家、网络国家的标志之一，对我国电子商务、电子政务的顺利发展，提高我国信息化水平，提高我国的国民经济，提高银行界的经营效益和质量将起着非常重要的促进作用。该法规定了数据电文、电子签名与认证及法律责任三个方面的问题。

（3）相关的法规及部门规章

1988 年 9 月，全国人大常务委员会通过的《中华人民共和国保守国家秘密法》首次对电子信息保密做出了规范。1994 年，国务院发布了《中华人民共和国计算机信息系统安全保护条例》，为保护计算机信息系统安全、促进计算机的应用和发展提供了法律保障。1996 年，国务院发布《中华人民共和国计算机信息网络国际联网管理暂行规定》，开始涉及互联网的管理，提出了对国际联网实行统筹规划、统一标准、分级管理、促进发展的基本原则。1997 年，中国互联网信息中心发布了《中国互联网络域名注册暂行管理办法》和《中国互联网实施细则》等。1994 年，人民银行颁布了《中国人民银行关于改变电子联行业务处理方式的通知》，中国银行业监督管理委员会于 2006 年 1 月 26 日颁布了《电子银行业务管理办法》和《电子银行安全评估指引》。数据传输方面，国家海关总署于 1999 年颁布了《海关舱单电子数据传输管理办法》；网络管理方面，国务院 1997 年颁布了《计算机信息网络国际互联网管理暂行规定》、次年颁布了相关实施办法，公安部于 1997 年颁布了《计算机信息网络国际联网安全保护管理办法》，又于 2005 年颁布了《互联网安全保护技术措施规定》。这些立法为电子商务法的发展奠定了很好的基础。

（4）地方性法规和规章

上海、海南、福建、河南等省市已经开展电子商务地方立法起草工作。2002 年，广东省发布了中国内地首部电子商务地方性法规《广东省电子交易条例》，北京市也于同年出台了《电子商务监督管理条例》。

总之，从我国目前的立法情况来看，由于电子商务发展历史较短，立法技术、立法水平相对落后，立法层次偏低，立法空白较多，规定不够合理，规范性文件冲突较多等问题，有待随着电子商务的发展，由立法部门进一步完善电子商务法律体系。

7.2 电子合同

7.2.1 电子合同的概念

合同也称契约，是指平等的双方当事人达成的一致同意的协议。在电子技术引进之前，传统的合同形式主要有口头和书面两种。随着电子技术的发展，电子合同得以出现。在联合国贸发委 1996 年 12 月通过的《电子商务示范法》中先确定了数据点位的定义：数据电文是指"经由电子手段、光学手段或其他类似手段生成、发送、接收或储存的信息，这些手段包括但不限于电子数据交换、电子邮件、电报、电传或传真。"鉴于此，电子合同的概念可以表述为：以电子数据交换方式拟定对双方的权利和义务具有约束力的合同。根据电子合同订立的方式不同，主要可以分为点击合同、以电子邮件方式订立的合同和以电子数据交换（EDI）方式订立的合同。

7.2.2　电子合同于传统合同的差异

电子合同作为一种新型的合同形式，相对于传统合同来说，主要有以下差异。

（1）合同订立的环境不同

传统合同发生在现实世界里，交易双方可以面对面的协商，合同一般要经过邀约和承诺的阶段，而电子合同是通过计算机互联网，以数据电文的方式订立的。在传统合同的订立过程中，当事人一般通过面对面的谈判或通过信件、电报、电话、电传和传真等方式进行协商，并最终缔结合同。电子合同发生在虚拟空间中，交易双方一般互不见面，在电子自动交易中，交易双方的身份依靠密码的辨认或认证机构的认证，订立合同的双方或多方大多是互不见面的。所有的买方和卖方都在虚拟市场上运作的，其信用依靠密码的辨认或认证机构的认证。这是电子合同有别于传统书面合同的关键。

（2）合同订立的程序不同

要约和承诺是订立合同的必经步骤。在电子合同中，要约和承诺通过互联网进行，发出和收到时间较传统合同复杂，此外，电子合同的履行和支付较传统合同复杂，电子合同在履行时间上大大先行于传统合同，信息流和实物流在时间上的不统一就会带来一系列法律上的问题。

（3）合同当事人的权利和义务有所不同

在电子合同中，既存在由合同内容所决定的实体权利义务关系，又存在由特殊合同形式产生的形式上的权利义务关系，如数字签名法律关系。在实体权利义务法律关系中，某些在传统合同中不会引起重视的权利、义务在电子合同里显得十分重要，如信息披露义务、保护隐私权义务等。

（4）在合同成立的地点上有着明显的不同

传统合同的生效地点一般为合同成立的地点。电子合同根据不同的情况有着不同的规定，一般做法是以收件人的主营业地为合同成立的地点，没有主营业地的，其经常居住地为合同成立的地点。

7.2.3　电子合同相关法律问题

7.2.3.1　电子合同形式的法律效力问题

传统的合同的形式不外乎两种：书面和口头，以数据电文的为载体的电子合同是看不见，摸不着的虚拟的无纸化合同，与传统的书面文件有很大的差别。传统的书面文件包括书面的合同、协议和各种书面单据，如支票、提单、保险单、收据等，它们是由有形的实质载体和文字表现出来。而数据电文的表现形式是通过调用储存在磁盘中的文件信息，存储介质是电脑硬盘或 U 盘等。联合国贸易法委员会制定的《电子商务示范法》指出：因为数码信息具有以后被引用的可能性，足以担当书面文件的任务，不能仅仅因为信息采用的是数码信息而不确定其法律效力，有效性和可强制执行性。我国的新《合同法》已将传统的书面合同形式扩大到数据电文形式，其第十一条规定："书面形式是指合同书、信件以及数据电文（包括电报、电传、传真、电子数据交换和电子邮件）等可以有形地表现所载内容的形式。"这实际上已赋予了电子合同与传统合同同等的法律效力。实际上这也是世界上第一部把数据电文确定为合同形式的法律。

7.2.3.2 电子合同订约当事人能力的确定以及电子签名效力

合同的主体是合同民事关系中不可或缺的因素，电子合同的主体主要为自然人和法人。缔约能力是合同主体独立订立合同并独立享有合同权利，承担合同义务的资格。缔约能力的基础是行为能力。民事行为能力是民事主体理智地形成意思表示的能力，也是权利主体依自己的意志独立实施法律行为而取得权利和承担义务的能力，是民事主体有效实施民事行为的基础。依我国《合同法》第9条规定："当事人订立合同，应当具备相应的民事权利能力和民事行为能力"，这是对合同主体缔约能力的要求，也是合同生效的一般要件。由于任何合同都是以当事人的意思表示为基础，并以产生一定的法律效果为目的，因此，行为人就必须具备正确理解自己行为的性质和后果，独立表达自己的意思的能力，即必须具备相应的民事行为能力。在传统的现实社会交易中，合同当事人双方通过真实的、甚至是面对面的接触、交流，比较容易判断对方的身份。在互联网高速发展的今天，加入网络唯一的限制是技术和设备，不受任何社会身份的限制，在网络中，当事人往往使用网名进行交易，无法判断与自己交易的人身处何方，为男为女，因此当事人权利能力和行为能力的确认具有相当的难度。那么，对于不具有完全缔约能力的人，其所缔结的合同是否有效呢？缔约能力是合同主体据以独立订立合同并独立承担合同义务的主体资格。我国《民法通则》将自然人分为无民事行为能力人、限制民事行为能力人和完全民事行为能力人。无民事行为能力人按通常理解不具有缔约资格，其从事民事活动须由监护人代理；限制民事行为能力人可以缔约，但是只能进行与之年龄、智力相适应的民事活动。只有完全民事行为能力人具有完整的缔约能力。这是传统合同对订立人的缔约能力的要求。电子合同中，主体的身份呈数字化趋势，主体在网络中以数码为识别标志。主体的虚拟化和间接性是信息技术本身特点决定的，这导致了主体身份的不确定性。电子合同存在于虚拟空间中，它需要借助一定的工具和技术才能实现，而对自然人行为能力的界定，是从其年龄、智力和辨认能力来划分的，能利用工具如计算机进入网络进行电子商务活动，就说明了行为人至少是有一定行为能力和辨认能力的，相对人就完全可以以合理信赖的理由其相信行为人是有缔约能力的。有的观点认为，即使与之签约的行为人真的是完全没有行为能力人，也不能导致缔结的合同的当然无效，应具体情况具体分析。理由如下：电子合同的签订需要通过操作计算机，阅读一定的文字，进行一些选项的确认，在这些复杂的操作过程中，不具有相应的行为能力和理解能力的人是完成不了的，在网络另一端的相对人就完全有理由相信对方的身份。退一步说，即使缔结的合同的订立人的确是无民事行为能力人，那么他所使用的计算机的管理者对其计算机管理不力，监护人对其照顾不周，都有过失，为公平起见，合同签订的主体应自然转为其监护人，对合同的签订承担相应的责任。这样，也符合民法中的公平原则。当然，从技术上来说，可以设定电子合同签订的技术门槛从而避免此类事件的发生，如电子签名和电子商务认证。2005年4月1日被喻为"我国首部真正意义的信息化法律"的《电子签名法》正式实施，它为电子商务立法迈出了第一步。确认了电子签名具有的法律效力及地位，使用电子签名等同于传统的用文笔签名或者盖章，就意味着签名持有人认可的行为，视为签名人合法有效的法律行为。

7.2.3.3 电子合同中的要约、承诺

任何一个合同的成立必须要经过要约和承诺两个步骤，两者缺一不可，电子商务合同也不例外。要约是当事人一方向他方发出的订立合同的意思表示。承诺是对要约内容的一致认同，承诺到达要约人在一般情况下合同成立并生效，各国合同法均认为，要约人应受要约的拘束，在要约生效期内不得随意反悔。然而，要约究竟何时生效，各国立法有所不同。大陆法系国家奉行"到达生效主义"，英美法系则认为"发出生效主义"这一差别在传统的合同订立方式中有重要意义。承诺的生效时间直接关系到合同成立时间、地点的确定，对当事人的利益有很大影响。依发信主义电子合同成立的时间为承诺的发送时间，成立的地点为承诺方所在地；依收信主义则相反，要约方接收承诺的时间为合同成立时间，要约方所在地为合同成立地点。需指出的是，普通合同订立中，不同国家、不同法系在承诺生效问题上的这种差异，在电子通信合同中依然存在。对此依然应以收信主义为准。

7.2.3.4 电子签名与电子认证

电子合同成立是双方当事人意思一致的结果，在传统的合同订立过程中，国际上通行的做法是用双方当事人的签字来确定双方的意思表示。我国的《合同法》第32条规定："当事人采用合同形式订立合同，自双方当事人在合同书上签名或者加盖公章时合同成立。"当事人的签字或者盖章，意味着自然人或者法人在合同书上签名或者是加盖公章合同才发生法律效力。在电子商务合同中，要在这种合同书上签字或者盖章是很困难的。所以，在实践中用何种技术来解决签名和盖章问题是电子合同成立与生效的关键。美国是世界上最先授权使用数字签名的国家，他规定了用密码组成的数字与传统的签字具有同等的效力。从技术的角度而言，电子签名主要是指通过一种特定的技术方案来赋予当事人一个特定的电子密码，确保该密码能够证明当事人身份的作用，而同时确保发件人发出的资料内容不被篡改的安全保障措施。电子签名的主要目的是利用技术的手段对数据电文的发件人身份做出确认及保证传送的文件内容没有被篡改，以及解决事后发件人否认已经发送或者是收到资料等问题。因此，验证解密得到的结果与经过计算后的结果必然不同，从而保证了电子信息的真实性与完整性。电子认证与电子签名一样都是电子商务中的安全保障机制，是由特定的机构提供的，对电子签名及其签署者的真实性进行验证的服务。

电子认证是指由特定的第三方机构通过一定的方法对签名及由签名所做的电子签名的真实性进行验证的一种活动。电子认证主要应用于电子交易的信用安全方面，保障开放性网络环境中交易人的真实与可靠。电子认证是确定某个人的身份信息或者是特定的信息在传输过程中未被修改或者替换。电子认证可以由当事人相互进行，也可以由第三方来做出鉴别。电子商务活动常常是跨国境的，各个参与方就需要有不同的国家的认证机构对各自的身份进行认证，并向电子商务活动的相对方发放认证证书，这在实践中就需各国相互承认对方国家认证机构发放的电子认证证书的效力。在认证机构的设立上，必须强调认证机构是一个独立的法律实体，能够以自己的名义从事数字服务，并且能够以自己的财产提供担保，能在法律规定的范围内自己承担相应的民事责任，必须是保持中立，并具有可靠性、真实性和公正性。电子认证机构一般不得直接和客户进行商业交易，也不能在当事人之间的交易活动中代表任何一方的利益，而只能通过发布公正的交易信息促成当事人之间的交易。它必须能被当事人接受，也就是说，它应当在社会具有相当的影响力和可信度，并足以使人们在网络交易中愿意接受其认证服务。当事人对电子认证机构的接受可能是明示的，也可能是在网络交易中默

示承认或者是基于成文法律的要求。另外，电子认证机构不能以盈利为目的，认证机构应当是一种类似于承担社会服务功能的公用事业，其营业的宗旨应该是提供公正、安全的交易的环境，保护第三人的合法权益，促进电子合同交易，加快电子商务的发展。

7.2.3.5 电子合同成立的时间和地点问题

合同成立的时间、地点，取决于承诺生效的时间和地点。各国合同法均认为，承诺生效的时间和地点为合同成立的时间和地点。在通常情况下，一方发出要约，他方表示承诺，合同便告成立。假设当事人双方同在一地，合同成立的时间和地点一般不会发生问题。如果当事人双方在异地，通过信函进行承诺，承诺的发出和收到之间有个在途时间，此情形下，承诺生效时间的确定问题就变得复杂起来。各国历来有发信主义和收信主义之分。《联合国国际货物销售合同公约》和《国际商事合同通则》采用的是收信主义；我国合同法也是采用收信主义，规定承诺通知到达要约人时生效。"承诺生效时合同成立"（《中华人民共和国合同法》第 25 条）。电子商务合同是通过计算机网络订立的，当事人承诺的发出、送达，是通过电脑终端的发送、接收完成的，与传统的邮递传送有了很大区别。电子合同的虚拟和无纸特点决定在确定其成立的时间、地点问题上，依然应以收信主义为准。

7.3 网络知识产权的保护和网络隐私权保护

知识产权是一种无形的财产权利，是基于人们对自己的智力活动创造的成果依法享有的权利。它是一种私权，本质上是特定主体依法专有的无形财产权，其客体是人类在科学、技术、文化等知识形态领域所创造的精神产品。保护知识产权的目的是鼓励人们从事发明创造，并公开发明创造的成果，从而推动整个社会的知识传播与科技进步。网络知识产权就是由数字网络发展引起的或与其相关的各种知识产权。著作权包括版权和邻接权，工业产权包括专利、发明、外观设计、商标、商号等。而网络知识产权除了传统知识产权的内涵外，又包括数据库、计算机软件、多媒体、网络域名、数字化作品以及电子版权等。网络知识产权的侵权行为从电子商务发展开始就一直伴随产生。网上著作权、商标权的侵权现象也比较常见，最著名的唱片公司诉百度 MP3 侵权案，中国作协诉 GOOGLE 侵权案，都是典型案例。作为区别于传统知识产权，网络知识产权独有域名侵权更是层出不穷，下面就域名侵权部分展开详细分析。

7.3.1 域名侵权

7.3.1.1 域名的概念和域名的合法取得

随着电子商务的发展，从事电子商务的公司越来越多，很多传统的企业为了拓宽自己的市场，也以自己的传统名称为基础，创建自己的电子商务公司，他们大多自己起一些便于识别与记忆的名称作为域名，如 sohu.com、yahoo.com、163.com 等。根据 1999 年 9 月《WIPO 保护驰名商标联合建议》的解释，域名是指代表国际互联网数字地址的字母数字串。域名至少包括两个部分：顶级域名和二级域名。顶级域名是用以识别域名所属类别、应用范围、注册国等公用信息的代码，如".cn"、".com"等。二级域名则是域名注册人自己设计的、能够体现其特殊性的字符串。因此，域名既是网络定位的技术手段，又具有商业标识的社会功能。从法律上来界定，域名是特定的组织或个人为了在互联网上体现、标识自己而设计使用的计算机 IP 地址的外部代码,域名权是一种名称权。传统名称权的客体包括:自然人姓名、法人名称、非法人团体名称。在互联网进入人类社会以后,传统名称权的外延也自然应当扩展到网络领域。域名就是一种网上名称。域名(指完整的域名)需要经过注册后才可以投入使用。

域名注册实行在先申请原则,可以通过在线方式完成。注册机构在域名数据库中对被注册域名进行检索,如未发现与之完全相同的域名存在,则将被注册域名加入到该数据库中,表示注册成功。域名的取得有三种方式:注册取得,作为域名原注册者的许可人将其所有的注册域名的使用权有偿授予被许可人,许可后,许可人仍保留该域名的所有权,但丧失了该域名的使用权,并获取使用费,被许可人获得该域名的使用权,并应支付使用费;转让取得,作为域名原注册者的转让人将其所有的注册域名的所有权有偿让渡于受让人。转让后,转让人丧失原注册域名并获取转让费,受让人获得该注册域名,并应先行支付转让费。此种交易形式最为常见;合作取得,域名注册者以其所有的域名作为无形资产投入与他人合作经营,以获取投资回报的方式。

国际上对域名注册实行分级管理,例如:".com"等通用顶级域名数据库由美国管理,任何国家的任何人都可以申请注册,".cn"和中文域名数据库由我国管理。目前,我国正在建立与国际接轨的域名注册体系。工信部是域名主管部门,中国互联网信息中心为域名注册管理机构,负责对域名的维护、管理等工作。具体注册事宜由经 CNNIC 授权的各地域名注册服务机构办理,域名注册服务机构再授权域名注册代理机构代为接受域名注册申请。

7.3.1.2 域名的法律保护

在网络上,域名是商业竞争和网络营销中重要的策略性资源,也是一种有限的资源,域名是企业无形资产的一部分,企业应对域名充分重视并切实保护,否则将对自身利益产生不利影响。域名的法律保护便是对域名所有人的法律保护,即企业无形资产的保护。随着域名的价值越来越受到重视,最近几年发生的域名侵权案件层出不穷,关于域名的法律保护成为电子商务领域的热点问题。最高人民法院经过几年来的理论探索、调查研究和反复论证,于2001 年 7 月颁布了《最高人民法院关于审理涉及计算机网络域名民事纠纷案件适用法律若干问题的解释》。该司法解释立足于计算机网络和网络域名的特点,根据民法学原理和我国民事法律基本原则,借鉴国内外处理相关纠纷的实践经验,指导各级人民法院使用《民法通则》、《反不正当竞争法》和《民事诉讼法》等相关法律正确审理涉及计算机网络域名注册、使用等行为的民事纠纷案件。该司法解释在计算机网络环境下,在计算机网络域名这一新的领域,设置了商标、商号等民事权益的司法保护机制,设置和加强对驰名商标的司法保护,肯定了人民法院在审判具体案件中,根据当事人的请求可以对商标是否驰名予以认定的原则,也肯定了域名的民事权益属性,提出了在涉及域名的民事纠纷案件中,认定侵权或者构成不正当竞争的条件和行为人是否具有主观恶意的标准。域名的保护主要涉及以下方面。

(1) 如何确定域名纠纷中的侵权主体

在域名纠纷案件中,侵权主体一般是实际使用诉讼纠纷域名的人,与域名注册人不完全一致,这就给法院正确认定侵权主体增加了难度。因此,原告提供的域名查询结果仅具有初步的证明效力,如有其他证据证明域名注册人与域名实际使用人不一致,就不能认定域名注册人为侵权主体。从目前的司法实践来看,涉及域名实际使用人的其他证据还包括网站的ICP 备案登记信息、网页上标示的联系人等信息、网站版权页上显示的"×××版权所有"信息等。其中,备案登记信息对于认定域名实际使用人具有较为直接的证明效力。尤其对于经营性网站而言，因国家根据《互联网信息服务管理办法》对其实行许可制度，故可根据 ICP 备案登记信息来确定侵权主体。但是，非经营性网站实行的是备案制度，其备案系网站经营者自行在网上进行，备案部门对该备案信息不进行实质审核，故非经营性网站的 ICP 备案信息不具有国家相关管理部门确认的效力，仅具有初步的证据效力。

(2) 如何认定注册或使用域名等行为构成侵权或不正当竞争

最高人民法院于 2001 年出台的《关于审理涉及计算机网络域名民事纠纷案件适用法律若干问题的解释》(简称《解释》) 第四条规定："人民法院审理域名纠纷案件，对符合以下各项条件的，应当认定被告注册、使用域名等行为构成侵权或者不正当竞争：(一) 原告请求保护的民事权益合法有效；(二) 被告域名或其主要部分构成对原告驰名商标的复制、模仿、翻译或音译；或者与原告的注册商标、域名等相同或近似，足以造成相关公众的误认；(三) 被告对该域名或其主要部分不享有权益，也无注册、使用该域名的正当理由；(四) 被告对该域名的注册、使用具有恶意。"对于其中第二个要件。近年来，司法认定驰名商标出现了驰名商标的钓鱼现象。为严格规范驰名商标的司法认定，最高人民法院于 2009 年出台了《关于审理涉及驰名商标保护的民事纠纷案件应用法律若干问题的解释》。根据该解释第三条，在原告以被告注册、使用的域名与其注册商标相同或者近似为由提起的侵权诉讼中，因认定驰名商标不是原告获得救济的必要前提，故人民法院对于所涉商标是否驰名不予审查。此外，对于判断原、被告标识之间相似性的问题，传统商标、商号等领域的相似性判断规则在域名纠纷领域中同样适用。该《解释》第七条第一款明确了审理此类纠纷所依据的实体法规范："人民法院在审理域名纠纷案件中，对符合本解释第四条规定的情形，依照有关法律规定构成侵权的，应当适用相应的法律规定；构成不正当竞争的，可以适用民法通则第四条、反不正当竞争法第二条第一款的规定。"据此，域名纠纷中构成侵权所适用的法律包括商标法、著作权法等。构成不正当竞争所适用的法律则是民法通则第四条和反不正当竞争法第二条第一款。

(3) 关于恶意抢注域名

最高人民法院在《关于审理涉及计算机网络域名民事纠纷案件适用法律若干问题的解释》认定侵权的四项条件中，前三项的认定前面已经论述，最后一项关于所谓的恶意抢注和囤积域名。最后判定被告是否构成域名侵权往往取决于其是否具有恶意。因此，对恶意的认定，是审理域名纠纷案件的关键，体现了对域名注册、使用行为进行限制的尺度。所谓恶意，即行为人明知违反"诚实信用"等民事法律的基本原则而仍为之，实际上就是指主观上具有侵权故意。由于行为人实施行为时主观上的"明知"与否，往往不易证明，因此国际上为应对涉及网络域名注册使用的"恶意"，规定了若干个情形，行为人所实施的行为有情形之一者，就推定其明知而为或者称为具有恶意。针对网络域名纠纷发生的实际情况，该司法解释列举了四种最为常见的恶意情形，因而，只要涉及所列一种情形的，人民法院就可以认定被告主观上具有恶意。这四种情形如下。第一，为商业目的将原告驰名商标注册为自己的域名。驰名商标一般为相关公众所知晓，使其所代表的商品或服务明显区别于其他商品或服务。但行为人为商业目的，将他人驰名商标注册为域名，搭乘驰名商标便车的主观故意明显，是一种违反诚实信用原则的行为。该司法解释这项规定体现了对驰名商标给予特殊保护的精神。

第二，为商业目的注册、使用与原告的注册商标、域名等相同或近似的域名，故意造成与原告提供的产品、服务或者原告网站相混淆，误导网络用户访问其网站或其他在线站点。

被告的上述行为也明确体现了被告违反诚实信用、公平竞争市场经济规则的主观状态，这也是对驰名商标以外的其他注册商标、域名等民事权益以及民事主体在市场中正当经营行为的一种保护。

第三，要约以高价出售、出租或者以其他方式转让该域名获取不正当利益。善意与恶意的一个重要区别点，是行为人行为的目的是否为获取不正当的利益。有的行为人，以正常注册费将与他人权利相关大量域名予以注册。然后向权利人邀约高价出售这些域名，来牟取非法收益。此种明显违反民法诚实信用原则的行为显然不为国家法律所支持。有此种行为的，可以认定为被告主观上具有恶意。至于何谓高价，应当由人民法院在原告举证、陈述理由和被告答辩的基础上根据具体案情确定。

第四，域名注册后自己不联机使用，也未准备作联机地址使用，而囤积域名是有意阻止相关权利人注册该域名。网络域名具有唯一性的特征，也属于一种稀缺的资源。如果注册域名不用，也无迹象准备使用，又阻止与该域名有某种联系的权利人合法注册使用，则从另外一个角度体现了行为人的主观恶意。当然并不是所有不使用行为都具有恶意，例如域名持有人为了防止他人注册与自己相近似域名造成混淆而注册域名的，就不能认定为恶意。此外被告举证证明在纠纷发生前其所持有的域名已经获得一定的知名度，且能与原告的注册商标、域名等相区别，或者具有其他情形足以证明其不具有恶意的，人民法院可以不认定被告具有恶意。

7.3.2 网络隐私权的保护

7.3.2.1 网络隐私权的概念和调整范围

传统隐私权是指自然人享有的私人生活安宁与私人生活信息依法受到保护，不受他人侵扰、知悉、使用、披露和公开的权利。被纳入保护范围个人隐私应该包括个人一般资料信息和个人敏感信息，个人资料应当包括：个人信息（姓名、性别、出生日期、肖像、住址、身份证编号、电话号码）；个人敏感性信息包括宗教信仰、婚姻、家庭、职业、病历、财产状况、经历、信件、社会关系、性生活、E-mail 地址、IP 地址、用户名与密码等。这些个人资料属于个人所有，个人对其资料拥有民法上完整的权利，即知悉权、选择权、控制权、安全请求权。网络隐私权相对于传统的隐私权没有什么明显的区分，网络隐私权是指公民在网上享有的个人私事不受公开宣扬、私人生活不受干扰与私人信息受到保护，不被他人非法侵扰、知悉、搜集、利用和公开等的一种人格权。网络隐私权包含三个方面的内容。

① 私人信息的控制权。个人信息的保护不能单限于个人信息的独享并排除他人的非法利用，而要赋予个人主动进行自我保护的权利。

② 私人领域与个人活动的不受干扰的权利。对此类网络隐私的保护，常禁止其他人包括网络服务商、黑客等不当窥视、泄露、干涉他人的私事或篡改、监视他人的电子邮件。

③ 私人生活安宁权。在网络四通八达的今天，来自"黑客"的各种攻击和恶作剧让人们防不胜防，安宁的生活可能随时被打破。另外，网络存在的色情、淫秽等不良信息也会构成对网络用户家庭安宁生活的破坏。传统的隐私在网上也可以构成为个人隐私。现代社会，未经别人允许，在自己的博客公布别人的隐私，博客侵权就是一种典型的侵犯别人隐私的行为。不限于传统意义上的跟踪盯梢、窥视，很典型的就是在网络上采用发送垃圾信息、垃圾电子邮件、垃圾网络广告侵扰他人在网上正常的学习，工作，娱乐。非法侵入私人空间。

按照通说，侵害网络隐私权的行为可以被归类为下面三种。

① 对个人通信内容进行非法侵害、监听。这主要表现为非法截获、篡改、监看他人电

子邮件和非法监视雇员在办公室的工作情况。这其中既有黑客的行为，也有网络服务商非法转移或关闭客户邮件，还有公司企业以管理工作为由在网上监看职员的工作状况。

② 擅自宣扬、公布他人隐私。在 Internet 上，通过个人主页、论坛、聊天室、BBS 等公开板块擅自宣扬、公布个人的相关信息及一些商业秘密。

③ 利用即时通信软件工具骚扰他人。经常可以发现的是，在 QQ、MSN 上，一些不道德的网民私自将网友的信息告知第三方，使他人遭到骚扰，侵犯了网友的隐私权。

7.3.2.2　网络隐私权的保护

电子商务环境下个人隐私权受侵害后寻求法律救助时往往面临许多难题，如侵权对象的认定存在困难；电子证据及举证责任问题；司法管辖问题；责任界定与责任承担问题等。这些问题在传统交易中也存在，但是在电子商务环境中，网络改变了传统的交易媒介和交易规则，个人面临比传统环境下更为不利的局面，也就使得这些问题更加的突出和难以解决，在法律适用上出现了真空。我国对隐私权的保护采取的是间接保护方式，通过保护名誉权来保护隐私权。虽然隐私权与名誉权存在明显的区别。《关于贯彻执行〈中华人民共和国民法通则〉若干问题的意见》第 140 条的规定，侵害他人隐私权，造成他人名誉权损害的，认定为侵害名誉权，追究民事责任。除此之外，目前我国禁止侵犯个人网络隐私权的相关法律法规还有《中华人民共和国电信条例》第 58 条，规定：任何组织或者个人不得利用电信网从事窃取或者破坏他人信息、损害他人合法权益的活动；《计算机信息网络国际联网安全保护管理办法》第 7 条规定："用户的通信自由和通信秘密受法律保护。任何单位和个人不得违反法律规定，利用国际联网侵犯用户的通信自由和通信秘密。"我国的《计算机信息网络国际联网管理暂行规定实施办法》第 18 条规定："用户应当服从接入单位的管理，遵守用户守则；不得擅自进入未经许可的计算机学校，篡改他人信息；不得在网络上散发恶意信息，冒用他人名义发出信息，侵犯他人隐私；不得制造传播计算机病毒及从事其他侵犯网络和他人合法权益的活动。"

我国的《个人信息保护法》在酝酿起草之中，《中华人民共和国刑法》修正案中也规定了侵害公民个人信息的犯罪。对个人信息网络隐私的相关法规保护会进一步完善。

7.4　小结

电子商务是新兴的也是日益变得重要的商业模式，作为一种新型的商业模式，对其合理的规范引导是其健康发展的重要保障，电子商务法作为一个独立的法律部门，是在传统的法律无法对电子商务进行规制情况下诞生的。新型的电子合同、域名侵权以及网络隐私保护与传统法律的取向大不相同，本章简单介绍了电子商务法的基础概念，调整范围，立法中所贯彻的一些基本原则以及世界范围内及我国的电子商务立法现状。然后以域名侵权和网络隐私保护为视角引导读者更进一步的学习电子商务法。

【思考题】

1. 网络广告属于电子合同的要约还是承诺？

2. 域名侵权中的恶意如何界定？

3. 简单分析博客侵权行为。

【实践题】

　　齐某的儿子亮亮今年 12 岁，经常上网，对计算机操作非常熟悉，亮亮在一次上网时，看到网络购物上一款自己非常喜欢的游戏机，价格 3000 元。亮亮央求齐某为自己购买，齐某没有同意。亮亮便趁齐某在该购物网站网上购物的时候记住了齐某的信用卡账号和密码。之后用齐某的银行账户购买了该款游戏机。齐某知道后非常生气。齐某能否要求网络购物的经销商退货。

第8章 电子商务系统分析与设计

【学习目标】

➢ 了解电子商务系统的组成要素。

➢ 了解 ASP 的主要作用。

➢ 理解电子商务系统的开发过程。

➢ 掌握主要的电子商务开发方式及其选择方法。

➢ 掌握网上商店的开发过程。

【引导案例】

阿里巴巴

阿里巴巴（英语：Alibaba. com Corporation；港交所：1688）是中国最大的网络公司和世界第二大网络公司，是由马云在 1999 年一手创立企业对企业的网上贸易市场平台。2003年 5 月，投资一亿元人民币建立个人网上贸易市场平台——淘宝网。2004 年 10 月，阿里巴巴投资成立支付宝（见图 8-2）公司，面向中国电子商务市场推出基于中介的安全交易服务。阿里巴巴（见图 8-3）在中国香港成立公司总部，在中国杭州成立中国总部，并在海外

图 8-1 阿里巴巴的首页

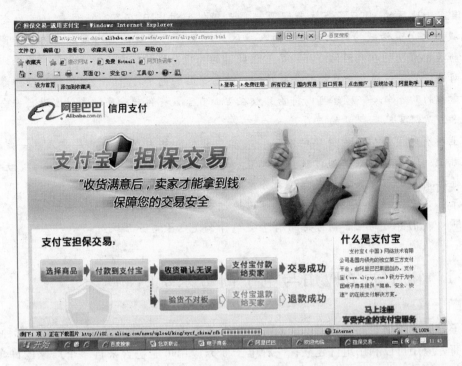

图 8-2　支付宝

图 8-3　阿里巴巴商店

设立美国硅谷、伦敦等分支机构、合资企业 3 家，在中国北京、上海、浙江、山东、江苏、福建、广东等地区设立分公司、办事处十多家。阿里巴巴作为全球最大的 B2B 电子商务平台以及亚洲最大个人拍卖网站，为千百万创业者提供平台。阿里巴巴运营团队汇聚了来自全球

220个国家和地区的1000多万注册网商，每天提供超过810万条商业信息，成为全球国际贸易领域最大、最活跃的网上市场和商人社区。阿里巴巴无疑是国内最成功的电子商务应用系统。与其他成功的在线网站一样，尽管该网站的外观会经常随需而变，但其主要内容几乎不变。该网站提供了：简单而直接的导航功能；销售产品的电子目录——可以根据多个参数进行搜索；虚拟的购物车——顾客可以将物品放在里面直至最终付款；通过支付宝进行安全支付。

图8-1是阿里巴巴网站的首页。

以上所有的页面均是由简单的对象—文本、表格和图片构成的，是建立在一定的Web标准基础上的，后台的服务通过服务器配置和一般的数据库连接完成。前台页面、后台数据管理及连接前后的程序共同构成电子商务系统。

启示：今天，一些小型的商务网站可以通过多种方式建立。

问题：我们身边的电子商务应用有哪些？什么是电子商务系统？

8.1　电子商务应用与电子商务系统内涵

电子商务应用随时间变化；电子商务应用形式多样；电子商务应用开发形式多种；复杂的电子商务应用可以利用组件建立；一种电子商务应用可能包含来自多个厂家的许多组件；电子商务应用涉及包括咨询公司在内的多个业务伙伴；网站和应用可以自行开发、可以外包，或者综合应用这两种形式。

电子商务模式与应用种类繁多，相应的开发方式与手段也很多。小型电子商务网店可以用HTML、JAVA、ASP或其他程序语言来开发，也可以用软件包快速建立，或者花一定的月租金从ASP（应用服务提供商）那里租用。一些软件包可以在30～90天不等的试用期内免费应用。再大些的电子商务应用系统可以用"内部"方式也可以用"外部"（外包）方式开发。建造中型或者大型的应用需要广泛整合现有的信息系统，如公司数据库、内联网、企业资源计划（ERP）以及其他应用系统。

电子商务系统是保证以电子商务为基础的网上交易实现的体系。网上交易同样遵循传统市场交易的原则。网上交易的信息通过数字化的信息渠道实现沟通。因此，最重要的是交易双方必须拥有相应的信息技术工具。其次，由于网上交易的交易双方在空间上是分离的，为保证交易双方进行等价交换，必须提供相应的货物配送和支付结算手段。此外，为保证企业、组织和消费者能够利用数字化沟通渠道，保证交易能顺利进行配送和支付，需要由专门提供服务的中间商参与，即需要电子商务服务商。

要完成一个商务流程，通常需要供应商、生产商及消费者三个角色共同完成，如图8-4所示。

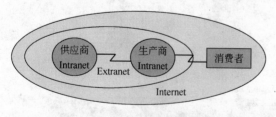

图8-4　电子商务系统组成图

在电子商务系统中，供应商和销售商都有自己内部的Intranet网络，它们之间通过Extranet进行信息的交互和交易合作，最后，商品从生产商到消费者之间则是通过Internet进行信息传递和交易活动。所以说一个电子商务系统是由供应商Intranet、生产商Intranet、Extranet、消费者以及Internet四部分共同构成的。

（1）Intranet

Intranet 是在 Internet 基础上发展起来的企业内部网，或称内联网，它是将互联网技术应用于企业内部环境，支持企业内部商务过程和信息共享形成的网络。企业内部网是互联网技术在企业范围内部的延伸。其特点是使用成熟技术、稳定、低风险；开放性和可扩展性，支持 TCP/IP、FTP、HTML、JAVA 等互联网标准；具有安全性，通过统一安全策略和防火墙，有身份认证，数据加密等技术保护企业内部数据不被窃取和攻击。企业内部网提供的服务集中在企业内部信息交流，业务控制和协同工作。它是大部分企业雇员访问企业信息的途径。由于使用了和互联网同样的技术，在经过防火墙隔离后，企业内部网可以和互联网相连。

Intranet 与互联网之间的最主要的区别在于 Intranet 内的敏感或享有产权的信息受到企业防火墙安全网点的保护，它只允许有授权者介入内部 Web 网点，外部人员只有在许可条件下才可进入企业的 Intranet。Intranet 将大、中型企业分布在各地的分支机构及企业内部有关部门和各种信息通过网络予以连通，使企业各级管理人员能够通过网络读取自己所需的信息，利用在线业务的申请和注册代替纸张贸易和内部流通的形式，从而有效地降低了交易成本，提高了经营效益。

（2）Extranet

网际网（Extranet），是指使用互联网技术将多个企业网连接起来的信息网络。它是互联网技术在企业间范围内的延伸。它支持企业和企业之间的商务过程连接和信息共享，从而实现企业间信息交流，业务控制和协同工作。它是企业间数据交换的主要通道。除了网络范围和功能与上述两种网络不同外，其技术特征与互联网和企业网相同。

目前网际网的接入技术主要如下。

① DDN 专线（leased line）。利用数字传输通道（光纤、数字微波、卫星）和数字交叉复用节点组成的数字数据传输网，可以为用户提供各种速率的高质量数字专用电路和其他新业务，但结构不够灵活。

② 帧中继（frame relay）。是一种快速分组交换技术，具有节省费用、端口共享、动态分配带宽适合突发性数据等优点，但也有潜在拥塞，传输质量得不到保证等缺点。

③ ATM。这是一种转换模式，将数字化的语音、数据及图像信息组织成信元（cell）在网络上传输。ATM 的优点是能为任何类型的业务提供满意的服务，缺点是成本较高。

IBM 的电子商务框架是基于应用服务器的电子商务框架。在图 8-5 显示了 IBM 电子商务应用是如何将客户和不同的商务活动通过服务器联系在一起的。

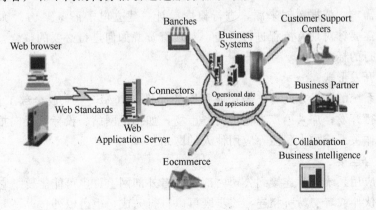

图 8-5　基于服务器的电子商务应用框架

该框架环境允许：使用当前的企业信息系统快速创建电子商务应用；使用可重用性元素

快速创建电子商务应用,以抓住机遇,响应挑战;该框架具有好的可管理性,使得可以获得最优化的系统性能和最好的可用性。

基础电子商务系统包括 Internet 信息系统、电子商务服务商、企业、组织与消费者、实物配送和支付结算六个方面,见图 8-6。这五方面有机地结合在一起,缺少任何一部分都可能影响网上交易的顺利进行。

图 8-6　基础电子商务系统

电子商务系统内联网的基本结构由服务器、客户机、物理网和防火墙 4 部分组成。其中,常用的服务器有 Web 服务器、数据库服务器、电子邮件等。它由一组系统调用命令组成。与机器指令不同之处在于系统调用命令由操作系统核心解释执行。

电子商务系统是基于浏览器/服务器还是客户机/服务器工作方式是根据需求决定的。浏览器/服务器(也就是 B/S)的好处是用户使用方便,升级和维护也方便,打开网页就能使用,开发成本低,缺点是功能受限于浏览器的技术。

客户机/服务器(俗称 C/S)的好处是功能强大,能想到的一般都能实现。但缺点是安装和升级成本高,而且开发成本也高。

市场上常见的一般是浏览器/服务器方式的,因为开发成本低,安装升级方便,而且电子商务系统所需的大部分功能都能实现。

8.2　电子商务系统的开发过程

应用开发的过程就是建立并实施应用的过程。整个开发过程分四步进行。

(1)系统分析

根据客户需求,依据数据来源,进行概念设计,建立电子商务架构、确定需要哪些功能、确定是否需要针对现有流程进行再造、对现有资源如何进行必要的整合,遵循法律,可以制定哪些可行的标准。

(2)选择开发形式

电子商务系统的开发方式有:委托应用服务提供商(ASP)完成全部工作;购买安装,直接应用;自行开发;加入第三方电子商务市场,如拍卖网站、投标(反向拍卖)网站或交易所;建立合作关系或加入联盟,应用他人的网站。

(3)安装与连接

电子商务应用系统需要连接到公司内部网或者外部网上。也可能需要把它与数据库、其他应用、业务伙伴或者交易所相连,该步既可以自行完成,也可以外包,还要测试系统,考察用户的反映。

(4)运行与维护

电子商务系统与其他 IT 应用一样，运行和维护可以自己进行也可以外包，由于电子商务交易系统中运行比较复杂，有一系列规则，外加电子商务技术更新快，维护问题也是一个大问题。

8.3 电子商务系统的功能

电子商务分为两个层次，较低层次的电子商务如电子商情、电子贸易、电子合同等；最完整也是最高级的电子商务系统是利用 Internet 网络能够进行全部的贸易活动，即在网上将信息流、商流、资金流和部分的物流完整地实现，也就是说，可以从寻找客户开始，一直到洽谈、订货、在线付（收）款、开具电子发票以至到电子报关、电子纳税等通过 Internet 一气呵成。

实现完整的电子商务涉及很多方面，除了买家、卖家外，还要有银行或金融机构、政府机构、认证机构、配送中心等机构。由于参与电子商务活动的各方在物理上是分离的，因此整个电子商务过程并不是物理世界商务活动的翻版，网上银行、在线电子支付等条件和数据加密、电子签名等技术在电子商务中发挥着重要的不可或缺的作用。

下面将给出主要电子商务系统电子商店（卖方）、电子采购（买方）、拍卖和企业门户。

8.3.1 电子商店

电子商店（storefront）建立在卖方服务器上，既可以是 B2C 应用，也可以是 B2B 应用。

（1）B2C 电子商店

电子商店需能支持实体商店所能支持的相同的步骤和任务。另外，需向买家提供如下服务：使用电子目录发现、搜索、比较要购买的产品；使用搜索和比较代理来选择要购买的产品、进行协商或决定定价；评估产品与服务；使用购物车来对打算购买的产品下订单；为订购的产品付款、通常使用某种方式的信贷；确定订单，确保想要购买的产品有货。

销售商提倡给来访者留下意见簿，供他们发表意见或提出请求；核查来访者信用，并通过信用确认系统统以其购买；答复顾客的问题，或者与基于 Web 的呼叫中心联系；处理订单（后台服务）；安排送货，保持跟踪；浏览记录了过去购买情况的个性化页面；使用跟踪系统，确认产品已经发出；通过通信系统提供售后服务；在一个安全友好的用户环境里，浏览所有列出产品的特征；建立拍卖机制；更新内容，将内容与产品信息结合；提供交叉销售和直销功能；如有必要，还要提供语言翻译；与库存管理模块相连。为了实现这些功能，一个电子商店必须包含三个相互联系的子系统：

① 商品系统。提供诸如产品、价格、介绍等商品信息，通常包含购物车。

② 交易系统。处理订货、支付以及其他与交易有关的事项。

③ 支付结算系统。主要通过现有的金融架构来处理信用卡授权及结算。

（2）B2B 中的卖方市场

B2B 中的卖方市场包括如下特点：

针对所有主要客户的定制化产品目录与网页；B2B 支付网关；电子化合同谈判功能；由客户自己配置产品（如思科与戴尔）；订单状态跟踪功能；基于 Web 的呼叫中心；自动化业务流程；客户能够使用移动商务工具；安全和隐私保护系统；关于公司、产品和客户（成功事例）等的消息；到业务伙伴的链接和交互功能；在线谈判功能；会员计划；与公司后台系统的集成；业务警报（关于销售的异常波动）。

（3）卖方拍卖

拍卖要求提供大量功能，包括能提供客户服务的软件代理，对 B2B 拍卖尤其如此。另外防止欺诈十分重要。

8.3.2 电子采购与反向拍卖

电子采购系统种类繁多，功能各异。

（1）反向拍卖（招标系统）

系统中主要包括待拍物品的目录及其内容管理；搜索引擎（拍卖品很多时）；为潜在的大型投标者提供的个性化页面；反向拍卖机制，有时是实时的；动态竞价功能；与交易伙伴的电子化合作；询价单的标准化；网站地图；选择供应者参与的机制；供应者和询价者的自动匹配；自动化业务处理工作流；自动语言翻译。

（2）目录的内部整合

目录是电子采购的重要内容，包括：搜索引擎；可选供应商的比较引擎；订购机制；预算与授权功能；实用性比较（各部门之间）；支付机制。

8.3.3 企业门户

企业门户包括个性化网页、搜索和索引、安全与隐私保护、整合功能、功能模块化、高速缓存、开放性、民意测验和评估、电子邮件服务、服务器、其他。

① 个性化网页-用户可以选择包含在页面中的主题。

② 搜索和索引-大部分网站中均有此功能，便于用户获得信息。

③ 安全与隐私保护-个性化功能对安全提出了更高的要求。

④ 整合功能-对任何门户都重要。

⑤ 功能模块化-模块化有利于系统的整合，也便于添加新的内容。

⑥ 高速缓存-个性化的功能使系统经常处于高频度利用状态，为提高网站的性能，网络服务器需要缓存来自系统的数据。

⑦ 开放性。网站构架是否成功取决于他人开发新模块的难易程度。

⑧ 民意测验和评估。允许网站来访者即时反馈。

⑨ 电子邮件服务。应该提供上乘的邮件服务。

⑩ 服务器。Web 服务器、预算服务器等。

⑪ 其他。电子邮件、搜索引擎、支付网关等。

8.3.4 电子交易所

电子交易所除了具备买方功能、电子采购系统、门户和拍卖功能外，还要具有合作服务（包括多渠道服务）；社区服务；Web 自动化工作流；整合的业务流程解决方案；成员全球化物流的中央协调，包括库存和运输服务；整合服务，即将系统/流程与电子市场、交易伙伴和服务提供商相结合；数据挖掘、定制的流量与报告、实时交易、趋势和顾客行为跟踪；交易流管理者；谈判机制；语言翻译；与相关资源的链接。

8.4 电子商务构架

电子商务构架是一种用于构建电子商务基础设施和应用的概念框架。它对组织中的电子商务资源和应用进行整合及结构搭建的计划。电子商务构架的开发包括六个步骤。

（1）规定企业目标和前景

（2）定义信息架构

此步在抽象度很高的层面上完成。定义完成任务和建立电子商务应用所需的信息。必须考察每一个目标，确定可获得的信息，以及这些信息是否数字化。必须考察到所有的潜在用户。

（3）定义数据架构

必须明确要从客户那里获得哪些数据和信息，包括点击流数据。另外还需要调查在组织内部流动，以及在组织和业务伙伴之间流动的信息。

调查数据来源于数据仓库、大型机中的文件、用户个人电脑中的 Excel 表格等。点击流数据，需要对这些数据进行分析，考虑其用途，并考察对新数据的需求。在处理这些数据以及使用工具的时候，必须注意安全和隐私。

（4）定义应用架构

需要考虑信息的安全性、扩充性和可靠性等。需要定义组件和模块，能够处理上步中所定义的数据。需要构思应用系统的概念架构，以图 8-7 为例。

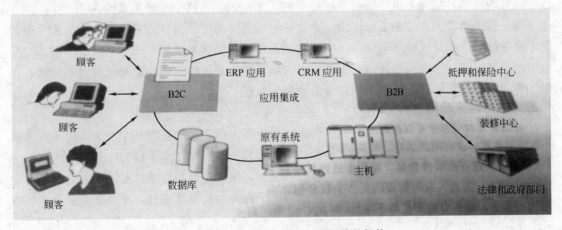

图 8-7 一家房地产公司门户网站的架构

许多厂家，包括 IBM 和微软都提供复杂的电子商务应用系统，它们能大大减少程序员所写代码的数量。这些应用平台还解释了应该如何搭建应用。其他因素还包括扩展性、安全性以及服务器和网络的数量和大小。与原有系统以及实时数据的交互也非常重要。另外还必须考虑与销售、ERP、会计和人力资源数据的交互。

（5）定义技术架构

决定使用哪些具体的硬件和软件来支持前面的分析。需要计算信息资源的总量，并评估和购买的必要性。需要考察建立应用所需的中间件。升级性和可靠性的要求越高，在硬件和软件及系统服务器上的投资就越大。

（6）定义组织架构

组织架构涉及人力资源和流程。还需要考虑法律、管理和财务方面的限制因素。最坏的情况是将所有工作外包，有了架构，可以更好地选择供应商，也可以把系统架构交给供应商作为工作出发点。

创建电子商务架构是一个必经之路和一个长期的过程。可以建立评测标准跟踪和检验电子商务架构的有效性。

基于电子商务架构，可以建立开发战略。

8.5　电子商务系统规划

8.5.1　电子商务系统规划的内涵、特点、目标

一般的电子商务系统建设要服从于企业的电子商务计划，在建造过程中需要考虑到企业商务模式的变更、业务流程的更新，考虑到新的技术和服务方式，这就要求在建设电子商务系统之初，必须结合企业实施电子商务的整体战略，从较高层次上审视未来系统所要达到的目的，确定系统的体系结构，以便为后续的设计开发工作提供一个清晰的思路；否则，建造的系统只能是将企业既有的业务简单的搬到 Internet 上一个信息系统。

（1）电子商务系统规划的内涵

规划的目的是为完成未来的某个目标前设计的相关的实施步骤，其主要内容是给出达到这一目标的行动计划，要求指明行动过程中的人员组织、人物、时间及安排。

电子商务系统的规划是指：以完成企业核心业务转向电子商务为目标，给定未来企业的电子商务战略，设计支持未来这种转变的电子商务系统的体系结构，说明系统各个组成部分的结构及其组成，选择构造这一系统的技术方案，给出系统建设的实施步骤及时间安排，说明系统建设的人员组织，评估系统建设的开销和收益。

（2）电子商务系统规划的特点

电子商务系统规划是从战略层次或者决策层次做出的，因此在规划中对未来电子商务系统的描述是概要性的、逻辑性的，并不阐述系统实现的细节和技术手段。

电子商务系统的规划并不强调未来系统怎么做，但一定要明确给出系统未来的目标与定位，即做什么。电子商务系统的规划依据企业电子商务的目标来完成，服务于企业电子商务的整体战略。

（3）电子商务系统规划的内容

如果考察电子商务系统的规划问题，会发现电子商务系统所要处理的企业核心商务逻辑与传统的商务逻辑比较发生了重大的变化，也就是说，系统规划的前提条件——企业的商务模式是变化的。

电子商务强调企业间的协作，需要扩大视角，即从企业的内部信息流逐渐扩展到企业与其外部环境（合作伙伴、客户、商务中介等）之间的信息交换，进而谋求企业之间的商务自动化。

传统信息系统的规划设计所面对的对象是数据和企业内部处理过程，它强调的是企业信息流的改善。电子商务是资金流、信息流和实物流的总和，因而单纯从信息流的角度出发规划电子商务系统是不恰当的，可能走向电子商务的反面——商务的电子化而不是电子化的商务。

IBM 公司认为电子商务系统规划需要经过的六个不同阶段。

① 战略开发阶段（e-Business strategy development phase）。

② 确定电子商务的发展策略及开发线路（roadmap）。

③ 体系结构设计阶段（e-Business infrastructure design phase）。

④ 设计电子商务的体系结构（处理、内容、应用、技术）。

⑤ 开发阶段（e-Business development phase）。

⑥ 运营阶段（e-Business operation phase）。

Prient（www. Prient. com）公司是专门提供端对端智能化电子商务解决方案的供应商，认为电子商务系统规划应包括四个层次。

① 电子商务的战略规划（e-Strategy Planning）。对电子商务的商业运作模式、市场策略、资金运作模式等的咨询策划。

② 电子商务的内容管理（content management）。网站信息内容的策划组织、个性化动态内容的创作与交付。

③ 电子商务的应用管理（application management）。即 Web 应用的开发与交付，以及与企业现有信息系统的集成，快速建立功能强大的电子化业务的应用平台。

④ 电子商务的知识管理。电子化的业务信息的集成和信息交互及协同工作的应用系统，如客户关系管理、业务智能、数据仓库等，实现技术与业务的有机结合。电子商务系统规划一般分为"战略规划"和"战术规划"两个层次。首先，基于企业需求和成功实例确定电子商务发展战略；其次，进行电子商务系统规划，确定电子商务系统的体系结构，如处理、内容、应用、技术，如图 8-8 所示。所有的观点都非常强调所谓的电子商务战略规划或者战略开发。其实质是指企业的电子商务策略或者说企业如何利用电子商务系统开展商务活动。

总之，电子商务系统的规划过程是一个集企业商务模式变革和系统开发于一体的过程，电子商务系统规划和企业商务模式转变是不可分割的。电子商务系统的规划是需要以企业流程再造为前提的，如果

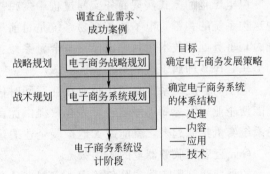

图 8-8　电子商务系统规划的层次及目标

脱离企业商务模式的变革而单纯考虑系统的规划，那么未来的电子商务系统所支持的仅仅是企业现有商务活动的网上翻版，不能从根本上支持企业价值链的增值过程。

如果从 BPR 的角度来看待企业的电子商务系统规划，那么这种规划首先应当对企业商务运作的合理性进行根本的再思考和彻底的再设计，从电子商务的本质出发重新考察企业的商务活动，将电子商务系统作为企业价值链的增值器，使企业与合作伙伴、企业与客户形成一个新的、互动的整体。电子商务系统的规划不仅仅是对支持企业的电子商务的信息系统进行规划，它包括企业电子商务战略规划和电子商务系统规划两个基本层次。

① 电子商务战略规划。目的是明确企业将核心业务从传统方式转移到电子商务模式时所需要采取的策略,确定企业的商务模型(就是确定企业在电子商务时代如何做生意)。

② 电子商务系统规划。电子商务系统规划是一种战术层的规划,它侧重以商业模型为基础,规划支持企业未来商务活动的技术手段,确定未来信息系统的体系结构。

电子商务系统战略规划确定企业未来核心业务路线,给出电子商务系统开发可依据的一个基本框架,由于这种规划过程侧重于技术的实现,主要参与人员以熟悉网络和计算机技术的各类工程技术人员为主。

电子商务系统的目标可以用表 8-1 来概括。

表 8-1　电子商务系统的目标

应用环境	系统将为哪些用户服务？他们使用什么平台,如何访问企业的电子商务系统
系统功能	系统为用户提供了什么服务？哪些是已经有的,哪些要修改,哪些要重新开发
数据资源	为了实现这些服务功能,系统将使用哪些数据？数据量多大,如何存储
安全管理	系统的安全性如何保证？系统管理如何实施

其中,系统功能是范围最广泛的问题,从最早的信息发布到现在很流行的 B2C、B2B、ASP 等都是系统功能的一种,按实现这些功能的技术核心可以分为三类。

(1) 信息共享与数据交换

数据存储与数据通信技术是实现这类功能的核心技术,这类系统帮助用户通过电子邮件、搜索引擎、数据发布技术等高效地获得信息,提高数据交换的速度与信息共享的效率。

信息共享型的电子商务系统可以降低企业内部由于信息沟通不畅而带来的损耗,减少日常工作的文书往来,提高工作效率,更有效管理企业内的信息使用情况。

(2) 电子商务交易

以电子化的方式实现商务交易过程中的每一个步骤,能适应业务的快速发展而变化是实现这类系统的关键,电子商务交易系统是目前最具挑战性的领域,技术核心是应用系统开发能力与事务处理技术,其中也包括与金融系统接口进行网上支持的 SET 及相关技术,目前的 B2C、B2B 即属于这一类系统。

电子商务交易系统是现代企业在互联网时代扩展新市场的重要手段,设计良好的交易系统能使企业一天 24h 不停运转,为客户提供优良的服务。如果能将企业核心业务系统与互联网系统有机集成起来,就能大大地扩展企业的运作范围,降低经营成本和销售成本。

(3) 互联网服务器上的应用服务

扩展互联网服务器的服务能力,定制满足客户需求的应用服务,其内容可能包含了所有电子商务系统的功能,JAVA 技术与事务处理技术是这类系统的技术核心。这类系统通常指企业级的门户网站或 ASP,由于其极高的处理负载,还需要提供额外的集群技术、性能管理等复杂的技术支持。

这类系统或者是把原有的企业核心业务系统与互联网服务器集成起来,或者是在互联网服务器上开发功能完善的应用服务系统。访问这类互联网服务器的客户能得到自动更新的最新数据,获得定制化的自助服务。访问这类系统的客户数极多,因此要求具有较好的可扩展能力,性能不会受客户连接数变化的影响,一直保持良好的状态,所以要采用连接管理技术、事务管理与资源协调等复杂的技术。

8.5.2　系统分析过程

（1）系统需求分析

无论采用何种方式开发（外包、租借或者自建），都应该对系统需求做出清晰的定义。系统需求分析是为了系统开发人员准确地理解业务部门的目标，制定合适的实施方案，系统需求对系统实施的重要性不但应该反复强调，还应该避免收集系统需求过程中常见的误区。

① 系统需求分析不是一次性的工作，而是一个反复递进的过程，随着电子商务应用系统的推广，业务部门会提出新的需求，或者改变原来的业务需求，这是允许的，而且是正常的，技术部门不能拒绝业务部门提出的新需求，而应积极配合，对原有的实施方案进行相应的改变。

② 系统需求的根源是业务部门运作的需求，而不是技术部门为了实现某种先进技术而提出的需求。系统方案不能因为出现了某项新技术而进行改变，毕竟使用新技术只是手段，支持企业的商业运作才是最终目的。

③ 系统需求不仅限于业务需求，还包括了客观条件的各种限制，如项目进度的要求、与已有系统兼容的要求（如企业的所有核心数据都已经存储在 Sybase 数据库中、或者企业的旧系统的终端必须加以利用）或其他政策法规的限制（如商业系统中使用的密码系统必须经过政府有关部门的认证）。制定应用系统的实施方案时，应把这些因素考虑在内。

收集系统需求的主要途径是系统分析人员与最终用户通过交谈发掘的系统需求，获得用户的认同，在业务部门的帮助下准确地认识业务环境（这一点是大多数技术人员最缺乏的），收集足够完整的信息，完成一系列文档作为确认本阶段工作的检查标记，并作为进行下一步工作的基础。

真正准确的系统需求是指，当一个客户向系统分析人员提出要求：建立一个网上商城，让公司的客户可以在网上直接下订单，这是一个绝对真实的要求，但并不一定是一个准确的系统需求，或者说这并不一定是最适合该企业实际需求的目标。因为客户在提出要求时，一般已经对电子商务有了一些先入为主的认识，认为电子商务就是这样的，或者只能是这样的，又或者同行和竞争者已经这样做了，所以也要这样做。实际上他们所真正需要的，可能比这个要求多，可能比这个要求少，甚至完全是另一个系统。这时系统分析人员就要耐心发掘客户的实际需求。电子商务系统目标是增加客户数量，降低企业运营成本或提高营业额，提升公司的总体形象，加快产品推向市场的速度，使企业比同行更具竞争力，缩短新产品的开发周期，改善库存管理和采购流程管理的效率，改善企业与代理商之间的合作关系，提高客户满意度和客户服务的质量，提高本企业员工的合作沟通效率，帮助企业拓展新的市场。

客户的态度和技术水平是影响系统设计者做出方案的重要因素，也是系统需求的一部分，系统需求分析阶段要和客户一起做出充分的交流和评估。客户的态度指企业决策者对新技术的接受程度以及愿意承受风险的程度，电子商务领域的新技术层出不穷，成熟技术的功能比不上新技术，但风险却较低，企业决策者在这方面的态度影响系统设计者设计方案时的技术选择，如果企业决策者选择较先进的新技术，系统分析人员有责任提醒决策者采用新技术可能面临的风险——失败的可能性较高，项目进度和开发成本可能超出预期；切勿投客户所好，隐瞒新技术背后的不利因素。企业决策者在选择系统集成商时也应小心，集成商的技术水平不是由掌握新技术的程度所决定，而是由他们运用技术解决实际问题的水平所反映。

系统需求分析阶段最好对客户方技术人员做一次全面的评估，考察其对与电子商务系统相关的技术领域的掌握程度，评估的内容有：互联网服务器、对象技术、JAVA、应用开发工具、数据库技术、事务处理技术、安全技术以及对工业标准的认识程度。

系统分析人员要把这些分散的需求汇总成系统的目标，制成初步系统概要需求书，准确而完整地描述企业的总体需求，再次强调系统的预期目标，并获得企业负责人的认同，再在此基础上做系统的初步设计。

系统需求分析的工作并未就此结束，反而才刚刚开始。项目经理应做一些准备工作，召集第一次项目会议，会议的参加者包括客户方的业务和技术负责人，以及项目建造方的项目经理，会议的主要目的是进一步确认和细化系统概要需求书中列出的需求，确定系统建造的方向。这些会议应原则上达成下列目标。

a. 详细讨论当前环境的情况和系统需求。

b. 检讨目前正在使用的应用系统，明确列出需要解决的问题。

c. 在适当的时候交换各自对电子商务系统所持的思路与观点，创造较易达成共识的认知基础。

d. 确定系统的主要目标，当系统需求的范围比较广泛，系统目标也可分为短期目标和远期目标。

e. 列出为保证系统顺利而要解决的主要问题，指出最突出、最紧迫的问题，争取客户方的合作，在系统开始实施前加以解决。

f. 向客户解释实施系统过程中使用的核心技术和方案的总体思路。

g. 基于会上达成的共识，制定各人的行动计划表。

这样的一个会议不可能在一两个小时内完成，可能需要几天的时间，甚至在不同的场合下以不同的形式组织，如方案展示会、讨论会、现场参观等。在条件许可的情况下，组织项目会议成员参观一些类似的电子商务系统作为背景参考资料，引导项目会议成员参考成功的电子商务系统的实施经验，对会议的成功有很大帮助。

这样的项目会议对项目的成功有极其重要的意义。项目会议上技术人员与业务人员面对面地交流，节省了大量时间，技术人员能更好地理解业务人员的需求，做出切合实际的方案设计，业务人员也能更好地了解技术手段的限制，双方的沟通还可以促进企业的业务流程向更合理、更适合计算机管理的方向改进。

实际运作中，参与项目会议的管理人员的时间相当宝贵，把所有人集中起来的机会不多，项目会议的召集人不能简单的约定一个时间就召开会议，应该在召开会议前作认真的准备。准备工作主要如下。

a. 确定客户方的与会者名单，和每个与会者单独交谈，说明会议的目的，听取他们的意见收集更细致的需求。客户方与会者人数以四至六人为宜，太多了沟通效率就会下降。

b. 确定开发方的与会者名单，开发方的与会者人数以四人左右为宜，主要是项目负责人、系统设计员、开发经理和技术负责人，确定会议上讨论的题目，为每个题目指定责任人向客户说明。双方与会总人数不宜超过十二人。

c. 准备需求分析文档作为讨论的基础，这些文档主要的内容如下。

ⓐ 目标系统概述。目标系统的主要功能描述和运作方式。

ⓑ 系统结构。当前系统的逻辑及物理结构，正在运行的软件及其配置图。

ⓒ 数据库结构。描述企业核心数据的结构，确定哪些数据将开放到互联网服务器上，互联网用户访问数据的方式与范围。

ⓓ 网络环境。当前系统的网络拓扑结构图，目标系统的网络结构图，以及网络上采用的工业标准如通信协议、命名规则等。

ⓔ 安全性要求。企业系统当前使用的安全管理方式以及为适应电子商务系统的运行应做出哪些安全管理方面的改进。

ⓕ 性能要求。系统性能受很多因素的影响，要求分析时把事务流程分解，针对每一环节讨论性能要求，充分讨论制约性能的因素，以及保证性能要求的技术手段。

ⓖ 系统组织结构图。企业的人事组织结构和业务流程图列出为了保证电子商务系统顺利运行而配置的组织结构，及每个岗位的技术素质要求。

会议召开前公布会议的主题以及与会者名单，附上每个人的背景材料，如职位、在项目中的角色等。

总之，会议前订立明确的主题和充分的准备（包括文档准备和会前的单独沟通）是会议成功的基础，作为会议召集人，要在会上以自己的技术基础与行业知识作出方向性的指导，控制时间，避免不能在短期内得出结论的讨论。会议的重点应放在分析系统的现状与需求上，避免过早引入特定的技术手段，以免提前给方案的设计设下局限。系统现状的分析除了总结与回顾在第一阶段所作的系统需求的结果，还可以具体地对现有环境做技术性的分析。系统环境的技术性分析主要有以下内容。

① 网络环境的分析。

a. 网络拓扑结构分析。当前系统的网络结构，网络上的服务器配置等。

b. 网络流量需求分析。分析当前网络带宽是否能满足新系统的要求。

c. 网络系统的安全体系及安全管理策略。

电子商务系统是比传统的企业网更开放的系统，安全性要求更严格。

② 应用环境的分析。分析当前系统的软件配置及版本、应用程序的运行模式（运行平台、是否需要实时访问和联机事务处理等）、数据库结构（应用系统的核心数据模式）、用户熟悉的应用开发方式和熟练掌握的开发工具（用户的经验可能是宝贵的资源，能加快系统开发的进度和保证系统使用的效果，因为无需重新培训而节省成本、降低风险；也可能是采用新技术的重大阻碍，由于习惯性心理而抗拒新的开发工具和应用运行方式，即使投入大量资源重新培训，仍然要冒很大风险，系统维护人员可能由于不熟练而发生人为失误，造成运行故障。这种情况在中国企业中尤其普遍，系统设计人员要以非常谨慎的态度来对待）。

③ 客户运行环境的分析。电子商务系统的客户是互联网上使用浏览器或其他设备的客户，不同于传统的企业内部网中所有客户运行环境都是预先订制的固定环境，系统需求列出电子商务系统支持的客户环境要求，如浏览器类型、是否要支持 JAVA、是否支持手机上网和其他特殊需求，如客户的系统一定要采用 Linux 平台，或者有特殊的多国语言字符支持问题等。

经过详细的分析后，项目会议最可能的结果就是听到一大堆意见和要求。一个可控制进度与预算的项目不可能达成不受控制地产生的要求，分出轻重缓急才能简单直接地解决问题。项目负责人先取得与会者的认同，目标太多不能在一个项目内完成，请大家先选出要在当前项目内完成的目标，然后评估这些目标的重要性。如果意见不能统一，被列为很重要的目标仍然很多，就要重新筛选这些目标。对于最后列出的目标，再次征求大家的意见，确认这些目标已经包含了目标系统的基本功能，没有重大的错误和遗漏。系统设计者对被列为很重要的目标和要求应特别重视，它们是影响系统方案的主要因素。第一次项目会议的成果是详细而明确的系统需求，系统设计人员根据系统需求和目标进行详细的方案设计。

（2）确定需求的方法

开发电子商务系统有多种可选方案，主要是购买、租借和自建。

① 购买应用（交钥匙方式）。与自建相比，购买现成的软件包是一种低成本且节省时间的战略，购买人需要认真考虑和计划，以确保现在和将来需要的所有关键特征都包含在所选择的软件包中。否则，软件包很快就会过时。此外，一套软件包往往难以满足组织的所有需要。因此，有时需要购买多个软件包来满足不同的需求，然后可能要将这些软件包与现有的软件相整合。

a. 购买应用主要优点。各种软件是现成的；可以节约时间；成本一般比自建的低；需要的专业人员少；在购买产品之前可以确切地知道产品的情况；公司不是尝试者，只是使用者。

b. 购买应用主要缺点。软件可能无法恰好满足公司的需求；软件很难甚至不可能被修改，或者需要很大的改动，对软件的改进和新版本失去了控制权；可能难以与现有的系统整合；供应商可能会放弃产品或倒闭。

如果供应商允许修改软件，购买应用具有吸引力。如果软件的淘汰速度过快或者成本高，此方法不理想，可以考虑租借。

② 租借。与购买和自建相比，租借更加节省时间和开支。尽管租借来的软件包并不完全满足应用系统的要求，但大多数组织所需要的常见特征通常都包括进去了。在需要经常维护或者购买成本很高的情况下，租借比购买更具优势。对于无力投资于电子商务的中小企业来说，租借很有必要吸引力。大公司也倾向于租借软件包，以便在进行大规模的 IT 投资前检验一下电子商务方案。

租借可以通过两种方式进行，一种方式是从外包商那里租借应用系统并安装到公司中。供应商可以帮助安装，并经常提供运行建议和系统维护。一种方式是使用 ASP（应用服务提供商），这种方式将越来越流行。

③ 自建。这种方法费时，成本也高，但它能更好地满足组织的具体要求。可以获得差异化的竞争优势。自我开发方式具有挑战性，因大部分应用是新的，还要考虑组织外部的使用者，涉及多个组织。

a. 开发方法。分为从零开始和从组件开始。

ⓐ 从零开始。仅在没有现成组件的特殊应用中才考虑。成本高而且速度慢，但能提供最佳的适应性。

ⓑ 从组件开始。拥有经验丰富的 IT 人员的公司使用标准组件、一些软件语言以及第三方编程接口，自行创建和维护电子商店及其他电子商务系统。公司也可以将整个工程外包，请集成商来安装组件。

b. 原型法。原型法是根据最初确定的基本系统需求来建立一个原型，然后根据用户反馈加以改进。许多公司都使用这种方法开发电子商务应用系统。

原型法通过迅速建立原型而不时功能完备的应用，可以比竞争者捷足先登，然后根据用户的反馈对最初原型进行改进和深入开发。由于原型的修改是基于一小群用户的反馈，他们不能代表整个用户群，可以考虑在应用中加入反馈功能，如点击跟踪和在线反馈，以听取尽可能多的用户意见。

（3）外包和应用服务提供商

① 外包。外包对于没有 IT 方面人才的中小型公司是最好的方式。对于那些想尝试电子商务又不想进行大量前期投入，想保护自己的内部网络，或是依靠专家建立网站且随后接管的大公司，外包同样是很好的选择。

② 应用服务提供商。应用服务提供商（ASP）将企业所需的功能集中起来，并将它们与外包式开发、运营、维护和其他服务打包。此种方式应用可以被扩容和升级，维护也可以集中进行，同时可以确保应用及服务器的安全，人力资源也可以得到充分利用。每月的费用都是由最终使用者支付，费用可以是固定的，也可以根据使用情况收取。

（4）开发方式的选择标准

① 开发软件包的功能以及选择标准。第一步是确保软件满足电子商务应用的需要。通常需要对软件包进行修改以满足某项应用的特定需求。需事先估计软件包在多大程度上能被修改，其供应商是否愿意完成或支持修改非常重要。

② 信息需求。所选择的软件包应该满足电子商务应用的信息需求。

③ 用户友好性。用户友好性对 B2C、G2C 和一些 B2B 非常重要，缺乏用户友好性最终影响盈利。

④ 硬件和软件资源。软件包所需要的计算机型号和操作系统必须与现有平台兼容。CPU 和存储需求也是重要的考虑因素。

⑤ 安装。有些软件非常复杂，它们的安装需要获得外部帮助且耗时。

⑥ 维护。由于电子商务应用的需求不断发展变化，需要进行持续不断的维护。需考虑软件包升级的频繁程度，以及供应商是否帮助进行维护。

⑦ 安全。电子商务中的数据和信息流以及存储的数据可能包含私人或专有的信息。所选择的软件包要满足严格的安全要求。

⑧ 供应商的质量和历史记录。供应商的质量可以从其在某一应用中的相关经验、销售和财务记录及其对顾客要求的反应速度中体现出来。大量新的电子商务应用是由一些历史记录很短的网络公司提供的。为减少风险，可先小规模租借一些应用。

⑨ 估计成本。电子商务项目成本难以估计，常被低估。不要忘记还有安装、继承和维护费用，这在电子商务项目中所占比例是很高的。

⑩ 衡量收益。精确预测电子商务带来的收益很困难，因为大多数电子商务应用都是跨组织的，难以分离与量化。

⑪ 人事。应该事先计划好人员需求，以确保组织拥有系统开发、实施、操作、维护所需的人力资源。

⑫ 对科技革新的预先准备。在应用中需加入一定的灵活性，这样才不会制约今后的发展。

⑬ 扩充性。系统的扩充性是指系统能在各方面很大程度地扩充以提供更多的服务。用户总数、并发用户数、交易额都是一些衡量指标。系统在某个方面的规模扩大会引起其他方面的变化。系统架构帮助和限制规模的扩大。

⑭ 规模。对规模和性能的需求也是难以预测的，因为特定电子商务应用的用户增长速度很难估计。应用负荷过大会导致性能降低。

（5）基于组件的开发

一系列的组件结合起来可以构成多个电子商务应用系统。组件是可执行的代码单元，它对相关服务或功能提供了物理上的黑箱封装，只能通过统一的、公开的和规定了操作标准的接口对其进行访问。组件必须被连接到其他组件上，以组成一个应用。

组件的例子包括用户界面图标、图形用户界面、在线订购工具（商业组件）、存货再订购系统（商业组件）等。内联网组件包括搜索引擎、防火墙、Web 服务器、浏览器、页面显示和通信协议等。

采用基于组件的开发方式的主要原因如下。

① 代码可复用性，它使得编程速度更快，错误更少。支持异类计算设备和平台。

② 快速组建新的应用。

③ 应用的可扩展性。

基于组件的电子商务开发在逐渐成为一种趋势。它受到微软和目标管理组（OMG）的支持。这些团体已经使许多组件开发的标准成为现实。使组件连接起来并重复使用的技术是一种特殊的中间件。

8.6 电子目录、购物车、网上聊天、网上广播和网络电话

下列组件在许多电子商务应用中是很常见的。

8.6.1 电子目录、购物车和商务服务器

电子目录基于商务服务器的数据存储和数据管理系统，它包括完成一项交易所需的全部信息。电子购物车（electronic shopping cart）是一种订购处理技术，顾客可以将他们要购买的东西放入车中，继续采购。商务服务器（merchant server）可能会包含用户信息文件。

电子目录（electronic catalog）是传统商品目录的虚拟化，像纸张目录一样，电子目录包含产品的文字描述和图片，以及关于促销活动、折扣、支付方式和交货方式的信息。电子目录和商务服务器所包含的特性使人们可以方便降低成本（通常少于 1 万美元）地建立目录，对价格和产品的设定也非常简单。这类软件包括如下功能。

① 帮助建立商店和目录网页的模板或向导。

② 允许消费者收集感兴趣的商品直至最后付款的电子购物车。

③ 基于 Web，可以进行安全购物（通过 SSL 或 SET 协议）的订单。

④ 用于存储产品特性、价格和顾客订单的数据库。

⑤ 与第三方软件（税款和装运费用计算、分销处理和订单履行）的集成。

图 8-9 展示了电子目录或商务服务器系统的主要组件。有一台单独的服务器用来进行产品展示处理、订单处理和支付处理。另外，系统中有一个单独的数据库被用来存储目录和处理客户订单。电子目录网页是根据存储在目录数据库中的产品描述动态生成的。

8.6.2 网上聊天

多数企业忽略了在线交流所蕴涵的商机。除了电子邮件之外，Internet 网和 Web 一度被当成是单向的信息流动（被推或拉向最终用户）。近年来，企业开始意识到可以借助 Internet 网和 Web 组织客户进行对话，并建立允许顾客相互交流的虚拟社区，毕竟网络的主要目的是建立与加强人们之间的联系。

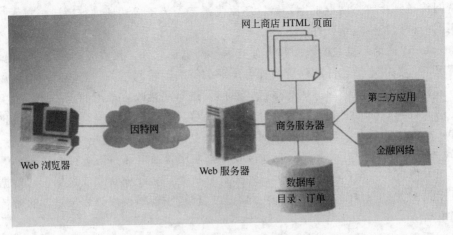

图 8-9　商务服务器架构

现在，在线论坛（online forum）和聊天组（chat group）正被广泛用于电子商务。在线论坛和 Usernet 新闻组对应（具有更好的界面），而聊天组与 Internet 中继聊天（IRC）类似。论坛与聊天可以分为以下三类。

① 交流中心。它以提供虚拟会议场所为业主的企业，其收入来自于订购费或者广告收入。

② 客户服务。顾客可以在网上与服务人员和其他顾客交谈，其中的许多讨论都围绕着产品疑问、产品故障和建议展开。

③ 社区讨论。一些网站从营销的目的出发，通过提供论坛和聊天服务来建立由忠诚的用户和支持者组成的社区。如由许多在线金融投资公司（fool. com）提供的论坛。

可视聊天目前也比较普及。

8. 6. 3　网上广播

网上广播（webcast）是指基于 Internet 网的音频和视频内容的广播。网上广播和标准的 Web 内容传送之间的区别在于它提供了一个持续的信息流。除了允许视频广播外，还可以提供播送方和观众之间的双向交流。网上广播包括了大量内容。

① 文本流。仅包含文本的文字放送和数据放送，以横幅广告或聊天窗口的形式发送到最终用户的桌面电脑上，例如，可以用文本流来发送实时新闻和股票价格。

② 实时网上广播。用摄像头摄取图像内容，并定时（如每隔几分钟）以单张图片的方式发送。

③ 音频流。是以 Web 形式进行的广播。所传送的音频可以是调幅广播质量、调频广播质量或接近 CD 的质量。最终用户可以得到的质量取决于桌面电脑连接到因特网的传输速度。音频流可以用来发送任何内容，如谈话节目、体育节目、音乐试听和经典音乐等。

8. 6. 4　网络电话

网络电话分为电脑到电脑（PC to PC）、电脑到电话（PC to phone）、电话到电话（phone to phone）三种。使用 PC to PC 的因特网电话时，呼叫方和接收方都要有相应相应的电话软件。每台电脑都要有一块声卡（最好是全双工的）、扬声器和因特网连接。因特网电话软件独立于浏览器运行，外观通常很像一台电话。进行通话时，语音被拆分成数据包并通过因特网传送到接收方的电脑上，然后还原成语音。为了成功地进行通话，双方都必须上网并使用同一种因特网电话软件。

PC to phone 通话系统只要求呼叫方拥有因特网电话软件，接收方则使用普通电话回话。在这种情况下，提供电话软件的供应商拥有全球的特殊因特网网关，当因特网电话用户拨打电话时，该软件将语音压缩后拆成数据包，然后发送到离接收方最近的网关计算机上。当数据包到达网关计算机后，它们被重新组合成语音信号，再通过公共电话网络交换机传给接收方。这样，该次呼叫就是一次本地通话而不是长途电话。

phone to phone 这种方式下呼叫方和接收方都使用普通电话。当拨打电话时，语音信号传到离呼叫方最近的一台网关计算机上，网关计算机把信号压缩转换成数据包，数据包被传送到靠近接收方的另一台网关计算机上，此时数据包被重新转换成语音信号，然后传到接听者的普通电话上。

网络电话现在正在受到政府的严格审查，而且遭到一些当地和长途电话商的反对。

8.6.5 供应商软件包的选择

在建立电子商务应用的过程中，不可避免地要和外部供应商打交道。供应商会提供硬件、软件、主机服务以及建立应用所需的专门技术。很少有组织（尤其是一些中小型企业）拥有足够的时间、财力和专业知识来开发相当复杂的电子商务系统。而且，电子商务应用所需的许多功能（如电子目录、个性化软件、购物车等）已经被嵌入到了现有的软件平台（Web Logic 商务服务器或微软商务服务器）。购买现成软件，即使它并不完全符合企业要求，也要比自建快速而且经济。这些软件包大部分都向拥护提供了定制功能。

因此，在建立电子商务应用的过程中，很重要的一点是选择和管理供应商，他们将提供你不愿或不能开发的系统。

马丁等人（Martin et al. 2000）认为软件包的选择包含这些步骤。确认合适的软件包、确认具体的评估标准、对候选软件包进行评估、选择一个软件包、就合同进行谈判。

下面将基于此进行讨论。项目组应包括与系统有关的各方代表、信息部门分析员、电子商务用户，甚至业务伙伴。

对于大型系统而言，主要工作集中在建议书邀请函（RFP）的撰写上，它被发送给潜在的供应商。要求他们提交建议书、介绍软件包。RFP 向供应商提供了关于目标和要求以及系统使用环境的信息、回复的格式，要求在公司方便的时候使用特定的输入数据文件演示该软件包。

（1）确定合适的软件包

许多公司出版的软件目录对软件的选取很有帮助。硬件供应商通常会有他们销售或推荐的软件列表，用户群以及许多贸易和专业协会也有相应的列表。软件商们会在科技和商业杂志上刊登的广告，另外，还可以打听朋友和竞争对手正在使用的软件包。

通常可以从上述渠道获得很多软件包，必须根据标准排除其中的大部分，留下少数供进一步考虑，例如，可以排除那些规模较小的供应商，以及历史不长、声誉不可靠的供应商。同样，一些不具备特征，不能和现有的硬件、操作系统、通信网络和数据库管理软件兼容的软件也可以被排除。

（2）评估标准的确定

在评估软件包的过程中，最困难和关键的任务是确定应根据哪些标准来选取最佳软件，以及每一项标准在选择中的重要性。建立标准时可以考虑供应商的特点、系统的功能要求、软件必须满足的技术要求、提供文档的数量和供应商对软件包的支持情况等。

RFP 应该询问关于软件商的信息，包括其开展电子商务软件业务的时间、雇员的数量、过去 5 年的财务报告、主要产品、历年的软件销售收入以及销售和客户支持办公室的所在地。RFP 也可以询问软件最初发布的日期、最后一次修订的日期，以及可以联系到的用户的名单。

项目组要确定系统必须满足的基本功能需求，以便加入 RFP 中。这些需求可以被分为强制需求（必须具备）和期望特征（最好具备）。还应考虑软件是否方便根据公司的需要进行修改，或者在将来扩充功能。

还要考虑软件支持文档的种类、数量和质量。要确定购买价格中所包含的软件商支持（包括培训、咨询）的数量。如果可以获得额外的培训和咨询，必须明确其花费。同样，软件商的系统维护责任以及这类服务的费用也要明确。

（3）对候选软件包进行评估

RFP 被送往几家合乎要求的软件商。他们的回复中含有大量信息，必须经过评估来确定公司需求和软件包功能之间的差距。

整理信息的一种方法是建立一张表格（见表 8-2），在左边列出标准，每种候选软件包占一列。然后将每种软件包根据每条标准进行评估，可以使用数字（如 $1\sim10$）或是文字（优秀、好、一般、差、糟糕）来打分，可以给每条标准设置权重，然后进行加权平均。这些分数可能并不决定一切，但它们为决策者提供了一张有用的简短名单。

表 8-2　供应商评价表的一部分

标　　准	权　　重	系统 A	系统 B	系统 C
支持 JAVA				
XML				
SSL				
购物车				
目录				
税收				
个性化				
...				

（4）选择软件包

一旦准备好了简短名单，就可以开始与供应商谈判，决定其软件包如何根据公司的需要进行修改。因此，在决策中，一个很重要的考虑因素是还要对软件进行多少修改工作；如果需要修改代码，那么由谁来完成，花费多少；如果系统被修改，那么由谁来负责维护？

购买一套系统的决策不仅仅是选择一套最佳软件那么简单。软件包的使用比系统订制需要更多的妥协和让步。所以，员工也许不得不去适应软件，这意味着他们的工作可能会起很大的变化。除非进行了必要的改变，否则系统可能会失败。在完成决策之前，项目组应确保系统使用者支持购买这套软件，并同意配合工作；信息部门人员同意这套系统在他们的环境中工作，并提供令人满意的支持工作。

（5）合同谈判

与软件供应商签订的合同是非常重要的。合同不仅规定了软件价格，也明确了供应商所提供的服务类型和数量。如果系统或软件商不符合规定要求，就可以诉诸于合同。另外，如果软件商要对软件进行修改以满足公司的要求，则合同必须对修改情况做详细规定。同时，合同必须规定软件包在被接受之前的测试。

（6）服务级别协议

服务级别协议（Serveice Level Agreement，SLA）是公司和软件商之间工作划分的协议。这种划分是基于关于时间节点、质量检查、意外情况、检查方式以及争执方式的协议之上的。如果软件商满足安装电子商务应用的目的，就必须提供相应的服务。对 SLA 的管理起到促进和协调的作用。要做到这一点就必须规定合作者的责任，提供设计支持服务的框架，允许公司对系统保留尽可能多的控制权。

建立 SLA 需要四个步骤。

① 定义级别。

② 在每一级别划分责任。

③ 设计服务级别的细节。

④ 实施服务级别。

建立和实施 SLA 的过程可被应用于每个供应商以及每种主要的计算机资源-硬件、软件、人力、数据、网络和流程等。

8.7　网站管理和网站访问分析

B2B 和 B2C 网站需要深入了解用户对网站的使用模式——谁来访问、访问什么、用户在哪里、何时访问等。好在每次用户访问 Web 服务器时，都会在一个特殊的访问日志文件中记录下来。访问日志（access log）实际上是文本文件，文件的每一行都记录了一次访问的详细情况。无论是哪种服务器，其日志文件都使用统一的格式。

访问日志可以告诉你哪些页面最受欢迎、哪些时间最繁忙、来自哪些地区的访问最多，以及一些其他有用信息，这可以网络管理员维护和改进其网站。

因为日志文件变得非常庞大，单凭手工分析很困难，所以大多数 Web 服务器提供免费软件来帮助分析日志文件。另外，有一些商业化软件可以提供更复杂的日志分析，如 Net. Genesis 公司的 net. Analysis（netgen. com）、Accrue 公司的 Insight（accrue. com）、Web Trends 公司的 WebTrends Log Analyzar（webtrends. com）。

让我们看一下如何利用这些使用模式信息。

8.7.1　评估手段

在网络技术出现之前，直销商们就已经开始对潜在的客户进行跟踪调查了。他们将独特的代码放在每一件赠品上，包括赠券、目录和明信片。当赠券被用于购物时，公司就可以跟踪顾客对哪一部分感兴趣，同样的营销战略也适用于因特网。

各种营销战略的有效性需要被及时评估，例如，直邮广告虽然可以接触很多客户，但不太可能增加销量。在网站放置横幅广告可以吸引大量客户，但很少有人真正下订单。此外，还可以在广告条中加入特殊代码，跟踪客户来自哪些网站。在 onlinegifts. com 上可以找到一个使用横幅广告的例子。

8.7.2　收集和分析统计

在市场调研中，了解哪些信息可以进一步分析是十分重要的。跟踪客户行为的数据通常是有限的，而且有些可能并不可靠。

点击（hit）是指对服务器上文件的访问请求。它包括出现在页面上的任何东西，如图像和声音文件等。通过计数器，可以很容易地找出某网站的点击总数。

页面浏览数（pageviews）是对整个网页计数，而不是网页上的每个部分分别计数，因此比点击数更精确，更有信息价值。页面浏览数有多种类型，有以时间计量、根据用户登录状态计量的，也有根据来访者的硬件平台以及主机计量的。不同的页面浏览数提供不同计量方式。

① 以时间计量。可以对网站访问人数进行频繁的检查。它也可以使公司明确用户是在哪个时间段（上午、中午或是晚上）访问该网站的。

② 以用户登录状态计量。可以帮助判断要求登录是否值得，例如，如果登录的页面浏览数比不登录的页面浏览数大得多，则要求用户登录是值得的。

③ 被推荐的浏览量。有些用户是通过点击其他网站上的广告条或超级链接进入网站的。了解客户来源对评价广告条摆放位置是很重要的，也可以从广告投放的网站看出客户的兴趣所在。

④ 针对访问者的硬件平台、操作系统、浏览器及其版本的流量分析。可以使公司了解客户使用的硬件平台及浏览类型。

⑤ 针对访问者主机的流量分析。它提供用户的主机信息。此类网站可以通过美国在线或其他在线服务进入。

上述以及类似的统计量可以用于分析和改进各种营销和广告策略。

8.7.3　可用性

可用性（usability）是指用户与某个产品或系统（网站、软件应用、移动技术或者操作的任何设备）交互体验的质量。

可用性是一系列影响用户体验的因素的结合。

① 学习的难易程度。首次接触用户界面的使用者多快才能学会基本操作。

② 使用效率。有经验的用户学会使用方法后，多快可以完成任务。

③ 记忆性。如果一名用户以前使用过该系统，那么他下次是否熟门熟路，还是要重新学起。

④ 出错的频率和严重程度。用户在使用中多久出现一次错误，这些错误严重吗，他们如何补救这些错误。

⑤ 满意度。用户在多大程度上喜欢使用该系统。

8.8　网上商店的建立过程

目前网上商店的建立有多种途径可选择，例如雅虎商店（store. yahoo. com）对想要创建网上商店的中小型企业来说是很好的起点，它可以帮助快速建立网上商店，而且以最小的成本运营，不需要任何硬件或软件投资。

此外，企业也可以在自己的服务器上使用现成软件建立网上商店。这种方法可以使网上商店的设计满足企业的特殊需求，并与竞争者区别开来。然而这种方法在安装、运行、维护的过程中通常要花费较多的金钱与时间，而且对专业技术的要求不仅包括硬件的安装，还包括系统的运作与维护。在选择适当的解决方案之前，需要考虑一系列问题。

① 客户。谁是目标客户，他们的需求是什么？需要用什么样的营销策略来提高销售量、吸引客户？怎样提高客户的忠诚度？

② 商品销售。可以在网上销售何种商品或服务？出售数字化产品还是实体产品？数字化产品是否可以下载？

③ 销售服务。客户可以在网上订货吗？能否在网上支付？能否在网上查询其订单状态？客户的查询是如何被处理的？产品是否有质量保证和服务协议？退货的程序是怎样的？

④ 促销。如何促进产品和服务的销售？如何提高销量？是否赠券、厂家折扣？是否可能进行交叉销售？

⑤ 交易过程。交易是否是实时处理的？税费、运费和处理费有多少，如何处理？是否所有的商品都应交税？提供何种送货方式？接受何种支付方式（如支票、信用卡或电子现金）？订购如何被执行和处理？

⑥ 市场数据和分析。需要收集哪些销售数据、客户数据和广告趋势信息？如何处理此类信息以利于未来的营销？

⑦ 品牌。网上商店应该在用户面前树立什么样的形象？如何在激烈的竞争中标新立异？最初的需求列表应尽可能全面，最好通过集中讨论和对潜在客户的调查来确定需求。可以优先考虑拥护的偏好。最好的需求列表可以作为选择/定制软件包和建立网上商店的基础。

8.9 设计指导

下面是对设计的一些指导。

① 可访问性和快速载入。虚拟商店的最大优势就是顾客可以在任何时间、任何地点进行购物。如果网上商店总是停业或速度太慢，其方便性就会降低。尽管连入宽带的用户数正在增加，但速度仍是一个重要问题，因为网上商店对资源的要求正在不断增加。同时应该注意网页设计的简洁性，去掉不必要的多媒体信息。

② 网站结构的简洁性。不要向顾客提供过多的选项。研究发现：人们通常会被过多的选项分散注意力。选项的数目应该控制在 7 个以内。

③ 购物车的使用。虚拟商店的购物车和超市的购物车类似。它们使顾客在结账前清楚地知道已经选择了哪些商品。

④ 良好的导航功能。导航功能是另一个十分重要的问题。顾客应该在 3 次点击以内完成购买。在网站的各页面之间应该有清晰的链接。

⑤ 全球化。万维网是全球性的，顾客可能来自世界的任何角落。因此，公司应做好非本地客户的送货和处理工作，还应提供多种语言的选择。

⑥ 尽量增加订购和支付方式。提供多种订购和支付方式可以帮助增加销售。订购方式可以包括在线订购、电子邮件、传真、电话，甚至普通邮件。可接受的支付方式应该包括信

用卡、电子现金、电子支票或者货到付款。对于 B2B 还可以有其他支付方式，而且必须确保支付的安全性。

⑦ 建立信任。建立用户对在线商店的信任是很重要的。有很多关于网上诈骗的报道，而且其数量在逐年增加。

⑧ 提供个性化服务。个性化服务可以加强与顾客的关系，它允许顾客在网上获得针对其特定偏好的信息。其他个性化服务包括向常客发送电子赠券以及发送订制的新闻邮件。然而，此类服务代价很高，一般只有大公司才提供。

⑨ 售前和售后支持。售前和售后支持都是很重要的客户服务。

⑩ 实际的定价。大多数顾客都希望网上出售的商品比实体商店中的价格低一些，或至少相近。如果定价太高，竞争力会削弱。

⑪ 管理问题。

a. 商务问题。谈到 Web 时会立即想到技术问题。一些最成功的网站使用的仍是很基本的技术——免费 Web 服务器、简单的网页设计，没有华而不实的东西。使它们获得成功的并不是技术，而是对如何满足在线顾客要求的深入理解。

b. 自建还是外包？虽然许多大型企业完全有实力运营自己的营销网站，但是此类网站还包含了复杂的集成、安全和性能问题。对于那些涉足网络营销的公司来说，一个关键的决策问题是网站应该自营以获得更多的直接控制，还是外包给经验更丰富的供应商。许多 ISP、电信公司、网上商城和软件供应商都提供商务服务器和电子商务应用软件。依靠它们的外包服务，公司可以先提供一小部分功能，然后逐步开发成全套功能。

c. 考虑使用 ASP。ASP 的使用对于中小企业而言是必需的，一些大公司也可以考虑使用。但是，鉴于这一服务比较新，在选择供应商的时候一定要慎重。

ⓐ 认真研究电子商务架构。一些公司忽略了这个环节，这其实犯了一个大错误。如果高层的概念规划发生错误，那么整个项目就很危险。

ⓑ 安全与道德。在应用的开发过程中，要对安全引起足够的重视。很有可能供应商和竞争对手会卷入其中。必须保护客户的隐私，如何利用访问流量也是一个重要问题。

ⓒ 选择供应商/软件。管理者应该花一定的时间与精力来选择合适的组件或应用。不要在质量上妥协，要做好花时间的准备。如果建立了错误的应用，则整个电子商务就会毁于一旦。一个坏的组件会引起一场大的灾难。

8.10　小结

本章主要讲述了电子商务应用开发涉及的诸多方面。在选择开发过程必须从电子商务架构开始。应用被建立起来后，还需要被测试、整合和部署。和实体商店一样，网上商店要提供搜索和比较产品、选择产品、订购、支付、确认信用、处理订单和确认装运的手段，并提供售后服务。电子目录和商务服务器使企业建立起简单直接的电子商店。对于每一种电子商务，都有大量的必需功能。电子商务开发过程有六个步骤，它有助于电子商务战略的评估以及开发方式、供应商和软件的选择。在可选择的应用战略中，主要的选择包括购买、租借、使用第三方产品、建立合作关系，或这些方式的组合。每一种方式都有其优点和缺点。必须考虑很多评判标准。当中小型企业无法自己完成工作或无力购买昂贵的系统时，就会显示出

ASP的重要性但这也有一定的风险。许多开发活动都采用组件，因此了解基本组件（如电子目录）十分重要。组件通常由不同的供应商提供，所以需要被整合。有许多工具可以让管理者了解及监测网站的运行及使用情况。对网站可用性的评估可以促进营销、广告和贸易等各个方面。使用主机提供商的软件可以迅速建立一个简单的网站，但要经过许多步骤。即使是十分简单的软件其功能也可能很强大。

【思考题】

一、简答题

1. 什么是应用开发？

2. 列出电子商务开发的可选方式。

3. 网上商店的主要功能有哪些？

4. 电子采购的功能要求有哪些？

5. 什么是电子采购架构（并列举6个开发步骤）？

6. 简述定义基于组件的电子商务开发方式。

7. 简述网站的可用性。

二、论述题

1. 租借方式对于购买方式的优势有哪些？

2. 为什么说简单性是网上商店成功的关键？

3. 一家有许多产品的大公司想在网上售货。假设它选择建立电子商店，则应如何决定是外包还是自己运行？

4. 一家向其他高科技公司提供计算机硬件的公司希望通过网上广播使自己的电子目录，它可能选择哪种音频流或视频流媒体？一般来说，这是否会起作用？

5. 公司如何使用聊天组来支持或改进客户服务？

6. 你认为网站日志文件是如何侵犯你的隐私的？

【实践题】

1. Netcraft（netcraft.com）对因特网上的Web服务器类型进行定期检查，请访问Netcraft的网站并考察其服务。

① 使用其搜索功能来考察你所在的学校或工作地服务器的类型。

② 它的调查是如何进行的？在进行调查时它遇到了哪些问题？

③ 它还对使用SSL协议的服务器进行了调查。这种调查提供了什么信息？谁会使用这种调查结果？

2. 访问choice mall的网站（choicemall.com），并访问其中的一些电子商店。

① 该商城有哪些功能？

② 在线商城给加入其中的供应商带来了哪些好处？给购物者带来了哪些好处？

③ 你认为购物者在寻找包含某商品的电子商店时，最好使用网上商城还是ALTA VIS-

TA 这样的搜索引擎？

④ choice mall 可以用哪些方式来吸引购物者再次光临？

3. 随意选择一家大型网上商店。它为购物者提供了哪些功能？它采取了哪些方法使购物变得方便？它还采取哪些方法使购物变得有趣？它提供哪些支持服务？

4. Open market（openmaket.com）是电子商务软件的主要供应商，在其网站上有许多演示，说明能为购物者建立哪些商店，以及如何使用它的软件建立商店。

① 运行 shopsite merchant 或 shopsite pro 的演示，看一下它是如何进行工作的。

② Shopsite 有哪些特色？

③ Shopsite 是否支持建立更大或更小规模的商店？

④ Open market 还提供了哪些能建立在线商店的产品？这些产品支持建立哪些类型的商店？

5. 日志文件提供了一家网站访问者的大量详细信息。选择一种提供日志文件分析功能的商业化产品。该产品提供哪些信息？如何用这些信息来改进网站？

6. 访问 Dkg. net/shopping 和 bigstep. com 并考察其商店开发软件。将其功能与 store. yahoo 的进行比较。

7. 进入 Ecommerce. internet. com，找到产品评论区。阅读关于支付解决方案的评论，总结各类支付组件。

参 考 文 献

[1]　瞿鹏志. 网络营销. 第 2 版. 北京：高等教育出版社，2004.

[2]　田玲，陈晨. 网络营销理论与实践. 北京：清华大学出版社，北方交通大学出版社，2008.

[3]　孔伟成，陈水芬. 网络营销. 北京：高等教育出版社，2002.

[4]　吕英斌，储节旺. 网络营销案例评析. 北京：清华大学出版社，北方交通大学出版社，2004.

[5]　薛辛光，鲁丹萍. 网络营销学. 北京：电子工业出版社，2003.

[6]　褚福灵. 网络营销基础. 北京：机械工业出版社，2003.

[7]　钱旭潮等. 网络营销与管理. 第 2 版. 北京：北京大学出版社，2005.

[8]　王耀球等. 网络营销. 北京：清华大学出版社，北京交通大学出版社，2004.

[9]　潘维琴. 网络营销. 北京：机械工业出版社，2006.

[10]　李国强，苗杰. 市场调查与市场分析. 北京：中国人民大学出版社，2005.

[11]　简明，金勇进. 市场调查. 北京：中国人民大学出版社，2005.

[12]　钱旭潮，汪群. 网络营销与管理. 北京：北京大学出版社，2002.

[13]　李友根. 网络营销学. 北京：中国时代经济社，2001.

[14]　符莎莉. 网络营销. 北京：电子工业出版社，2006.

[15]　张宽海. 电子商务概论. 北京：高等教育出版社，2005.

[16]　埃弗雷姆·特伯恩，戴维·金，杰·李，梅里尔·沃肯廷，H. 迈克尔·丘恩格著. 电子商务管理新视觉. 第 2 版. 王理平，张晓峰译. 北京：电子工业出版社，2005.

[17]　加里·P·施奈德著. 电子商务. 原书第 7 版. 成栋译. 北京：机械工业出版社，2008.

[18]　埃弗雷姆·特班，戴维·金，朱迪·麦凯，彼得·马歇尔，李在奎，丹尼斯·维兰. 电子商务管理视角. 原书第 5 版. 严建援等译. 北京：机械工业出版社，2010.

[19]　邹德军. 电子商务应用案例. 北京：机械工业出版社，2010.

[20]　帅青红，夏军飞. 网上支付与电子银行. 大连：东北财经出版社，2009.

[21]　刘宏. 电子商务概论. 北京：清华大学出版社，2010.

[22]　周曙东. 电子商务概论. 南京：东南大学出版社，2008.

[23]　宋文官. 电子商务概论. 北京：清华大学出版社，2006.

[24]　王忠诚. 电子商务安全. 第 2 版. 北京：机械工业出版社，2009.

[25]　张爱菊. 电子商务安全技术. 北京：清华大学出版社，2006.

[26]　劳帼龄. 电子商务安全与管理. 北京：高等教育出版社，2003.

[27]　肖德琴. 电子商务安全保密技术与应用. 广州：华南理工大学出版社，2003.

[28]　帅青红，匡松. 电子商务安全与 PKI 技术. 重庆：西南交通大学出版社，2003.

[29]　宋震等. 密码学. 北京：中国水利水电出版社，2002.

[30]　兰宜生. 电子商务基础教程. 北京：清华大学出版社，2007.

[31]　宋文官. 电子商务概论. 北京：清华大学出版社，2007.

[32]　宋书民. 防火墙技术指南. 北京：机械工业出版社，2000.

[33]　钟向群. 黑客大曝光. 北京：清华大学出版社，2002.

[34]　唐正军. 入侵检测技术导论. 北京：机械工业出版社，2004.

[35]　蒋建春. 网络入侵检测原理与技术. 北京：国防工业出版社，2001.

[36]　胡道元. 网络安全. 北京：清华大学出版社，2004.

[37]　王嘉祯. 网络安全实践. 北京：机械工业出版社，2004.